"十二五"职业教育国家规划教材
经全国职业教育教材审定委员会审定

江苏省高等学校重点教材（教材编号：2013-1-168）

新能源系列教材

风力发电机组装配与调试

卢卫萍　主编

第二版

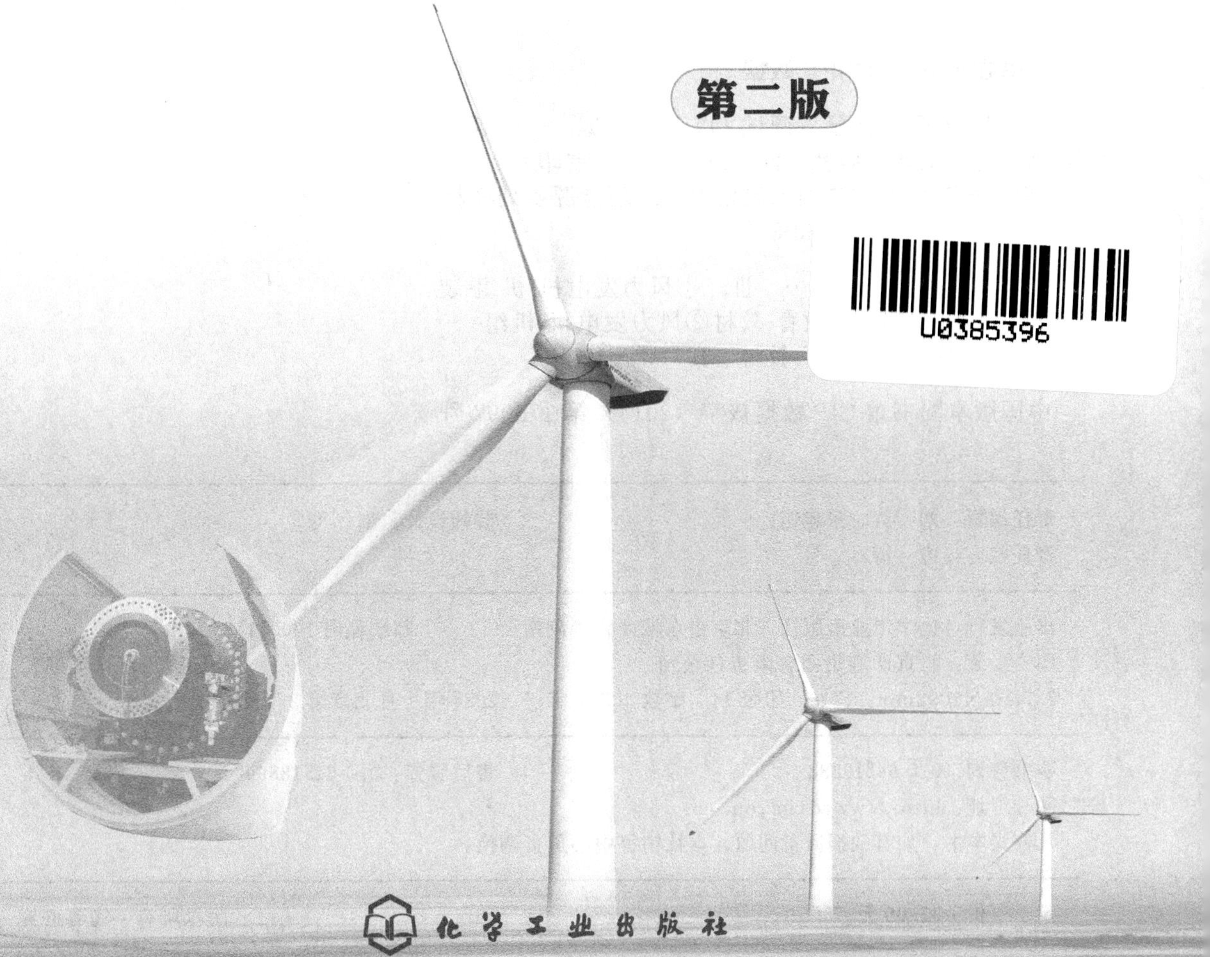

化学工业出版社
·北京·

本书为“十二五”职业教育国家规划教材 。

本书系统介绍了风力发电机组的装配与调试步骤，风力发电机组系统的运行、维护与检修，以及蓄能装置的维修与保养，重点介绍了风力发电机组的选型、机头部分的装配与调试、发电机的性能检测、控制系统的装配与调试、塔架的安装与调试。

本书立足于技术领域和职业岗位（群）的任职要求，参照相关的国家或者行业标准进行编写，可作为职业院校风能与动力相关专业的教材，同时还可以为风力发电领域的工程技术人员和技术工人提供参考。

图书在版编目（CIP）数据

风力发电机组装配与调试/卢卫萍主编. —2 版.
北京：化学工业出版社，2014.9（2024.1 重印）
“十二五”职业教育国家规划教材. 新能源系列教材
ISBN 978-7-122-21533-8

Ⅰ.①风… Ⅱ.①卢… Ⅲ. ①风力发电机-机组-装配（机械）-高等职业教育-教材②风力发电机-机组-调试方法-高等职业教育-教材 Ⅳ. ①TM315

中国版本图书馆 CIP 数据核字（2014）第 175097 号

责任编辑：刘 哲 张建茹　　装帧设计：韩 飞
责任校对：边 涛

出版发行：化学工业出版社（北京市东城区青年湖南街 13 号 邮政编码 100011）
印　　装：北京印刷集团有限责任公司
787mm×1092mm 1/16 印张 14 字数 368 千字 2024 年 1 月北京第 2 版第 4 次印刷

购书咨询：010-64518888　　售后服务：010-64518899
网　　址：http://www.cip.com.cn
凡购买本书，如有缺损质量问题，本社销售中心负责调换。

定　　价：32.00 元

第二版前言

本教材第一版自 2011 年 6 月出版以来，作为风能专业规划教材，得到很多风电专业相关院校师生的厚爱，并在 2011 年 12 月获得教育部能源类教学指导委员会教学成果一等奖。2014 年该教材被评为“十二五”职业教育国家规划教材。根据国家规划教材的编写要求以及风电行业技术的发展需要，现对教材进行修订。本次修订本着“实用、够用”的原则，在尽量保持原教材“来源于企业、服务于教学；以职业能力培养为重点，以国家行业标准为依据”特色的前提下，努力使内容更加符合行业发展的趋势，更加适应职业岗位（群）的任职要求。

从目前行业企业以及市场需求来看，中、小型风电机组的市场份额正在萎缩，而大型风电机组正在蓬勃发展，因此，行业更需要掌握大型风电机组装配与调试的高技能人才。同时，风电行业在 2011 年 11 月以来陆续发布和实施了 18 项行业新标准，教材的内容也要时刻紧跟行业的发展变化。基于以上原因，本次修订的内容主要有以下几点：模块一中针对不同类型风机，对风力发电机的结构部分介绍进行整理，并增加大型风电机组的介绍；模块二中增加大型风电机组安装与调试所用工量具的介绍；模块三中增加大型风电机组定、转子生产、安装与调试，并将任务四回转体的安装与调试修改为机舱、导流罩的安装与调试；模块四中增加大型风电机组调试内容。

本次第二版的修订工作主要由卢卫萍负责与执行，由岳云峰、王昌国主审。同时，在本书的修订过程中，得到了江苏天赋新能源工程有限公司董伟干、李海荣，江苏远景能源科技有限公司方书华等多位工程师的支持和帮助，他们提供了大量的宝贵资料，在此表示感谢。

本书在修订过程中得到了化学工业出版社以及编者单位领导的支持和帮助，并参考了很多行业标准及相关资料。但由于编者水平有限，书中难免有疏漏之处，恳请广大读者批评指正。

编者
2014 年 7 月

第一版前言

当今世界正面临着以化石燃料为基础的能源系统带来的一系列威胁：能源枯竭、环境恶化、气候变化、贫富不均，乃至为争夺能源而引发的国与国之间、地区之间的冲突、纠纷，甚至战争，因此，无论如何强调发展新能源和可再生能源的意义都不为过。特别是 2011 年 3 月日本发生大地震引发的一系列核危机，此次危机无疑为除核电外其他的新能源子行业提供了难得的发展契机和空间，尤其是风力发电。目前，很多风电企业也从中看到了更多的商机，因此风力发电行业的人才需求也将大大增加。在此背景下，我们编写了《风力发电机组的装配与调试》。本书主要是以职业能力培养为重点，与行业企业合作，进行基于工作过程的课程开发与设计，充分体现职业性、实践性和开放性的要求，根据风电企业发展需要和完成职业岗位实际工作任务所需要的知识、能力以及素质要求，选取教学内容。

本书的编写立足于技术领域和职业岗位（群）的任职要求，参照相关的国家或者行业标准，分解出从事相关岗位的综合能力和相关专项能力，从必备的基础知识、职业素质和关键能力的综合需要出发，设置各个模块，并下分各个工作任务，再现了企业风力发电系统设备的装配与调试的全过程。

本书系统介绍了风力发电机的构成，风力发电机组的装配与调试步骤，风力发电机组系统的运行、维护与检修，以及蓄能装置的维修与保养，重点介绍了风力发电机组的选型、机头部分的装配与调试、发电机的性能检测、控制系统的装配与调试、塔架的安装与调试。

本书由卢为平、卢卫萍担任主编，负责内容编排设计、部分内容的撰写以及全书统稿。张鹏义、丁宏林、赵旭担任副主编，参加编写的还有张翠霞、秦燕等。同时，在本书的编写过程中，得到了风电企业多位工程师的支持和帮助，他们提供了大量的宝贵资料，在此表示感谢。

本书可作为学校风能与动力相关专业的教材，同时还可以为风力发电领域的工程技术人员和技术工人提供参考。

本书在编写过程中得到了化学工业出版社以及编者单位领导的支持和帮助，并参考了很多相关资料。但由于编者水平有限，书中难免有疏漏之处，恳请广大读者批评指正。

编者

2011 年 4 月

目 录

模块一 风力发电机组概述

风力发电是利用风能来发电，而风力发电机（简称风电机组）是将风能转化为电能的装置。风轮是风电机组最主要的部件，由叶片和轮毂组成。叶片具有良好的空气动力外形，在气流作用下能产生空气动力，使风轮旋转，将风能转换成机械能，再通过传动轴驱动发电机，将机械能转变成电能。

任务一 认识风力发电机组的构成

风力发电机就安装结构而言，可分为两种类型：一种是水平轴风力发电机，叶片安装在水平轴上；另一种是垂直轴风力发电机，风轮轴是垂直布置的，由叶片带动垂直轴转动，再去带动发电机进行发电。垂直轴风力发电机的增速器、联轴器、发电机、制动器等都是安装在地面上的，整个机组的安装、调试和维修均比水平轴风力发电机要方便一些。但由于一些难以解决的技术问题，垂直轴风力发电机的发展和应用受到了很大的限制。下面主要介绍水平轴风力发电机的结构以及工作过程。

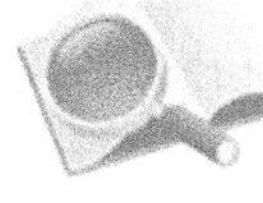

能力目标

① 了解风力发电的基本原理。

② 了解风力发电机的分类。

③ 掌握小型水平轴风力发电机的各组成部分结构。

④ 掌握大型水平轴风力发电机组的各组成部分结构。

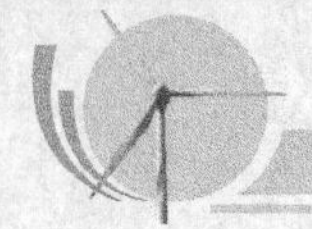

基础知识

1. 风力发电机的分类

根据不同的分类标准，可以将风力发电机组分为不同的类型。

按照风力发电机旋转主轴的布置方向，可分为水平轴风力发电机和垂直轴风力发电机。

按照桨叶是否可以调节，可分为定桨距风力发电机组和变桨距风力发电机组。

按照风力发电机组发出电能的输送渠道，可分为并网型风力发电机组和离网型风力发电机组。

按照风力发电机组额定功率大小，可分为微型（1kW 以下）、小型（1～10kW）、中型（10～100kW）和大型（100kW 以上）。中、小型风力发电机和大型尤其是兆瓦级（1000kW 以上）风力发电机组的结构相差较大。

2. 中、小型风力发电机的结构

中、小型水平轴风力发电机主要组成部分有风轮、发电机、塔架、调向机构、储能装置、逆变器等。

（1）风轮

风轮是风力机从风中吸收能量的部件，其作用是把空气流动的动能转变为风轮旋转的机械能。水平轴风力发电机的风轮是由 1～3 个叶片组成的。叶片的结构形式多样，材料因风力机型号和功率大小而定，如木心外蒙玻璃钢叶片、玻璃纤维增强塑料树脂叶片等。

（2）发电机

在风力发电机中，已采用的发电机有三种，即直流发电机、同步交流发电机和异步交流发电机。小型风力发电机多采用同步或异步交流发电机，发出的交流电通过整流装置转换成直流电。

（3）塔架

塔架是风力发电机组的主要承载部件，用于支撑风轮和机舱。因风速随离地面的高度增加而增加，塔架越高，风轮单位面积捕捉的风能越多，但造价、安装费等也随之加大。

（4）调向机构

垂直轴风力机可接受任何方向吹来的风，因此不需要调向机构。对于水平轴风力机，为了得到最高的风能利用效率，应使风轮的旋转面经常对准风向，需要对风装置。常用的调向机构主要有尾舵、舵轮、电动对风装置。

（5）储能装置

储能装置对独立运行的小型风力机是十分重要的。其储能方式有热能储能和化学能储存。

（6）逆变器

逆变器用于将直流电转换为交流电，以满足交流电气设备用电的要求。

3. 兆瓦级大型风力发电机组的结构

目前，风电场使用的一般为兆瓦级的大型风电机组，而且单机容量有越来越大的发展趋势。

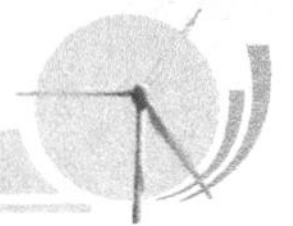

兆瓦级大型风力发电机组一般由风轮、传动系统、发电机、机舱、塔架、偏航系统、液压系统、刹车制动系统、控制与安全保护系统等组成，如图 1-1 所示。机组的类型不同，具体的组成也有所不同。

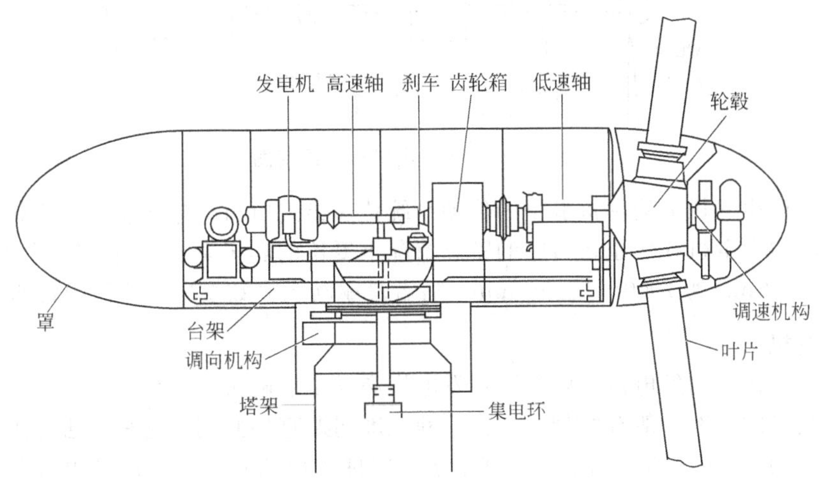

图 1-1　大型风力发电机结构图

（1）风轮

风轮是获取风中能量的关键部件，由叶片和轮毂组成，如图 1-2 所示。风力发电机叶片装在轮毂上。轮毂是风轮的枢纽，也是叶片根部与主轴的连接件，所有从叶片传来的力都通过轮毂传递到传动系统。

根据叶片能否围绕其纵向轴线转动，可以分为定桨距风轮和变桨距风轮。定桨距风轮叶片与轮毂刚性连接，结构简单，但是承受的载荷较大。变桨距风轮叶片与轮毂通过变桨轴承连接，结构复杂，但能够获得较好的性能，而且叶片承受的载荷小，重量轻。

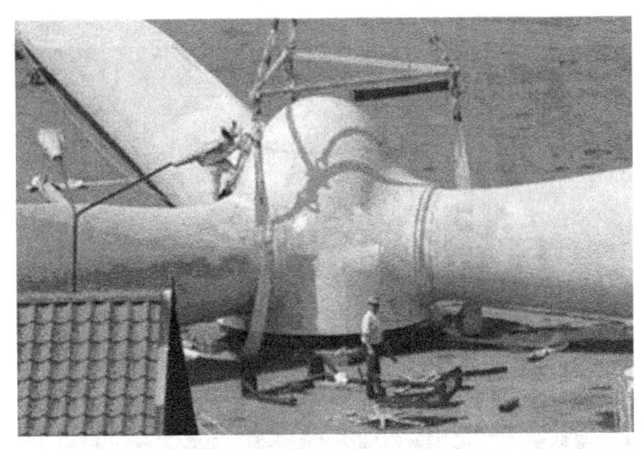

图 1-2　风轮

（2）传动系统

传动系统结构如图 1-3 所示。

风力发电机的传动系统一般包括低速轴、高速轴、齿轮箱、联轴器和制动器等，但不是每一种风力发电机都必须具备所有这些环节。有些风力发电机的轮毂直接连接到齿轮箱上，不需要低速传动轴。也有一些风力发电机设计成无齿轮箱的，风轮直接连接到发电机。

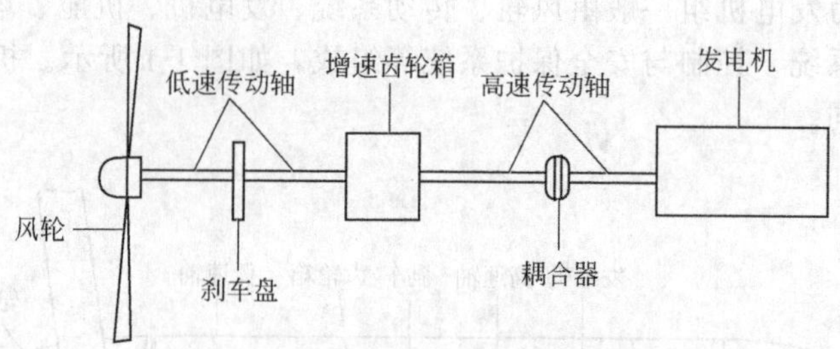

图 1-3　风力发电机传动系统图

风轮叶片产生的机械能由机舱里的传动系统传递给发电机，它包括一个齿轮箱、离合器和一个能使风力发电机在停止运行时的紧急情况下复位的刹车系统。齿轮箱用于增加风轮转速，从 20～50r/min 到 1000～1500r/min，后者是驱动大多数发电机所需的转速。

(3) 发电机

兆瓦级风电机组的发电机一般有同步发电机和异步发电机。

同步发电机的并网一般有两种方式：一种是准同期直接并网，这种方法应用较少；另一种是交-直-交并网。近年来，由于大功率电子元器件的快速发展，变速恒频风力发电机组得到了迅速的发展，同步发电机也在风力发电机中得到广泛的应用。

异步发电机并网结构简单，可以直接并入电网，无需同步调节装置，缺点是风轮转速固定后效率较低，而且在交变的风速作用下要承受较大的载荷。为了克服这些缺点，目前已开发出高滑差异步发电机和变转速双馈异步发电机。

(4) 机舱

机舱一般由机舱底座（盘）和机舱罩组成，如图 1-4 所示。兆瓦级的风电机组的机舱底座（盘）上安装有齿轮箱、发电机、偏航系统、控制柜等机组重要部件，机舱罩后部的上方装有测风系统支架（用于安装风速、风向仪），舱壁上有隔音装置、通风装置、照明装置以及小型起重设备（用于机组检修过程中，工具及各类零部件的提升）。

图 1-4　机舱结构图

(5) 塔架

塔架的作用是支撑机舱并达到所需要的高度，如图 1-5 所示。塔架内部安装有动力电缆、控制电缆和通信电缆，还装有供操作人员上下的扶梯，有的大型机组的还设有电梯。

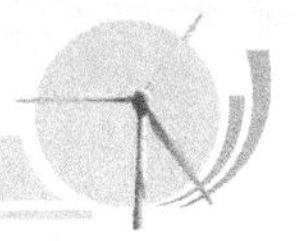

图 1-5　管柱形塔架

(6) 偏航系统

偏航系统的功能就是跟踪风向的变化，使风轮扫掠面与风向保持垂直。偏航系统的信号由风向传感器传给控制系统，控制系统经过比较，发出指令给偏航电动机或液压马达，驱动偏航系统的小齿轮沿着与塔架顶部固定的大齿圈移动，经过偏航轴承使机舱转动，直到风轮对准风向后停止。同时，偏航系统还具备解缆功能，避免机舱的塔架之间的电缆扭绞。

(7) 液压系统

液压系统主要是为油缸和制动器提供必要的驱动压力，有的强制润滑型齿轮箱也需要液压系统供油润滑。油缸主要是用于驱动定桨距风轮的叶尖制动装置或变桨距风轮的变距机构等。液压站由电动机、油泵、油箱、过滤器、管路及各种液压阀等组成。

(8) 刹车制动系统

大型风电机组刹车制动系统一般由空气动力制动和机械制动两部分组成。变桨距风力发电机组的风轮处于顺桨位置或者定桨距的叶尖扰流器旋转 90°，均属于空气动力制动。在主轴或齿轮箱的高速输出轴上设置的盘式制动器属于机械制动。一般大型风电机组需要停机时，首先要采用空气制动，使风轮减速，再采用机械制动使风轮停转。

(9) 控制与安全保护系统

大型风电机组控制系统包括控制与监测两部分。控制部分又有手动和自动两种方式。机组正常运行时一般为自动控制，只有在维护和检修时调为手动。监测部分是将各种传感器数据送到控制器，经过处理作为控制参数或作为原始数据存储起来，在机组的显示屏上可以查询，也可以送到风电场中央控制室的计算机监控系统，也可以通过网络系统将现场数据传输到业主所在地的办公室。

安全保护系统主要是保证风电机组在非正常情况下立即停机，避免故障和事故的发生。

操作指导

1. 任务布置

对 1kW 的水平轴风力发电机（图 1-6）进行拆装，了解风力发电机各部分的结构及其功用。

2. 操作指导

前面已经详细介绍，这里不再赘述。

图 1-6　1kW 的水平轴风力发电机

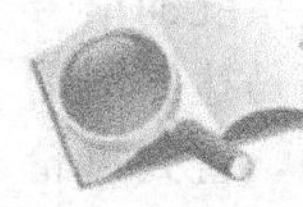
思考题

1. 简述中、小型风力发电机组的结构组成。
2. 简述大型风力发电机组的结构组成。
3. 风力发电机组常用的发电机的种类有哪些？各自有什么区别？
4. 风力发电机偏航系统的功能是什么？

任务二　风电机组的装调过程

大型风力发电机组属于重型发电设备，整个设备高达几十米甚至百米以上，重量数百吨，因此风力发电机组的装配不可能在生产厂家全部完成。因为一台装配好的风力发电机组到风力发电场的运输问题目前无法解决，所以风力发电机组的装配是在生产厂进行部分装配，而其余的部分必须在风力发电场安装时再进行现场装配。

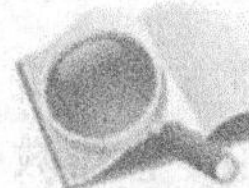
能力目标

① 了解装配的基本概念和一般装配工艺过程。
② 掌握常用的装配方法。
③ 掌握典型工艺的装配过程。
④ 掌握风力发电机组的调试项目。
⑤ 掌握风力发电机组的验收检验内容及试验方法。

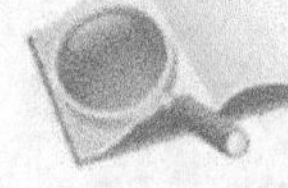
基础知识

1. 装配的概念

(1) 装配

风力发电机组和任何其他机器一样，都是由若干零件和部件总成组成的。部件总成和各

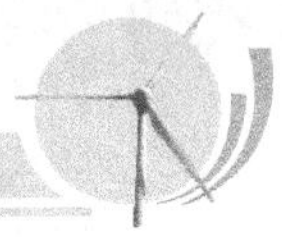

种零件按照规定的技术要求，依一定的顺序和相互关联关系，组合成一台风力发电机组的工艺过程，称为装配。

(2) 部件装配（分装配）

风力发电机组的任意部件总成，如齿轮箱等，都是由许多零件和小部件组成的，把由齿轮、轴、轴承、箱体等零件装配成齿轮箱，或把机座、端盖、转子、定子等装配成发电机的这类装配过程，称为部件装配。风力发电机组的齿轮箱、发电机、液压站、润滑站、控制器等部件一般由专业生产厂商生产装配，主机厂以外构件订货采购。

(3) 总装配

以风力发电的机舱底座为基础件，把包括风轮轴及轴座、齿轮箱、发电机等部件总成和零件，按一定的技术要求和工艺顺序，组合成一台完整的风力发电机组的工艺过程，称为总装配。这个过程是风力发电机组主机厂最主要的生产过程。实际上，由于风力发电机组结构的特殊性，主机厂的风力发电机组总装配过程不可能将尺寸巨大的风轮和塔架等在生产车间全部装配在一起，而必须在风力发电现场才能完成最终装配，这是不同于一般机电产品（如汽车、内燃机、机床等）的特点。

2. 装配过程

装配过程包括以下几个阶段。

(1) 装配前的准备阶段

① 熟悉风力发电机组总装配图、装配工艺和质量要求等技术文件。

② 准备好装配台架（台车），其他工艺装备、工具量具等。

③ 按明细表清理零部件，品种数量要齐全，确认拟投入装配的零部件均是经检验合格的，对有锈蚀或不清洁的零件表面进行清洗处理。

④ 确认装配现场所需电、水、油品等能满足需要，现场空间、场地、起重运输设备、照明、安全设施等符合要求。

(2) 装配工作阶段

按照主机厂的具体情况组织装配工艺作业，一般部件装配均应先期完成，现场只进行总装配。

(3) 装配后期阶段

① 调整　调节零部件间的相对位置、结合松紧程度、配合间隙等，使之协调地操作。如齿轮箱输出轴与发电机轴同心度的调整，刹车摩擦片与刹车盘间隙的调整等。

② 检验　对装配工艺主要控制点的装配精度，按技术要求和质量监测标准进行检测。

③ 喷漆、防锈和包装　按要求的标准对零部件进行喷漆，用防锈油对指定部位加以防护，最后进行包装出厂。

3. 装配方法

为满足对整机装配的要求，通常采用如下几种方法。

(1) 完全互换法

在装配时，同一个零部件总成任选其中之一，不经任何修配调整即可装入，且都能达到规定的装配要求，这种方法称为完全互换法。它的优点是达到同种零件完全互换，装配简便，生产效率高，能保证规定的生产节奏，便于组织流水生产。

(2) 选配法

这种方法是通过放宽了零部件的制造公差要求，在装配前按照尺寸、重量等参数分组，将同一组内的零件装入机器时，可满足规定的要求。如风轮叶片，每台机组的三片叶片都按规定的质量要求经分组后打上编号，编号错乱的一组叶片不能装在同一个风轮上。

(3) 调整法

这种方法是通过调整零部件的相对关系来满足规定的要求。前述的齿侧隙调整、轴的同心度调整均属于此法。此方法的特点是在装配时，仅需要通过必要的调整即可满足要求。虽调整后紧固牢靠，但还需定期复查。

4. 装配组织形式

(1) 按生产规模划分

① 大量生产　产品的生产规模很大，生产线具有严格规定的节拍，装配对象有顺序地由一个装配工位转移给下一个装配工位，这种转移可以是装配对象移动，例如在输送带上的移动式装配，也可以是装配对象不动，而装配工移动。这种装配生产线一般称之为流水装配线。为保证流水线上装配工作的连续性，每一个工作位置上完成装配工作所需的时间都是相等或互成倍数的。流水线上广泛采用互换性原则，因此装配质量好，效率高，生产周期短，占用生产面积小。

② 单件生产　产品数量很小，一般只有几台甚至一两台，装配对象固定在一个位置，由一组装配工从开始到结束完成全部装配工作。这种方法生产率低，工艺设备利用率低，占地面积大，要求装配工人的技术素质高。

③ 成批生产　产品产量介于上述两者之间，是批量生产的，可采用类似大量生产的生产组织形式进行流水生产。但由于产品产量不够大，不能用输送带上移动式装配方法，但可采用装配工专业分工。这种方式在生产定型风力发电机组生产时采用较多。

(2) 按组织作业方式分

① 小组承包式　一组工人从开始到结束完成一台风力发电机组全部的装配。这种装配方式适用于单件小批量生产。

② 专业分工式　按照装配工艺要求，装配生产线上每一个装配工人只负责一项装配工序工作，完成第一台风力发电机组产品的某工序后，即转入对下一台产品进行该道工序的操作，而另一个工人则对第一台产品进行下一道工序的操作。由于分工明确，便于专业化，故装配工的技能专而精，产品质量好，效率高，但需装配工人较多。此方式适合成批大量生产。

5. 风力发电机组一般装配工艺过程

① 机舱底座的清理　主要包括防锈面的清洗、安装配合面的去毛刺、精加工面划伤的修复、螺孔的清理等。

② 附件安装　包括盖板、电缆桥架、接油盒、提升机支架、各种传感器支架、防雷碳刷支架等的安装。

③ 弹性支撑座的安装　一般包括齿轮箱弹性支撑座、发电机弹性支撑座、液压站弹性支撑座和机舱罩弹性支撑座。

④ 偏航轴承（支撑）的安装

⑤ 偏航减速器的安装

⑥ 偏航刹车的安装

⑦ 发电机的安装

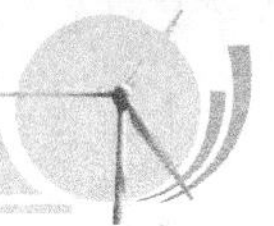

⑧ 主轴轴承的安装

⑨ 主轴的安装　主要用胀紧套将主轴与齿轮箱连接起来。

⑩ 齿轮箱的安装　主要是齿轮箱与机舱底座的连接。

⑪ 发电机齿轮箱同心度的调整

⑫ 联轴器的安装

⑬ 主轴刹车的安装

⑭ 液压泵站的安装

⑮ 润滑泵站的安装

⑯ 刹车及润滑管路连接

⑰ 电气接线

6. 风力发电机组的调试

风力发电机组在工厂装配时都已经进行过台架调试试验，一般机舱内设备不会有什么问题。现场调试主要是解决叶片、轮毂、机舱、塔架、控制柜配套安装后可能出现的问题，应在调试结束后，使机组的各项技术指标全部达到设计要求。

(1) 现场调试程序

① 调试前的检查　风力发电机组安装工程完成后，调试工作由经过培训的人员或在专业人员的指导下进行。设备通电前的检查应满足下列要求：

a. 现场清扫整理完毕；

b. 机组安装检查结束并经确认；

c. 机组电气系统的接地装置连接可靠，接地电阻经测量应符合被测机组的设计要求，并做好记录；

d. 测定发电机定子绕组、转子绕组等的对地绝缘电阻，应符合被测机组的设计要求，做好记录；

e. 发电机等引出线相序正确，固定牢固，连接紧密，测量电压值和电压平衡性；

f. 使用力矩扳手将所有螺栓拧紧到标准力矩值；

g. 照明、通信、安全防护装置齐全。

② 完成安装检查后，根据设备制造商规定的初次接通电源程序要求，接通电源。

③ 气动机组安装前应进行控制功能和安全保护功能的检查和试验，确认各项控制功能和保护动作准确、可靠。

a. 所有风力发电机组试验应有两名以上工作人员参加。

b. 风力发电机组调试期间，应在机组控制柜、远程控制系统操作盘处挂禁止操作的警示牌。

c. 按照设备技术要求进行超速试验、飞车试验、振动试验、正常停机试验及安全停机、事故停机试验。

d. 在进行超速的飞车试验时，风速不能超过规定数值。试验以后应将风力发电机的参数值设定调整到额定值。

④ 检查风力发电机组控制系统的参数设定，控制系统应能完成对风力发电机组的正常运行控制。

⑤ 首次启动宜在较低风速下进行，一般不宜超过额定风速。

(2) 风电机组的调试项目

按风力发电机组安装及调试手册规定，调试一般应包括以下项目：

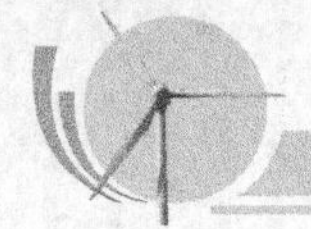

① 检查主回路相序、断路器设定值和接地情况；

② 检查控制柜功能，检查各传感器、扭缆解缆、液压、制动器功能及各电动机启动运行状况；

③ 调整液压系统压力至规定值；

④ 启动风力发电机组；

⑤ 定变距机型叶尖排气，变桨距机型检查变桨距功能；

⑥ 检查润滑系统、加热及冷却系统工作情况；

⑦ 调整盘式制动器制动间隙；

⑧ 设定控制参数；

⑨ 安全链测试。

当某一调试项目一直不合格时，应停机，进行分析判断并采取相应措施（如更换不合格元器件等），直至调试合格。

1．任务布置

风力发电机的一般装配流程。

2．操作指导

(1) 主轴总成

① 按照所安装的轴承准备好所需的量具和工具。

② 在轴承安装前，应按照图纸的要求检查与轴承相配合的零件，如轴、轴承座、紧定套、密封圈等的加工质量，包括尺寸精度、开头精度和表面粗糙度。不符合要求的零件不允许装配。与轴承相配合的表面不应有凹陷、毛刺、锈蚀和固体微粒。

③ 用汽油或煤油清洗与轴承配合的零件。安装轴承前应用干净的布（不能用棉丝）将轴、轴承座和紧定套等零件的配合表面仔细擦净，然后涂上一层薄油，以利安装。所有润滑油路都应清洗，检查清除污垢。

④ 打开轴承包装后，应首先检查轴承型号与图纸要求是否一致。

⑤ 轴承在安装前必须仔细清洗。经过清洗的轴承不能直接放在工作台上，应垫以干净的布或纸。

(2) 增速箱——主轴组件

① 准备进行组装前，为了保证装配的安全，应准备增速箱和主轴的支撑架。

② 将增速箱水平安放在支架上。

③ 将胀紧套上所有的螺栓松开，慢慢地套入增速箱低速轴端。

④ 使用吊带将主轴组件水平吊起，调整位置，使其正对增速箱低速轴孔，并穿入孔中，直到穿不动为止。

⑤ 上紧胀紧套。用液压扳手分三次顺序上紧压缩环螺栓到规定力矩，此时胀紧套内外环端面应平齐。

⑥ 将 4 个增速箱支座装到增速箱的支臂上（装配时应注意方向，清洁装配面后在配合面上涂抹润滑油）。注意不要划伤配合面。

⑦ 装配完成后，用 4 根吊带将主轴支撑、主轴、增速箱吊起，调整好位置，并向上倾

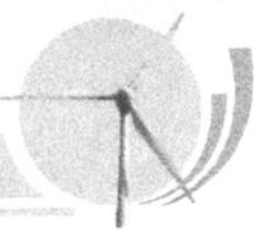

斜 4°放到机架上。

⑧ 在轴承座齿轮箱支撑上穿入螺栓连同平垫圈，将螺栓拧紧到规定力矩。

(3) 发电机安装找正

发电机的找正可以用激光对中仪，操作简单，效率较高，但价格较贵，适于批量生产。单件小批量可以用千分表采用以下方法找正。

安装中，一般都是先将齿轮箱固定，再移动、调整发电机，通过测量两轴套同时旋转中径向和轴向相对位置的变化情况进行判定。

安装好齿轮箱和发电机轴套后，可以做一个简单的工装，用千分表进行测量找正，如图 1-7 所示。测量找正时，用螺栓将测量工具架固定在发电机轴套上。在未连接成一体的两半联轴器外圈，沿轴向划一直线，做上记号，并用径向千分表和端面千分表分别对好位置。径向千分表对准齿轮箱轴套外圆记号处，端面千分表对准齿轮箱轴套侧面记号处。将两轴套记号处于垂直或水平位置作为零位，再依次同时转动两根转轴，回转 0°、90°、180°、270°，并始终保证两轴套记号对准。分别记下两个千分表在相应 4 个位置上指针相对零位处的变化值，从而测出径向圆跳动量 a_1、a_2、a_3、a_4 和端面圆跳动量 b_1、b_2、b_3、b_4。根据这些值的情况就可判断Ⅱ轴相对Ⅰ轴的不对中情况，并且进行调整。

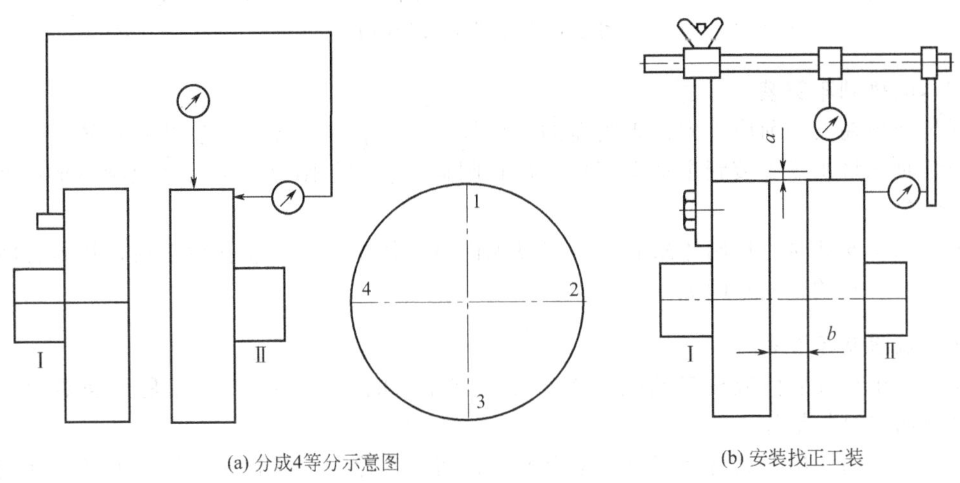

(a) 分成4等分示意图　　(b) 安装找正工装

图 1-7　千分表测量找正

调整时可以用千斤顶进行高低和前后左右的调整，直到 $a_1=a_2=a_3=a_4=0$，$b_1=b_2=b_3=b_4=0$，就可以认为Ⅰ轴和Ⅱ轴对中找正了。

(4) 偏航减速器安装

偏航减速器的安装步骤如下。

① 首先应先找出偏心盘的最大、最小偏心点，并标记。

② 将一根带倒顺开关的 4×2.5 的线接于偏航电动机上。

③ 将偏航减速器偏心盘的偏心中间位置置于偏航轴承大齿圈与偏航减速器小齿轮的啮合处，用均布的 6 个螺栓将偏航减速器与底板连接。

④ 将偏航减速器转至偏航轴承大齿圈实际直径最大处（若为内齿圈应是最小处）。

⑤ 测量啮合齿隙是否符合标准要求。

⑥ 如果不符合标准要求，将螺栓拆除，通过调整偏心盘调整啮合间隙，直至间隙符合要求。

⑦ 将所有螺栓涂抹防松胶后，安装面涂抹密封胶，按要求紧固。

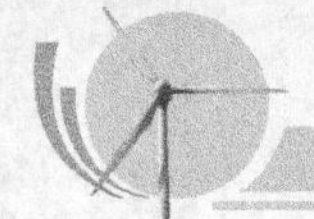

齿侧隙的测量方法如下。

① 用压铅片的方法检验。即将铅片放在轮齿间压扁后测量挤压后最薄处的尺寸，即为侧隙。

② 用百分表检验。即将百分表测头与一齿轮的齿面接触，另一齿轮固定，将接触百分表测头的齿轮从一侧啮合转到另一侧啮合，则百分表上的读数差值，即为侧隙。

轮齿接触斑点检验，可用涂色法进行。将轮齿涂红丹后转动主动轮，使被动轮微制动，轮齿上印痕分布面积应该是：在轮齿高度上接触斑点不少于30％～50％，在宽度上不少于40％～70％（随轮齿的精度而定）。其分布的位置是自节圆处对称分布。通过涂色法检查，还可以判断产生误差的原因。

直齿圆柱齿轮接触斑点如图1-8所示。

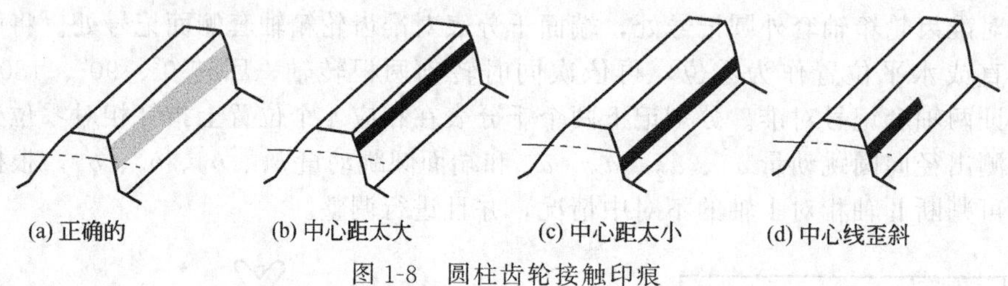

图1-8 圆柱齿轮接触印痕

（5）圆盘刹车安装

圆盘刹车在安装前应首先检查闸盘的几何尺寸，如直径、厚度、安装孔位置度等。

安装时先将闸盘安装到主轴上，然后检查圆盘安装面与闸盘的平行度及闸盘的端面跳动是否符合要求。

圆盘刹车安装时应将闸体吊起，从闸盘侧面将闸体推入。安装孔对正后，用螺栓将闸体固定，待试验时调整刹车间隙。

（6）偏航刹车安装

偏航刹车在安装前应检查偏航轴承和偏航刹车盘的厚度，据此选择是否需要加调整垫片，以及加多厚的垫片。

安装时，用专用吊具将刹车组件吊至安装位置，用涂有二硫化钼润滑油的螺栓将刹车体与机舱底座连接，按照第（9）步高强度螺栓的安装要求紧固螺栓。

（7）传感器安装

风力发电机组一般包含的传感器主要有转速传感器、温度传感器、风速风向传感器和振动传感器。

风力发电机组转速传感器一般是一个接近开关。它的安装主要是调整其到与之相对应轴上法兰孔、螺栓头或其他能触发接近开关的金属物之间的距离。根据接近开关灵敏度的不同有不同的要求，一般要求距离在2～5mm之间。在紧固转速传感器螺栓时，应注意检查随转速传感器配套的防松垫片是否齐全。

对于温度的检测，风力发电机组主要检测以下几个温度：齿轮油温度、发电机绕组温度、发电机前后轴承温度、控制柜温度、环境温度，个别机组还检测齿轮箱高速轴轴承温度。除检测环境温度的温度传感器之外，其他温度传感器一般在零部件出厂前安装好，不需要在组装厂安装。环境温度传感器在安装时应该注意不要与金属件直接接触，否则会造成温度测量不准。如果无法避免与金属件直接接触，可在温度传感器外壳上套

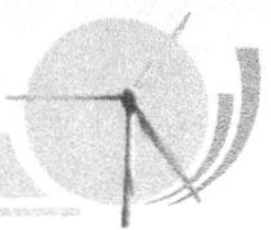

层热缩管。

风速风向传感器一般都是塑料外壳，在安装时应注意用力不要过猛过大，尤其冬天更应该注意。一般风速风向传感器都是竖直安装。对于风速传感器，除此之外没有其他要求，但对于风向传感器，一般要求方向传感器下方的标记孔正对机舱前方。

振动传感器一般有机械式的振动开关和电子式的振动测试仪两种，而机械式振动开关又分摆锤式和振动球式两种。在安装时摆锤式要求竖直安装，振动球式要求振动球座水平安装。电子式的振动测试仪其探头是一个压电传感器，在安装时，一般探头与安装面要可靠连接，最好用螺栓可靠固定，并竖直安装。

(8) 电气接线

风力发电机组的电气接线跟其他电气设备接线一样，应做到横平竖直，捆扎可靠，线号清晰整齐，强弱电分开，信号线与电源线分开。

由于风力发电机组电气线路中一般采用橡皮软电缆，因此在进行电气接线时一般都需要将电缆穿在线槽或穿线管内，或绑扎在电缆桥上。在有相对移动或振动的两部件间布线时，要考虑活动和磨损，在这里要采用聚氯乙烯胶带或尼龙卷槽做活动捆扎，并在棱角处做防护处理。

另外，接地线与屏蔽线连接一定要可靠，以防因此产生干扰和遭受雷击。

(9) 高强度螺栓连接

螺栓连接装配时螺栓和螺母应正确地旋紧，螺栓和螺钉在连接中不应有歪斜和弯曲的情况，锁紧装置可靠。拧得过紧的螺栓连接，将会降低螺母的使用寿命和在螺栓中产生过大的应力。为了使螺纹连接在长期工作条件下能保证结合零件的稳固，必须给予一定的拧紧力矩。

常用规格螺栓的拧紧力矩见表1-1。

表1-1　常用规格螺栓的拧紧力矩　　N·m

螺栓直径/mm	螺栓等级			
	5.6	8.8	10.9	12.9
16	70	149	210	252
20	136	290	409	490
24	235	500	705	845
30	472	1004	1416	1697
36	822	1749	2466	2956
42	1319	2806	3957	4742
48	1991	4236	5973	7159

注：1. 预紧力按照材料 $0.70\delta_b$ 计算。

2. 本力矩表适用于粗牙螺栓。

3. 拧紧力矩允许偏差±5%。

4. 摩擦系数为 $\mu=0.125$。

5. 表中数值为涂抹 MoS_2 油脂时的力矩，无润滑剂时拧紧力矩数值应增加33%。

安装时的基本要求如下。

① 螺母能用手轻松地旋入。

② 螺纹的表面必须光滑。

③ 螺栓数量多时，应按一定顺序拧紧，并应分次逐步拧紧，即先把所有的螺母按顺序全紧到 1/3，然后紧到 2/3，最后再完全拧紧。

螺纹装配工具可分为手动和机动两种。手动工具除一般常用的扳手和螺钉旋具外，尚有各种专用的扳手等。机动工具有电动扳手、液压扳手和气动扳手。机动工具能提高劳动生产率和降低劳动强度，对大型螺栓来说，其意义更大。

成组螺纹连接的零件，拧紧螺栓必须按照一定的顺序进行，并做到分次逐步拧紧，这样，有利于保证螺纹间均匀接触，贴合良好，螺栓间承载一致。

由表 1-2 中的图可以看出：

a. 按矩形布置的成组螺栓，拧紧的顺序是从中央开始，逐步向两边对称地扩展进行；

b. 圆形布置的成组螺栓，应按一字交叉方向拧紧；

c. 按方形布置的成组螺栓，必须对称地拧紧。

表 1-2　不同分布形式的螺栓的紧固顺序

分布形式	一字形	矩　形	方　形	圆环形
拧紧顺序简图	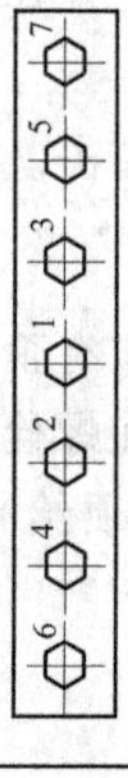 7 5 3 1 2 4 6	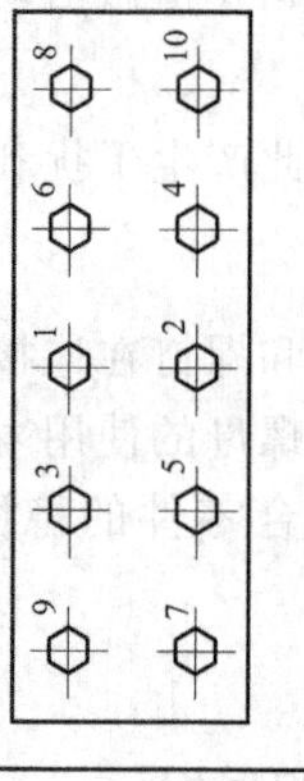 8　10 6　4 1　2 3　5 9　7	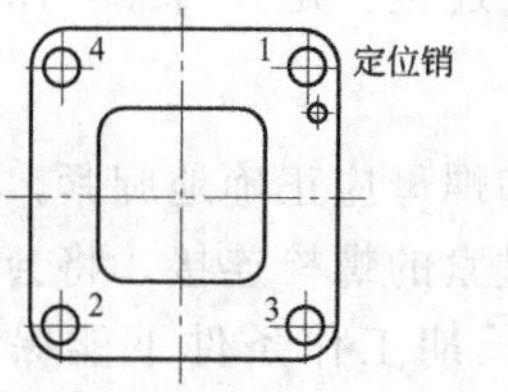 4　1　定位销 2　3	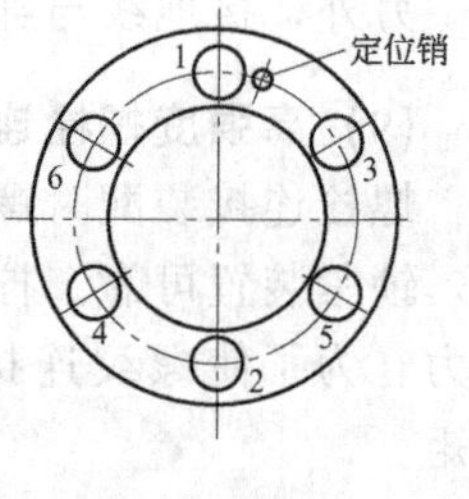 1　定位销 6　3 4　5 2

④ 为了防止螺栓受振松脱，螺纹连接必须有合适的锁定措施。通常非高强度螺栓用涂抹厌氧防松胶或采用自锁螺母的方法，防松效果较好。而大六角头高强度螺栓则依靠摩擦防松。

(10) 风电机组的调试验收

① 螺栓连接检查

a. 检查内容　应按照制造商的规定对螺栓连接进行定期检查，目测螺栓表面是否存在锈蚀。对预紧力有控制要求的螺栓连接，应检查其预紧力是否有效。

采用随机抽检的方式检查时，同一部位螺栓的抽检比例应不少于 10%。

b. 测量工具　预紧力可通过测量扭矩的方法来验证。测量所使用的扭矩测量工具应经过校准并在有效期内才可使用，其测量误差不应超过±2%。

c. 力矩标准　应按照制造商规定的程序和要求进行检查，也可按如下方法检查。

• 一般螺栓连接的检查力矩小于标称力矩的 20%即可。抽检时若有松动，应按照标称力矩将同类螺栓全部拧紧。

• 关键螺栓连接按照 70%的装配力矩值检查，在规定的预紧力作用下，螺栓不应松动。抽检时若发现松动，应将该连接副全部更换。

d. 检查时其他注意事项

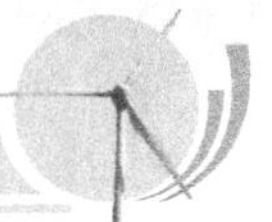

- 检查预紧力时，测试力矩应作用在螺母上。
- 更换锈蚀的螺栓、螺母。
- 环境温度宜在零下5℃以上。

② 接地电阻的测量

a. 电极的布置　采用交流电流表-电压表法测量接地电阻，电极采用三角形布置，如图1-9所示。电压极与接地网之间的距离为d_{12}，电流极与接地网之间的距离为d_{13}，一般取$d_{12}=d_{13}\geqslant 2D$，夹角约等于30°，$D$为接地网最大对角线长度。测量时，沿接地网和电流极的连线移动3次，每次移动距离为d_{12}的5%左右。如果3次测得的电阻值接近即可。

接地电阻值应不大于设计要求，若无特殊规定，单台风力发电机组的接地电阻值应不大于4Ω。

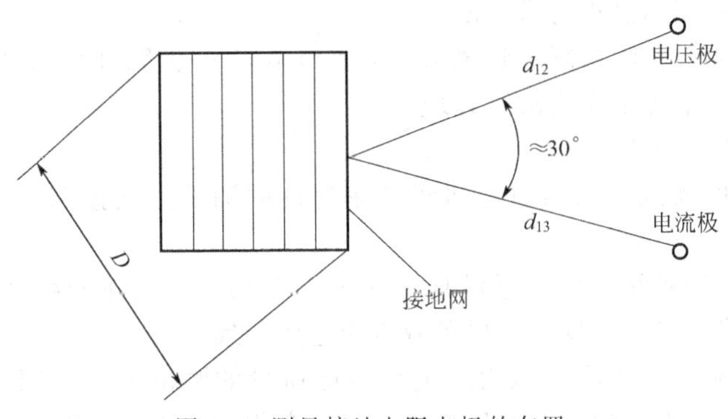

图1-9　测量接地电阻电极的布置

b. 接地电阻测量注意事项

- 测量时接地装置应与避雷线断开。
- 电压极、电流极应布置在与线路或地下金属管道垂直的方向上。
- 应避免在雨后立即测量接地电阻。
- 允许采用其他等效的方法进行测量。

③ 控制功能的检查或试验　对风力发电机组控制器的控制功能进行下列检查和试验：

a. 根据风速信号自动进行启动、并网和停机功能试验；

b. 根据风向信号进行偏航对风调向试验；

c. 根据功率或风速信号进行大、小发电机切换试验（对于双发电机机组或双速发电机机组）；

d. 转速调节、桨距调节及功率调节试验（对于变速恒频机组）；

e. 无功功率补偿电容分组投切试验（对于感应异步发电机机型）；

f. 电网异常或负载丢失时的停机试验等；

g. 制动功能试验，包括正常制动和紧急制动。

④ 安全保护功能的检查和试验

a. 安全防护措施　检查机组的安全设施，至少应包括：安全防护隔离装置；塔架爬楼防坠落装置；通道、平台；扶手、固定点；照明灯具；防火器材；电气系统防触电措施。上述装置的功能应满足设计要求。

b. 控制系统的安全保护功能　对风力发电机组的安全保护功能应进行下列检查和试验：

- 转速超出限定值的紧急关机试验；
- 功率超出限定值的紧急关机试验；

- 过度振动的紧急关机试验；
- 电缆的过度缠绕超出允许范围的紧急关机试验；
- 人工操作的紧急关机试验。

⑤ 防腐检查　根据 GB/T 14091—2009 确定机组的环境条件等级，采用金属喷涂或喷漆处理的结构应适应周围环境条件的要求。

采用目视比较法检查外观防腐质量，要求防腐表面均匀，不允许存在起皮、漏涂、缝隙、气泡等缺陷，必要时可根据有关标准检查涂层的厚度和附着力。

⑥ 可利用率的评定　通常用可利用率指标来衡量风力发电机组的可靠性。可利用率的统计应从试运行结束后计算，计算方法参见下式：

$$可利用率(\%)=[(T_C-T_{WX})/T_C]\times 100\%$$

式中　T_C——规定时期的总小时数，h；

T_{WX}——因维修或故障情况导致风力发电机组不能运转的小时数，h（因外部环境条件原因的情况不作为故障处理）。

可利用率指标不应小于 95%。

⑦ 机组功率特性测试　风力发电机组功率特性的测试方法按照 GB/T 18451.2—2003 执行。

风力发电机组控制系统及监控系统所记录的功率和对应风速的统计数据，经适当修正后，可作为功率曲线的参考依据，但供需双方应达成一致。

⑧ 电能质量的测量与评估　风力发电机电能质量的测试方法参照 GB/T 20320—2006 执行，测试内容包括发电过程中的电压变化、电流变化、谐波、电压闪变、冲击电流等，其结果应符合设计要求。

⑨ 噪声测定　风力发电机组的噪声测试方法按照 IEC61400—11 执行。

在 10m 高度、8m/s 风速条件下测量的风力发电机组噪声功率级应不大于 110dB(A)。

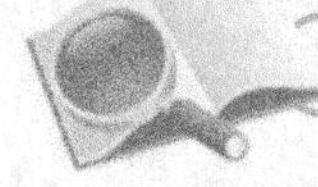

思考题

1. 风力发电机组安装前准备工作有哪些？
2. 风力发电机组的电气安装有哪些要求？
3. 风力发电机组的现场调试程序有哪些？
4. 齿侧隙的测量方法有哪些？
5. 如何进行螺栓连接检查？如何进行接地电阻的测量？

模块二

风力发电机组装配的前期工作

风力发电机组的装配与调试是一项系统的工程，在装配之前有很多工作需要完成，主要有施工地点及环境的考察、施工图和设备资料的审查和学习、施工方案的制定、风力发电机组的选型、风力发电机组部件的运输、常用工具的准备等。

一般风电场的施工项目点比较分散，每台风机的施工时间比较短，大型机械的转移十分频繁，合理地安排每台风机的施工顺序和机械转移路线，直接影响到施工工期的长短。在施工前，对每台风机的安装位置、风机之间的道路情况要做到了如指掌，根据所选用机械的性能，选择最短的转移路线和最佳的路况，以减少机械转移时间，增大机械转移时的安全系数。这些都需要风力发电机组在装配之前对施工地点和环境做一个全面的考察。

在装配之前，施工人员首先要对施工图纸和风电机组设备资料进行审查和学习，领会设计图，熟悉设备的安装技术要求（如 GB/T 19568—2004《风力发电机组装配与安装规范》等国家标准及行业标准）。在工程正式开工前，应进行施工图纸和风机技术说明书等情况资料的会审与学习，发现问题及时与设计单位、制造厂家，并会同监理单位联系解决。

施工单位在工程中标后的施工组织设计，是施工准备工作的重要组成部分，是指导施工现场全部生产过程活动的技术指标和指导施工的主要依据，应根据 DL/T 5384—2007《风力发电工程施工组织设计规范》的要求进行编制。根据风电设备厂家提供的具体设备资料，选择施工所需要的施工机械。在保证安全的情况下，选用合适的吊装机械可以避免“大马拉小车”的现象，提高施工的利润空间。根据厂家提供的吊装说明书上的施工工序，合理地进行人员、工器具的准备工作。

本模块重点介绍风力发电机组在装配时常用工器具的准备、风力发电机组的选型和风力发电机组部件的运输。

任务一 常用工器具的使用

风力发电机在安装过程中需要各种工器具，安装人员必须经过相关的培训，熟练掌握这些工器具的使用方法。

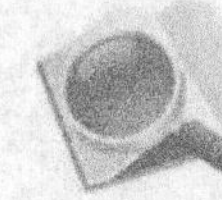

能力目标

① 了解不同型号风力发电机的结构特点。

② 熟悉风力发电机在安装与调试过程中需要的各种工器具。

③ 掌握常用工器具的使用方法。

④ 掌握工器具使用过程中的注意事项。

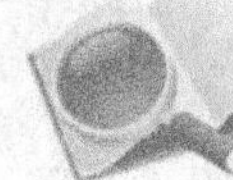

基础知识

1. 常用工器具

风力发电机在装配与调试的过程中需要的工器具如表 2-1 所示。

表 2-1 常用工器具

名 称	备 注	名 称	备 注
活络扳手	1套	尖嘴钳	1～2把
组合套筒扳手	1套	钢卷尺	2m、5m、10m各1把
梅花扳手	1套	充电式电钻	1～2把
两用开口扳手	1套	麻花钻	1把
扭力扳手	1套	胶水枪	1把
棘轮扳手	1把	数显水平尺	1把
电动冲击扳手	1把	圆环吊带	若干
防震橡皮锤	1把	吊链	1根
螺丝刀	十字、一字各1套	万用表	1台
游标卡尺	1套	绝缘电阻测试仪	1套
三爪卡盘	1个	扭力表	1套

2. 工器具的使用方法及注意事项

(1) 活络扳手

活络扳手又叫活扳手，如图 2-1 所示，是一种旋紧或拧松六角螺钉或螺母的工具。常用的有 200mm、250mm、300mm 三种，使用时应根据螺母的大小选配。

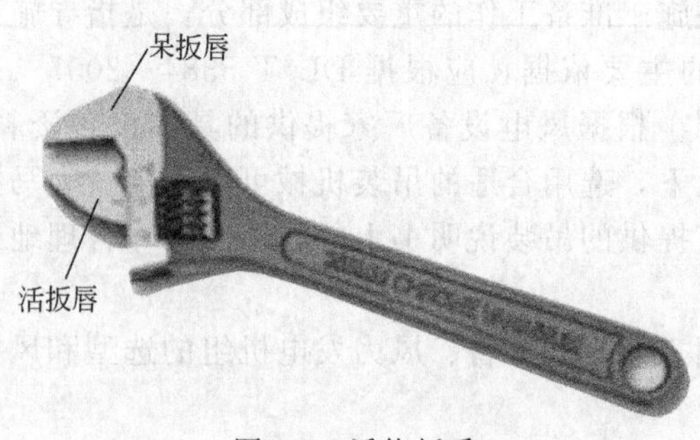

图 2-1 活络扳手

使用时，右手握手柄，手越靠后，扳动起来越省力。

扳动小螺母时，因需要不断地转动蜗轮，调节扳口的大小，所以手应握在靠近呆扳唇处，并用大拇指调节蜗轮，以适应螺母的大小。

注意事项

① 活络扳手的扳口夹持螺母时，呆扳唇在上，活扳唇在下，切不可反过来使用。

② 在扳动生锈的螺母时，可在螺母上滴几滴煤油或机油，这样就易拧动了。

③ 在拧不动时，切不可采用钢管套在活络扳手的手柄上来增加扭力，因为这样极易损伤活扳唇。

④ 不得把活络扳手当锤子用。

(2) 扭力扳手

① 扭力扳手（图 2-2）的使用方法

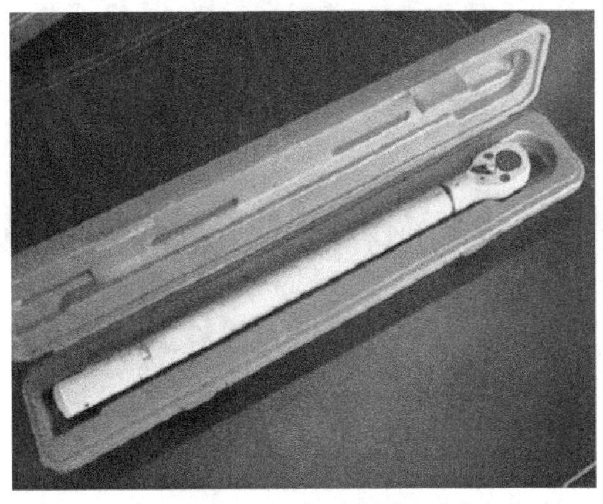
图 2-2　扭力扳手

a. 根据装配工件所需扭矩值要求，确定预设扭矩值。

b. 预设扭矩值时，将扳手手柄上的锁定环下拉，同时转动手柄，调节标尺主刻度线和微分刻度线数值至所需扭矩值。调节好后，松开锁定环，手柄自动锁定。

c. 在扳手方榫上装上相应规格套筒，并套住紧固件，再在手柄上缓慢用力。施加外力时必须按标明的箭头方向。当拧紧到发出信号“咔嗒”声（已达到预设扭矩值），停止加力，一次作业完毕。

② 扭力扳手特点

a. 具有预设扭矩数值和声响装置。当紧固件的拧紧扭矩达到预设数值时，能自动发出信号“咔嗒”声，同时伴有明显的手感振动，提示完成工作。解除作用力后，扳手各相关零件能自动复位。

b. 可切换两种方向，拨转棘轮转向开关，扳手可逆时针加力。

c. 公、英制（N·m、lbf·ft）双刻度线，手柄微分刻度线，读数清晰、准确。

d. 合金钢材料锻制，坚固耐用，寿命长。

e. 精确度符合 ISO 6789：1992. ASME B107. 14，GGG-W-686. ±4%。

③ 使用时注意事项

a. 第一次使用或长期存放后使用扭力扳手时，先以中段扭力值操作 5～6 次，每次以听到“咔嗒”声为止，使扳手逐渐均匀润滑，从而获得准确的测量数值。

b. 勿在闭锁状态下（即未将锁定钮拉出的情况下）转动手柄，以防损坏扭力设定装置。

c. 使用中应缓慢均匀地拉动手柄（严禁硬推、猛拉），达到设定工作扭力时，会感到明显的振动和听到清晰的“咔嗒”声，这是达到设定扭矩值的信号，此时应立即停止施力。设定扭矩越大，这种声音就越大，感觉越明显。

d. 不准将工作扭力的设定超出该扳手规定的扭力值（超值使用）。取扭力扳手最大值的 1/3～2/3 范围为最佳使用方式。

e. 不使用时，应将扭力值设置到最小扭矩处，以保持测量精度。

f. 严禁外接延长装置使用。严禁将扭力扳手当作普通扳手直接用来拆卸或紧固零件。不要随意丢弃，或让它沿地面滑动。不能不加保护地与其他工具混放或让其他工具压在其上方。

g. 扭力扳手的正常使用程序是旋紧螺母，校正扭力（达到预定扭力值时立即停止）。

(3) 万用表

万用表可分为指针式万用表和数字式万用表，如图 2-3 和图 2-4 所示。

图 2-3　指针式万用表

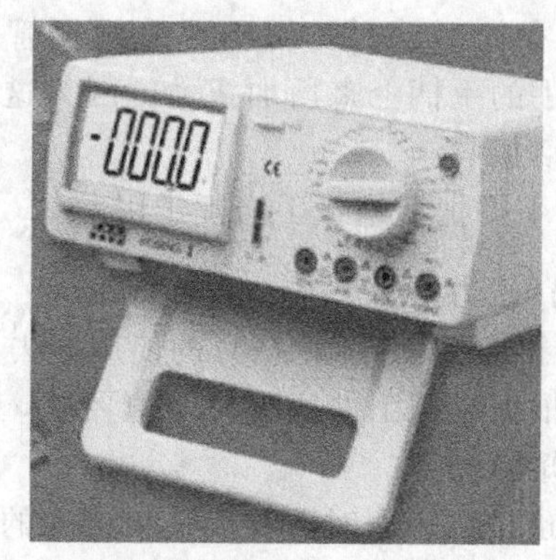

图 2-4　数字式万用表

① 指针式万用表

a. 结构组成　指针式万用表由表头、测量电路及转换开关等三个主要部分组成。

(a) 表头。图 2-3 所示的万用表是一只高灵敏度的磁电式直流电流表。万用表的主要性能指标基本上取决于表头的性能。表头的灵敏度是指表头指针满刻度偏转时流过表头的直流电流值，这个值越小，表头的灵敏度越高。内阻越大，测电压时的性能就越好。

在万用表指针盘面上有一些特定的符号，标明万用表的重要性能和使用要求。在使用万用表时，必须按这些要求进行，否则会导致测量不准确、发生事故，造成万用表损坏，甚至造成人身危险。万用表表盘上的常用字符含义如表 2-2 所示。

表 2-2　万用表表盘上的常用字符含义

标志符号	意　义	标志符号	意　义
⚹	公用端	1.5 ∨	以标度尺长度百分数表示的准确度等级
COM	公用端	1.5	以指示值百分数表示的准确度等级
⏚	接地端	|1.5|	以量程百分数表示的准确度等级
A	电流端	— 或 ‒‒‒	被测量为直流
mA	被测电流适合 mA 挡的接入端	~	被测量为交流
5A	专用端	≃	被测量为直流或交流
•)))	具有声响的通断测试	[Ⅲ]	Ⅲ级防外电场
⎍		Ⅲ	Ⅲ级防外磁场
▷|	二极管检测	A-V-Ω	测量对象包括电流、电压、电阻
∩	磁电系测量机构	⌒•	零点调节器

(b) 测量线路。测量线路是用来把各种被测量转换成适合表头测量的微小直流电流的电路，由电阻、半导体元件及电池组成。它能将各种不同的被测量（如电流、电压、电阻等）、不同的量程，经过一系列的处理（如整流、分流、分压等），统一变成一定量限的微小直流电流送入表头进行测量。

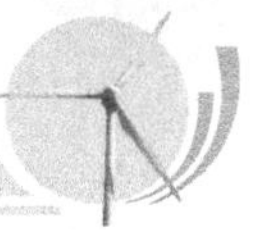

(c) 转换开关。其作用是选择各种不同的测量线路，以满足不同种类和不同量程的测量要求。转换开关一般有两个，分别标有不同的挡位和量程。

b. 使用方法

- 了解表盘上各符号的意义及各个旋钮和选择开关的主要作用。
- 机械调零。
- 根据被测量的种类及大小，选择转换开关的挡位及量程，找出对应的刻度线。
- 选择表笔插孔的位置。
- 测量电压。测量电压（或电流）时要选择好量程。如果用小量程去测量大电压，会有烧表的危险；如果用大量程去测量小电压，那么指针偏转太小，无法读数。量程的选择应尽量使指针偏转到满刻度的 2/3 左右。如果事先不清楚被测电压的大小，应先选择最高量程挡，然后逐渐减小到合适的量程。

交流电压的测量　万用表拨盘挡位开关拨到如图 2-5(a) 所示挡位时，指针位置如图 2-5(b) 所示。

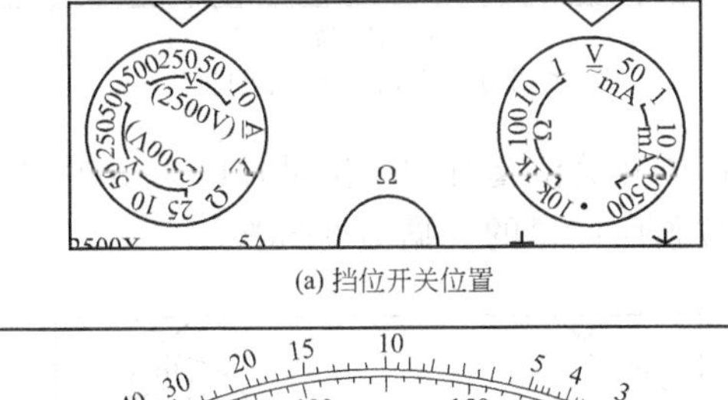

(a) 挡位开关位置

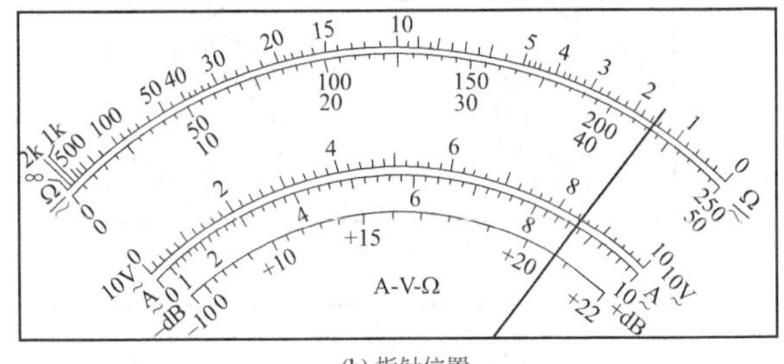

(b) 指针位置

图 2-5　交流电压的测量

图 2-5(a) 中，拨盘挡位开关的位置是“250V”，因此可以直接使用第二条刻度线的第一组数标（最大值为“250”）。图 2-5(b) 所示指针位置所读出的数据为交流 217V。

直流电压的测量　量程开关转到合适的电压量程（如果不能估计被测电压的大约数值，应先转到最大量程“500V”，经试测后再确定适当量程），设两拨盘开关位置如图 2-6(a) 所示，将测试表笔跨接于被测电路两端时，表盘指针位置如图 2-6(b) 所示。

直流电压的读数，应使用表盘上第二条刻度线（即两头有“≪”标志的刻度线）。由于拨盘挡位开关拨到“10V”挡位置，因此万用表的满量程为 10V，可使用最大为“50”的数标，并将读数除以 5 即可。如图 2-6(b) 所示的指针位置，所读出的数据为 7.3V。

- 测电流。直流电流的测量与交流电压测量所使用的刻度线是一样的，即标有“≂”的第二条刻度线，读数方法也是一样的，即先根据拨盘挡位开关的数值确定满量程，再选择相应的数标进行读数，如图 2-7 所示。

测量时必须先断开电路，然后按照电流从“+”到“—”的方向，将万用表串联到被测电路中，即电流从红表笔流入，从黑表笔流出。如果误将万用表与负载并联，则因表头的内阻很小，会造成短路烧毁仪表。

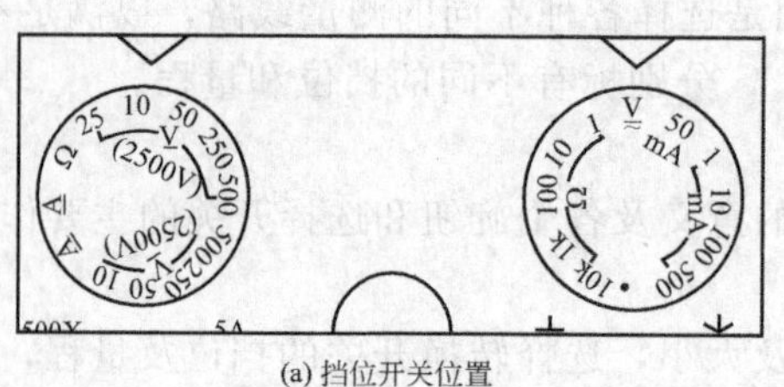
(a) 挡位开关位置

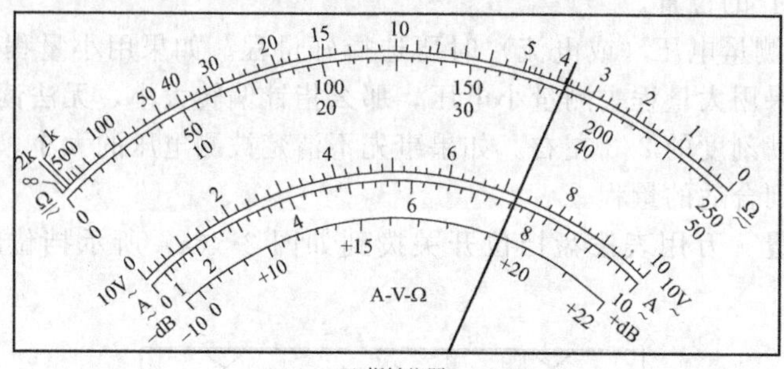
(b) 指针位置

图 2-6　直流电压的测量

由图 2-7(a) 所示拨盘挡位开关位置可知，满量程应为 100mA，读数刻度仍为第二条刻度线。图 2-7(b) 所示指针位置所读得的数据为 64mA。

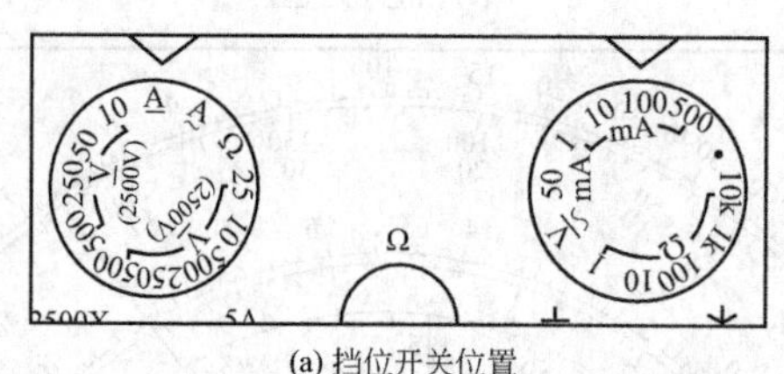
(a) 挡位开关位置

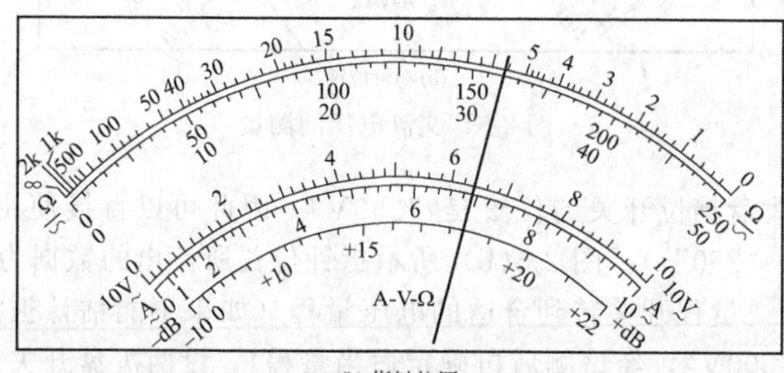
(b) 指针位置

图 2-7　电流的测量

交流电流的测量除左拨盘挡位开关应拨在“A͠”的位置外，其余与直流电流的测量完全一样。

● 测电阻。测量电阻时，左拨盘挡位开关应拨到“Ω”的位置，右拨盘挡位开关应拨到“Ω”位段上的相应挡位，如图 2-8 所示。

测量电阻时，应使用第一条刻度线，即标有“Ω”的刻度线。“Ω”的刻度线有两个与其他刻度线的不同之处：一是该刻度线的“0”刻度在最右端，指针偏转越大，电阻值越小；二是该刻度线是不均匀的，越往左，刻度越密，最左端所标志的电阻为无穷大，即两表笔处于开路状态。

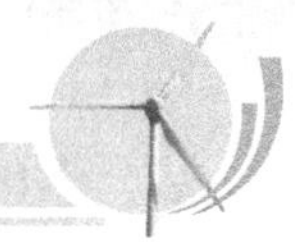

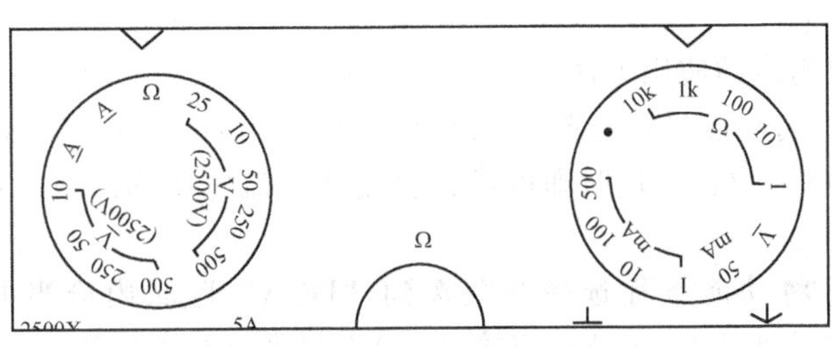

图 2-8　测量电阻时挡位开关的位置

c. 注意事项

- 在测电流、电压时，不能带电换量程。
- 选择量程时，要先选大的，后选小的，尽量使被测值接近于量程。
- 测电阻时，不能带电测量。因为测量电阻时，万用表由内部电池供电，如果带电测量，则相当于接入一个额外的电源，可能损坏表头。
- 用毕，应使转换开关放在交流电压最大挡位或空挡上。
- 注意在欧姆表改换量程时，需要进行欧姆调零，无需机械调零。

② 数字式万用表　现在数字式测量仪表已成为主流，逐步取代模拟式仪表。与模拟式仪表相比，数字式仪表灵敏度高，精确度高，显示清晰，过载能力强，便于携带，使用更简单。

下面以 DT-830 型万用表为例，介绍数字式万用表的的使用方法及注意事项，其面板结构如图 2-9 所示。

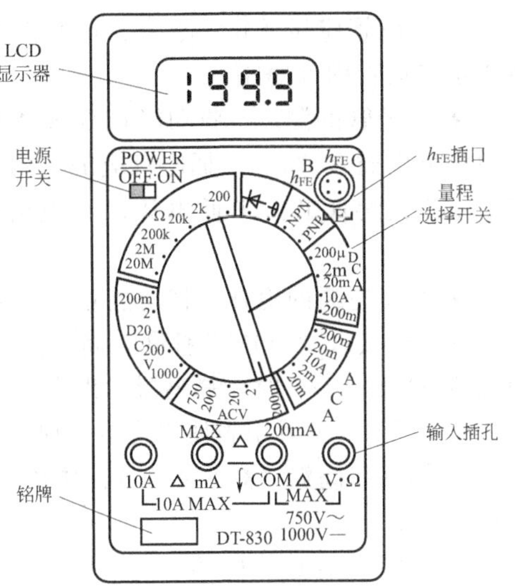

图 2-9　DT-830 型万用表的面板

a. DT-830 型万用表面板中各部分的功能如下。

- 电源开关 POWER。开关置于“ON”时，电源接通；置于“OFF”时，电源断开。
- 功能量程选择开关。完成测量功能和量程的选择。
- 输入插孔。仪表共有 4 个输入插孔，分别标有“V·Ω”、“COM”、“mA”和“10A”。其中，“V·Ω”和“COM”两插孔间标有“MAX 750V～、1000V—”字样，表示从这两个插孔输入的交流电压不能超过 750V（有效值），直流电压不能超过 1000V。

此外，“mA”和“COM”两插孔之间标有“MAX 200mA”，“10A”和“COM”两插孔之间标有“10A MAX”，它们分别表示由插孔输入的交、直流电流的最大允许值。测试过程中，黑表笔固定于“COM”不变，测电压时红表笔置于“V·Ω”，测电流时置于“mA”或“10A”中。

- h_{FE} 插口（为四芯插座）。标有 B、C、E 字样，其中 E 孔有两个，它们在内部是连通的。该插座用于测量三极管的 h_{FE} 参数。
- 液晶显示器。液晶显示器的最大显示值为 1999 或－1999。该仪表可自动调零和自动显示极性。当仪表所用的 9V 叠层电池的电压低于 7V 时，低压指示符号被点亮。极性指示是指被测电压或电流为负时，符号“－”点亮，为正时，极性符号不显示。最高位数字兼作

超量程指示。

b. DT-830 型万用表的使用方法

● 电压的测量。将功能量程选择开关拨到“DCV”或“ACV”区域内恰当的量程挡，将电源开关拨至“ON”位置，这时即可进行直流或交流电压的测量。使用时将万用表与被测线路并联。

●电流的测量。将功能量程选择开关拨到“DCA”区域内恰当的量程挡，红表笔接“mA”插孔（被测电流小于200mA）或接“10A”插孔（被测电流大于200mA），黑表笔插入“COM”插孔，接通电源，即可进行直流电流的测量。

将功能量程选择开关拨到“ACA”区域内的恰当量程挡，即可进行交流电流的测量，其余操作与测直流电流时相同。

● 电阻的测量。功能量程选择开关拨到“Ω”区域内恰当的量程挡，红表笔接“V·Ω”插孔，黑表笔接入“COM”插孔，然后将开关拨至“ON”位置，即可进行电阻的测量。精确测量电阻时应使用低阻挡（如 20Ω），可将两表笔短接，测出两表笔的引线电阻，并据此值修正测量结果。

● 二极管的测量。将功能量程选择开关拨到二极管挡，红表笔插入“V·Ω”插孔，黑表笔接入“COM”插孔，然后将开关拨至“ON”位置，即可进行二极管的测量。

测量时，红表笔接二极管正极，黑表笔接二极管负极为正偏，两表笔的开路电压为2.8V（典型值），测试电流为（1±0.5）mA。当二极管正向接入时，锗管应显示 0.150～0.300V，硅管应显示 0.550～0.700V。若显示超量程符号，表示二极管内部断路，显示全零表示二极管内部短路。

● 三极管的测量。将功能量程选择开关拨到“NPN”或“PNP”位置，将三极管的 3 个引脚分别插入“h_{FE}”插座对应的孔内，将开关拨至“ON”位置，即可进行三极管的测量。由于被测管工作于低电压、小电流状态（未达额定值），因而测出的 h_{FE} 参数仅供参考。

● 线路通断的检查。将功能量程选择开关拨到蜂鸣器位置，红表笔接入“V·Ω”插孔，黑表笔接入“COM”插孔，将开关拨至“ON”位置，测量电阻。若被测线路电阻低于规定值（20±10）Ω 时，蜂鸣器发出声音，表示线路是通的。

c. DT-830 型万用表使用注意事项

● 不宜在高温（高于 40℃）、强光、高湿度、寒冷（低于 0℃）和有强烈震动的环境下使用或存放。

● 工作频率范围为 40～500Hz（规定值），实测范围为 20Hz～1kHz。当频率为 2kHz 时，误差为±4%，被测交流（正弦波）电压频率越高，测量误差越大。

● 由于 DT-830 型万用表测试开关的挡数多，测量时应注意开关的位置，防止操作有误。

● 为延长电池的使用寿命，在每次测量结束后，应立即关闭电源。若欠压符号点亮，应及时更换电池。

(4) 绝缘电阻测试仪

绝缘电阻测试仪（图 2-10）又称数字绝缘电阻测试仪、兆欧表、智能绝缘电阻测试仪等。

绝缘电阻测试仪适于在各种电气设备的保养、维修、试验及检验中作绝缘测试。绝缘阻值分度线均匀清晰，便于准确读数，操作简捷，携带方便。低耗电，用 8×1.5V 电池供电，

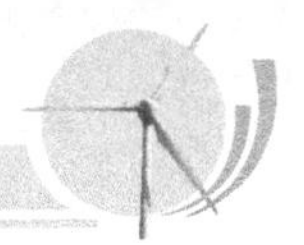

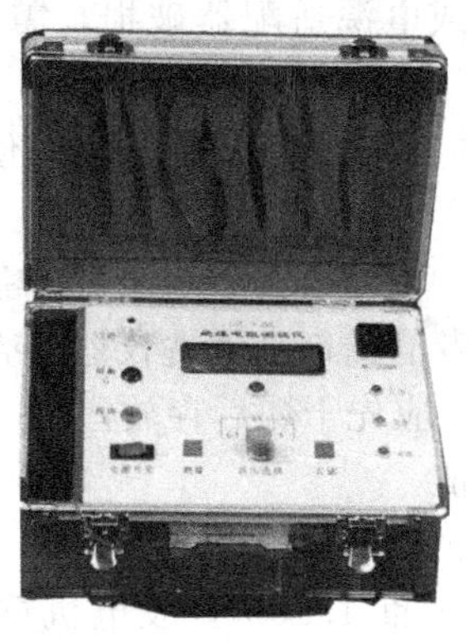

图 2-10　绝缘电阻测试仪

使用时间长。具有电池容量检查功能。有单电压机型和双电压机型，额定电压、量程合理配置成多种规格，适用面广。采用先进的数字处理技术，容量大，抗干扰能力强，能满足高压、高阻、大容量负载测试的要求，示值准确、稳定、可靠。具有防震、防潮、防尘结构，适应恶劣工作环境。保护功能完善，能承受短路和被测电容残余电压冲击。

① 结构组成　绝缘电阻测试仪主要由三部分组成：第一是直流高压发生器，用以产生一直流高压；第二是测量回路；第三是显示部分。

测量绝缘电阻必须在测量端施加一高压，此高压值在国标中规定为50V、100V、250V、500V、1000V、2500V、5000V…

直流高压的产生一般有三种方法：第一种手摇发电机式，目前我国生产的兆欧表约80%是采用这种方法（摇表名称来源）；第二种是通过市电变压器升压、整流得到直流高压，一般市电式兆欧表采用这种方法；第三种是利用晶体管振荡式或专用脉宽调制电路来产生直流高压，一般电池式和市电式的绝缘电阻表采用此方法。

② 测量回路　测量回路和显示部分是合二为一的，它是由一个流比计表头来完成的。这个表头由两个夹角为60°（左右）的线圈组成，其中一个线圈是并在电压两端的，另一线圈是串在测量回路中的。表头指针的偏转角度决定于两个线圈中的电流比，不同的偏转角度代表不同的阻值，测量阻值越小，串在测量回路中的线圈电流就越大，那么指针偏转的角度越大。另一个方法是用线性电流表作为测量和显示。在流比计表头中由于线圈中的磁场是非均匀的，当指针在无穷大处，电流线圈正好在磁通密度最大的地方，所以尽管被测电阻很大，流过电流线圈的电流却很小，此时线圈的偏转角度会较大。当被测电阻较小或为0时，流过电流线圈的电流较大，线圈已偏转到磁通密度较小的地方，由此引起的偏转角度也不会很大，这样就达到了非线性的矫正。一般兆欧表表头的阻值显示需要跨几个数量级，若用线性电流表头直接串入测量回路中就不行了，在高阻值时刻度全部挤在一起，无法分辨。为了达到非线性矫正，就必须在测量回路中加入非线性元件，从而在小电阻值时产生分流作用，在高电阻时不产生分流，使阻值显示达到几个数量级。随着电子技术的发展，数显表逐步取代指针式仪表。

绝缘电阻数字化测量技术也得到了发展，其中压比计电路就是其中一个较好的测量电路。压比计电路由电压桥路和测量桥路组成，这两个桥路输出的信号分别通过A/D转换，再通过单片机处理直接转换成数字值显示。

③ 注意事项

a. 在测量电阻前，待测电路必须完全放电，并且与电源电路完全隔离。

b. 如果测试笔或电源适配器破损，需要更换，必须换同样型号和相同电气规格的测试笔和电源适配器。

c. 电池指示器指示电能耗尽时，不要使用仪器。若长时间不使用仪器，应将电池取出后存放。

d. 不要在高温、高湿、易燃、易爆和强电磁场环境中存放或者使用本仪器。

e. 使用湿布或者清洁剂来清洗仪器外壳，勿使用摩擦物或溶剂。

f. 仪器潮湿时，应先干燥后存放。

(5) 吊带、吊链

大型风电机组的设备轻则几十公斤，重则达到几十上百吨，如某公司生产的 1.5MW 风电机组的偏航轴承重 1.159t，发电机重 7.455t，机舱重 11.478t，因此，无论是在车间组装还是在风电场进行安装，都离不开吊具的使用。常用的吊具有吊带和吊链，如图 2-11 所示。

(a) 吊带

(b) 吊链

图 2-11　吊带与吊链

① 吊带

a. 吊带的使用　吊带有扁平吊带和圆环吊带之分，一般为了防止极限工作载荷标记磨损不清发生错用，吊带本身以颜色进行区分。

吊带在使用过程中，要注意以下几点：

- 吊带在工作时，不准拖拉，以防损坏吊带；
- 吊带不准打结使用，承载时不准转动货物使吊带打拧；
- 不能使用没有护套的吊带吊装有尖角、棱边的货物，以防损伤吊带；
- 不允许长时间悬吊货物；
- 不能把吊带存放在有明火或其他热源附近，也应注意避光保存。

b. 吊带的报废　为了避免安全事故的发生，吊带出现以下情况要立即报废：

- 穿孔、切口、撕断；
- 承载接缝绽开、缝线磨断；
- 吊带纤维软化、老化、弹性变小、强度减弱；
- 纤维表面粗糙易于剥落；
- 吊带出现死结；
- 吊带表面有过多的点状疏松、腐蚀、酸碱烧损以及热熔化或烧焦；

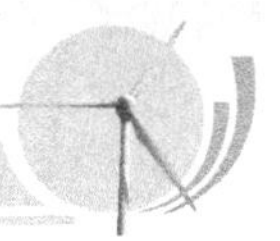

● 带有红色警戒线吊带的警戒线裸露。

② 吊链　其挠性件由 Q235B、20、20Mn 等钢材焊接而成。吊链的最大特点是承载能力大，可以耐高温。其缺点是对冲击载荷敏感，发生断裂时无明显的先兆。

a. 吊链的使用注意事项：

● 链条、中间环、连接环应灵活转动；

● 链环是否发生塑性变形；

● 吊索上任何部位不得有裂纹、裂缝、明显锈蚀等缺陷；

● 链环之间以及链环与端部配件连接接触部位磨损情况、其他部位的磨损情况。

b. 吊链的报废标准：

● 链环发生塑性变形伸长达原长度的 5%；

● 链环之间以及链环与端部配件连接接触部位磨损减小到原公称直径的 60%，其他部位的磨损减小到原公称直径的 90%；

● 吊链的任何部位出现裂纹、弯曲或扭曲现象和链环间有卡死或僵涩滞阻等现象且不能排除；

● 链环修复后，未能平滑过渡或直径减小量大于原公称直径的 10%；

● 扭曲、严重锈蚀以后积垢不能加以排除；

● 端部配件的危险断面磨损减少量达原尺寸的 10%；

● 有开口度的端部配件，开口度原尺寸增加 10%；

● 进行外观检验、尺寸测量、拉伸试验、无损检验时发现超标缺陷。

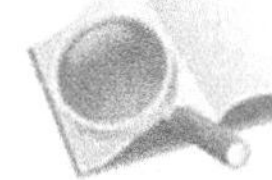

操作指导

1. 任务布置

本次任务的主要目的是练习使用各种工量器具。通过练习，应达到如下目标：

① 熟悉各种扳手的名称、使用方法，并练习使用梅花扳手、套筒扳手、活络扳手、扭力扳手；

② 练习使用万用表，掌握指针式万用表、数字式万用表的测量原理及测量方法；

③ 练习使用绝缘电阻测试仪，掌握绝缘电阻测试仪的测量原理及测量方法，并实地测量蓄电池组，以判断蓄电池的状态。

2. 过程指导

① 带领学生认识各种扳手，操作各种扳手（呆扳手、套筒扳手、力矩扳手）。具体的使用规则和注意事项如前所述。这里不再赘述。

② 练习使用万用表（指针式、数字式）测量电压、电流、电阻。

在使用万用表测量之前，要特别注意万用表的调零、倍率选择，并能正确地读数。

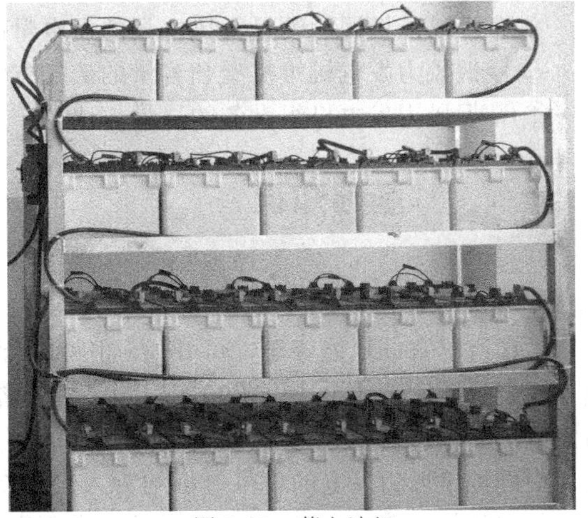

图 2-12　蓄电池组

③ 练习使用绝缘电阻测试仪，并用来

测试蓄电池组（图 2-12）的电压，用于判断蓄电池是否完好，并将测量结果填入表 2-3。

表 2-3　测量记录

序号	电压/V	状　态	序号	电压/V	状　态
1			11		
2			12		
3			13		
4			14		
5			15		
6			16		
7			17		
8			18		
9			19		
10			20		

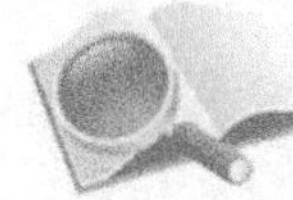

思考题

1. 除呆扳手、套筒扳手、力矩扳手外，练习使用其他工具（如液压扳手、盘尺、铁皮剪、钳工锤、手锤、橡胶锤），熟练掌握这些工量器具。

2. 学习并掌握吊带、吊具的使用方法及注意事项。

任务二　风力发电机组的选型

在风电场建设过程中，风力发电机组的选择受到自然环境、交通运输、吊装等条件的制约。在技术先进、运行可靠的前提下，要选择性价比高的风力发电机组。根据风场的风能资源状况和拟选的风力发电机组，计算风场的年发电量，选择综合指标最佳的风力发电机组。

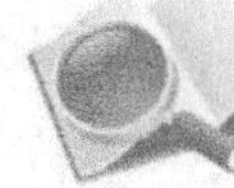

能力目标

① 了解风力发电机的生产厂家及其产品型号。

② 掌握风能资源的测量及风电场的发电量的计算方法。

③ 掌握风力发电机组机型和容量的选择方法。

④ 掌握风力发电机组设备的选型方法。

基础知识

1. 目前风力发电概况

中国有丰富的风能资源，可开发利用的风能资源总量为 253GW，但由于风力发电本身建设投资过高，造成上网电价高，影响了投资者和办电部门的积极性。现在，世界上建设风力发电的单位造价大约为 1000 美元/kW，而风力发电场建设的 80%左右投资又在风机设备上。中国近年风力发电的单位造价约为人民币 7000～8000 元/kW，这个费用为燃煤火力发电单位造价的 2～2.5 倍。海上风电的成本更高，一般是陆上风力发电的 2～3 倍。

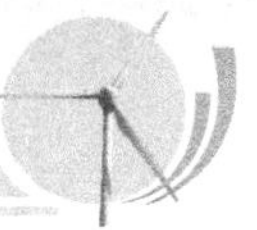

风力发电设备选型的好坏不仅影响建设造价，还影响投产后的发电量和运营成本，最终影响上网电价。因此，在风力发电场设计和建设中，风力发电机组的选型就显得很重要。

2. 风力发电发电机组选型的原则

(1) 性能价格比

风机“性能价格比最优”，永远是项目设备选择决策的重要原则。

① 风力发电机单机容量大小的影响　从单机容量为0.25MW到2.5MW的各种机型中，单位千瓦造价随单机容量的变化呈U形趋势，目前600kW风机的单位千瓦造价正处在U形曲线的最低点。随着单机容量的增加或减少，单位千瓦的造价都会有一定程度上的增加。如600kW以上大型风力发电机，风轮直径、塔架的高度、设备的重量都会增加，随之会引起风机疲劳载荷和极限载荷的增加，要有专门加强型的设计，在风机的控制方式上也要做相应的调整，从而引起单位千瓦造价上升。

② 运输与吊装的条件和成本的影响　1.3MW风机需使用3MN标称负荷的吊车，叶片长度达29m，运输成本相当高，相关资料如表2-4所示。由于运输转弯半径要求较大，对项目现场的道路宽度、周围的障碍物均有较高要求。起吊重量越大的吊车本身移动时对桥梁道路要求也越高，租金也越贵。

表2-4　选择机型需要考虑的因素

机组容量/kW	单价/(元/kW)	塔筒重量/kN	基础体积/m^3	起重机表称负荷/MN
600	4000	340	135	1.35
750	4500	570	210	
1300	5000	930	344	3

注：塔筒高为40m时，其重量为340kN；塔筒高为50～55m时，其重量为570kN；塔筒高为68m时，其重量为930kN。

(2) 发电成本最小原则

风力发电机的工作受到自然条件制约，不可能实现全运转，即容量系数始终小于1，所以在选型过程中以在同样风资源情况下发电最多的机型为最佳。风力发电的一次能源费用可视为零，因此得出结论，发电成本就是建场投资（含维护费用）与发电量之比。节省建场投资又多发电，无疑是降低上网电价的有效手段之一。

与火力和核电发电相比，风力发电有以下特点：第一，风机的输出受风力发电场的风速分布影响；第二，风力发电虽然运行费用较低，建设工期短，但建风场的一次性投资大，明显表现出风力发电项目需要相对较长的资本回收期，风险较大。

因此，在风机选型时，可按发电成本最小原则作为指标，因为它考虑了风力发电的投入和效益。同时，在某些特殊情况下，如果风力发电机组之间的发电量相差不大，则风力机选型时发电成本最小原则就可转化为容量系数最大原则。

以上这些因素影响整个项目投资效益、运行成本和运行风险。因为风力机设备同时决定了建场投资和发电量，良好的风力机选型就是要在这两者之间选择一个最佳配合，这也是风力发电机组与风力发电场的优化匹配。

3. 风力发电机组选型的主要因素

(1) 与风电场的风能资源有关的因素

风能资源，特别是风速的大小，直接决定着风力发电量的多少，也就直接影响着风电场

的效益。

① 风能资源与风力发电机组的额定风速之间的关系　风力发电设备选型的一个重要指标就是要确定其额定风速。通过对风能利用效率的原理分析，理论上陆上风力发电场的风力发电机组应选取的额定风速为12～13m/s，而海上风电场的风力发电机组应选取的额定风速为15～16m/s。因为陆上的实际风速较小，如果一味追求大功率，即使使用了很多先进技术（加大其低风速下的捕风性能），其实际风速还是远小于额定风速，不能充分发挥其性能，因而得不偿失。而海上风电则不同，由于海上风速较大，其额定风速可选取得较高，因此可以越来越向大型化发展。

根据我国已经投入运营的风电场发布的资料表明，风力发电机组大部分时间都是在额定风速以下运行的，进入额定风速区后，同功率机型之间的出力差别不大。不同风力发电机组的出力差别主要集中在额定风速以下的区间，因此对额定风速的确定直接关系到风力发电机组的出力指标。实践中，风力发电机组的额定风速与风力发电场的年平均风速越接近，则风力发电机组的满载发电效率越高。

② 风能资源与风力发电机组极限风速的关系　风力发电机组设备选型的另一个重要指标是极限风速，它关系到风力发电机组的安全性。应保证风力发电机组在风力发电场的极限风速条件下不会破坏，机组的结构强度和刚度都必须按极限风速的要求进行设计。若风力发电场的极限风速超过风力发电机组的极限风速，则风力发电机组可能被破坏。但若盲目追求其安全性，不恰当地选择极限风速过高的风力发电机组产品，则会毫无意义地增加投资成本。

③ 风能资源与风力发电机组切出风速的关系　风力发电设备选型的再一个重要指标是切出风速。因为由额定风速到切出风速之间风力发电机组处于满功率发电状态，选择切出风速高的产品有利于多发电。但切出风速高的产品在额定风速至切出风速阶段的控制需要增加投入，投资者必须根据风力发电场的风能资源特点综合考虑利弊得失。一般情况下，若风力发电场在切出风速前的一段风速出现概率大于50%，则选择切出风速高的产品较好。

（2）与风力发电机组类型有关的因素

① 定桨距与变桨距　定桨距是指桨叶与轮毂是固定连接的，桨距角不能改变，即当风速变化时，桨叶的迎风角度不能随之变化。定桨距机型叶翼本身具有失速特性，当风速高于额定风速时，气流的攻角增大到失速条件，使桨叶的表面产生涡流，效率降低，用于限制发电机的功率输出。定桨距机型为了提高风力发电机组在低风速时的效率，一般采用大/小发电机的双速发电机设计。在低风速段运行时采用小发电机，使桨叶具有较高的气动效率，提高发电机的运行效率。定桨距机型具有生产时间长、结构简单可靠、成本低、技术很成熟的优点。其缺点是叶片重量大（与同尺寸变桨距叶片比较），桨叶、轮毂、塔架等部件受力较大，在额定风速至切出风速区间利用失速调节功率的效率较低。

变桨距调节型风力发电机组是指安装在轮毂上的叶片，通过调节可以改变其桨距角的大小。在运行过程中，当输出功率小于额定功率时，桨距角保持在0°位置不变，不做任何调节；当发电机输出功率达到额定功率以后，调节系统根据输出功率的变化调整桨距角的大小，使发电机的输出功率保持在额定功率。随着风力发电机控制技术的发展，当输出功率小于额定功率状态时，可以根据风速的大小，调整发电机的转差率，使其尽量运行在最佳叶尖速比，优化输出功率。按照风力发电机组的最大功率捕获原理，风力发电机从切入风速到额定风速这一过程中，通过变桨距技术可以实现风力发电机组工作在最优化的工况下。从实际

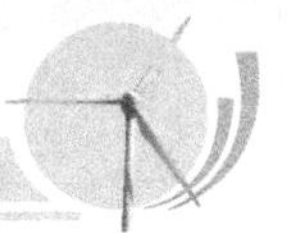

风速分布统计情况来看，风力发电机组运行最多的时段也基本上集中在这一工况下，且这一工况下的出力最多，这是变桨距机组的优势所在。其缺点是结构及控制比较复杂，故障率相对较高。

② 被动失速与主动失速　定桨距机型属于被动失速调节型风力发电机组，只有在风速高于额定风速时其叶片才具有失速特性。

主动失速调节型风力发电机组将定桨距失速调节型与变桨距调节型两种风力发电技术相结合，充分利用了被动失速和变桨距调节的优点，桨叶采用失速特性，调节系统采用变桨距调节。在低风速时，利用变桨距调节优化机组的输出功率，可以获得最大功率输出；当风力发电机组的输出超过额定功率后，叶片节距主动向失速方向调节，将功率控制在额定值以下，限制机组最大功率输出，随着风速的不断变化，叶片仅需要微调来维持失速状态。制动时，调节叶片使其顺桨制动，减小了机械制动对传动系统的冲击。其调节原理是：在启动阶段，通过调节变桨距系统来控制发电机转速，将发电机转速保持在同步转速附近，寻找最佳并网时机，然后平稳并网；在额定风速以下时，主要调节发电机反向转矩，使转速跟随风速变化，保持最佳叶尖速比以获得最大风能；在额定风速以上时，采用变速与变桨距双重调节，通过变桨距系统调节限制风力发电机获得能量，保证发电机功率输出的稳定性，获取良好的动态特性；而变速调节主要用来响应变化的风速，减轻变桨距调节的频繁动作，提高传动系统的柔性。

③ 恒速恒频与变速恒频　恒速恒频机型是早期生产的满足并网条件（与电网电压相同、频率相同）的风力发电机组。由于风能资源具有不确定性和不稳定性，恒速恒频机型的恒速范围较窄，风能利用效率较低。

变速恒频是目前最优化的调节方式，其优点一是可以在大范围内调节运行转速，来适应因风速变化而引起的风力发电机组输出功率的变化，可以最大限度地吸收风能，故效率较高；二是控制系统可以较好地调节系统的有功功率、无功功率。但其系统较为复杂。

操作指导

1. 任务布置

某家庭要安装一台风力发电机来提供电能，试选择风力发电机的型号，其负载情况见表 2-5。

表 2-5　某家庭用电器种类及耗电量

用电设备	标称功率/kW	估计日用电量/(kW·h)	用电设备	标称功率/kW	估计日用电量/(kW·h)
窗式空调(2 台)	1.3	2.6	电水壶	2	2
灯泡(6 个)	0.08	1.92	电饭煲	1.2	0.6
电视机	0.08	0.32	电熨斗	0.75	0.25
电冰箱	0.13	1.7	吹风机	0.45	0.16
洗衣机	0.38	0.29	电脑	0.3	1.2
电加热淋浴器	1.2	1.8	微波炉	0.95	0.24

2. 操作步骤

(1) 确定当地风能资源(月平均)

假设所获得的当地风能资源如图 2-13 所示。

月份	平均风速/(m/s)
1月	5.31
2月	4.57
3月	4.23
4月	3.86
5月	3.55
6月	4.69
7月	4.03
8月	3.63
9月	3.96
10月	5.54
11月	6.12
12月	5.91
年	4.62

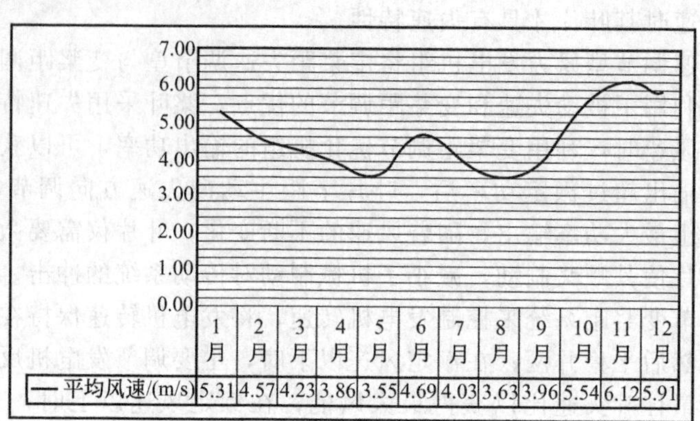

图 2-13 当地风能资源

(2) 风力发电机型号及主要技术参数

现有一组风力发电机型号及主要性能参数，如下表所示。

型号	FD-150W	FD-200W	FD-300W	FD-500W	FD-1000W	FD-2000W
发电机型式	三相永磁同步	三相永磁同步	三相永磁同步	三相永磁同步	三相永磁同步	三相永磁同步
额定功率/W	150	200	300	500	1000	2000
额定电压/V	24	24	24	24	48	120
启动风速/(m/s)	2	2	2	2	2	2
额定风速/(m/s)	8	8	8	8	9	9
安全风速/(m/s)	35	35	35	35	40	40
额定转速/(r/min)	400	400	400	400	400	400
叶片数	3	3	3	3	3	3
风轮直径/m	2	2.2	2.2	2.5	2.7	3.2
限速方式	偏尾＋磁阻	偏尾＋磁阻	偏尾＋磁阻	偏尾＋磁阻	偏尾＋磁阻	偏尾＋磁阻

型号	FD-3000W	FD-5000W	FD-10kW	FD-20kW	FD-30kW
发电机型式	三相永磁同步	三相永磁同步	三相永磁同步	三相永磁同步	三相永磁同步
额定功率/W	3000	5000	10000	20000	30000
额定电压/V	240	240	240	360	380
启动风速/(m/s)	2	3	3	3	3
额定风速/(m/s)	10	10	10	12	12
安全风速/(m/s)	40	40	45	45	45
额定转速/(r/min)	220	200	180	120	90
叶片数	3	3	3	3	3
风轮直径/m	4.5	6.4	8	10	12.5
限速方式	偏尾＋磁阻	智能控制	智能控制	智能控制	智能控制

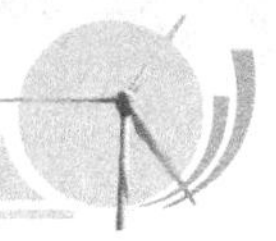

(3) 计算用电量

有了合适的风力资源，怎样选择一台合适的风力发电机呢？这需要根据实际用电情况计算需要的用电负荷，根据用电负荷来选择合适功率的发电机。

一般用电设备按负载分为三大类，即电阻性负载（如灯泡、热水器、电视机）、电感性负载（如洗衣机、空调）、电容性负载。在计算总功率时，电感性负载按 3 倍实际功率计算，相加得到的总功率再乘 1.2 即为所需风力发电机的功率。根据表 2-5，可以计算出功率＝(1.3×2×3＋6×0.08＋0.08＋0.13×3＋0.38×3＋1.2＋2＋1.2＋0.75＋0.45＋0.3＋0.95)×1.2＝11.54kW。

从当地风能资源的数据表中得知，该地的月平均风速较为稳定，都在 3m/s 之上，因此，在选用风力发电机时可以选择小一点功率的风力发电机，能够提供每日所需用电量即可。综合分析，可以选用型号 FD-10kW 的风力发电机。

(4) 逆变器的选择

如果电器中有电感性负载，则需要使用正弦波逆变器。如果只有电阻性负载和电容性负载，则只配备修正波或方波逆变器即可。这是因为电感性负载的反电动势是修正波或方波的致命伤，必须使用正弦波，而电容性负载需要较高的峰值电压来驱动，修正波或方波恰好有高峰值的特性，无需使用正弦波。在选择逆变器功率时需注意，一定要保证逆变器的最大输出功率大于同时使用的用电设备的总功率（电感性负载的功率按 3 倍实际功率计算）。

(5) 蓄电池的选择

独立运行的风力发电机需要配备蓄电池，蓄电池的总容量按以下计算公式计算：

总容量＝(每日用电时间×用电器总功率×1.67)÷蓄电池电压

举例说明　用电设备总功率 800W，每天用电 6h，风力发电机功率 1000W，额定电压 48V，则配套蓄电池的理论总容量＝(6×800×1.67)÷48＝167A·h。在实际配置中应比计算值稍大一些，因为蓄电池是不应该完全放电的，因此选用 200A·h、48V 的蓄电池一块，或 100A·h、24V 的蓄电池两块串联使用。但不应配置更大的蓄电池，以免蓄电池因长时间浮充或充不满而影响寿命。

思考题

根据自己家庭的用电情况，并调查相关风电产品，按照“性能价格比最优”的原则，选择一台风力发电机，以满足家庭所需电力。

任务三　风力发电机组部件的运输

风力发电机组一般由风叶、机头、塔架、控制器部分组成。机头部分一般是在风力发电生产厂家进行组装、调试，因此，在运输的时候是作为一个整体进行的。风叶、塔架均具有长度大、重量大的特点，在运输的过程中成本高、难度大，因此，选用合适的运输方式就显得尤为重要。

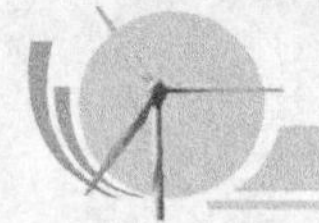

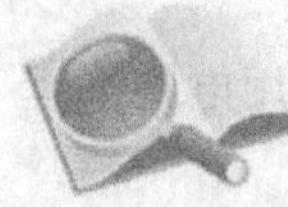
能力目标

① 了解风力发电机组各部件的结构。
② 掌握风电机组各部件的包装方式。
③ 掌握常见的风电机组的运输方式的选择。
④ 掌握在运输过程中的注意事项。

基础知识

1. 运输方式的选择

风力发电机组运输方式的选择要根据出厂时的包装尺寸、单件包装毛重和发货地、目的地以及途中的运输情况而定。

目前可以采用的运输方式有：
① 水路船运；
② 公路运输；
③ 铁路运输；
④ 公路、铁路联运；
⑤ 水路与公路、铁路联运。

其常见的运输方式如图 2-14 所示。

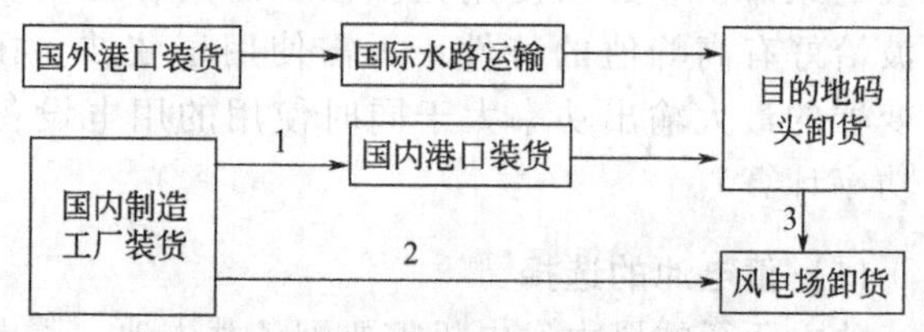

图 2-14　风电设备常见的运输方式

一般情况下，采购国内生产的风力发电机组，在采购合同中都明确由生产厂家代为组织运输，且直达风电场工地现场。若建设单位（业主）选择自己运输，例如购买国外生产的风力发电机组，在我国沿海指定港口接货时，则应预先确定运输方式，并做相应的准备。

2. 运输方式选择时应考虑的因素

(1) 运输的途中时间

建设单位（业主）在风电场建设总进度计划中一般确定了时间表，期望包括运输在内的各个工程分项目能尽量按计划实施。在国内运输风力发电机组，采用公路运输时间较短，并且可以直达工地现场。

(2) 运输费用

铁路运输的费用一般低于公路运输，运输距离越长，差距越明显。船运的费用又较铁路运输的费用低。此外，铁路运输和船运在途中发生交通意外的风险概率都比公路汽车运输低。

(3) 风险

无论采用何种运输方式，保证货物的安全、不发生意外事故是最重要的要求。而各种运输方式都存在着一定潜在的风险，比如，发生交通事故造成的设备损伤，由于运力紧张或道路被洪水、泥石流、山体滑坡等损坏、堵塞造成的运输时间的延迟的风险。

(4) 货物装载超限

货物装载超过国家有关规定的长度、宽度和高度时，可能在运输途中遭遇困难，这种情况称为超限。大型风力发电机组的风轮叶片和塔架长度在十几米或更长，机舱包装一般在

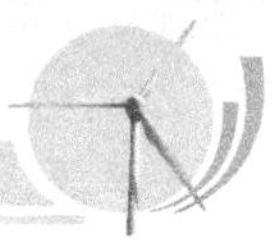

3m 或者更高，塔架下法兰直径超过 3m，这些都属于超限范围。为了保证运输安全，承运单位必须采取一定的措施。例如，运送超长的风轮叶片，铁路部门要求一套叶片占用三节火车车厢，以消除通过最小转弯半径铁路路段时可能发生的碰剐危险。

建设单位（业主）在选择运输方案时，除必须采用船运（到海岛目的地）外，采用公路运输的方案较多。除了综合各因素的影响外，公路运输可以省却中途吊装作业的麻烦是一个重要的原因。在采用公路汽车运输时，建设单位（业主）应对道路情况做全面了解，并应会同承运单位对途中隧道的最高允许通过的装载高度、桥梁的最大允许载重逐一落实，当通过低等级路面时，对公路的最小转弯半径、最大横坡角度、凹坑和过水路面等认真考察，发现有不易直接通过的情况时，提前做好应对措施。如运输超长风轮叶片和塔架时，采取平板车加单轴拖车的装载法可消除后悬货物通过鞍式路面时与地面发生碰擦损伤的危险等。

3. 注意事项

① 注意制造商对风力发电机组运输的要求与提示。例如，厂方对简易包装的风轮叶片的防止意外碰伤的提示；要求执行防止齿轮箱在途中因振动冲击可能带来损坏的预防措施。建设单位（业主）应按照这些提示和要求进行检查和采取必要的措施。

② 提前办好超限运输的手续，并按交通运输管理部门的要求准备好在汽车上设置的超限标志。

③ 采用铁路运输时，尽量不使装载超限。铁路装载的界限尺寸如表 2-6 所示。

表 2-6　铁路装载界限尺寸表　　mm

序号	由铁路轨面算起的高度	由车辆中心线算起的每侧宽度	全部宽度	序号	由铁路轨面算起的高度	由车辆中心线算起的每侧宽度	全部宽度
1	4800	450	900	8	4100	1450	2900
2	4700	630	1260	9	4000	1500	3000
3	4600	810	1620	10	3900	1550	3100
4	4500	990	1980	11	3800	1600	3200
5	4400	1170	2340	12	3700	1650	3300
6	4300	1350	2700	13	1250～3600	1700	3400
7	4200	1400	2800				

④ 采用公路运输方案时，多采用平板拖车，并应注意以下几点。

a. 平板车不允许超载，也不允许过分轻载，避免因装载过轻而产生振动，损坏风力发电机组零部件。常用平板车技术参数如表 2-7 所示。

表 2-7　常用平板车技术参数

项　　目	型　　号					
	HY942	HY873	HY882	SSG880	德国制	日本制
拖挂型式	半拖挂	全拖式	全拖式	全拖式	全拖式	半拖挂
产地	汉阳	汉阳	汉阳	上海	德国	日本
载重量/t	15	25	50	80	60	100
装载面长/mm	7000	6000	6200	7000	6720	8450
装载面宽/mm	2900	2900	3200	3500	3300	3400

续表

项目		型号					
		HY942	HY873	HY882	SSG880	德国制	日本制
装载面离地面高度(载重时)/mm		1100	1060	1100	1298	1100	1200
自重/t		6	7	15	—	—	36
牵引车型号		NJ440	XD980	TATRA 111	TATRA 111	奔驰风牌	—
与牵引车连接后数据	总长/mm	14000	18400	19700	—	—	—
	宽/mm	2900	2900	3200	3500	3300	3400
	高/mm	2840	2600	2600	—	—	—
	总重/t	27.6	49.4	84.4	—	—	—
	爬坡能力/%	15	35	10	—	—	—
	最高车速/(km/h)	50	37.5	15	<15	—	—
	最小转弯半径/m	9.15	12.5	11.7	10.7	—	—

b. 在简易公路转弯半径很小、弯道很急、平板车无法正常通过的地方，可考虑使用合适吨位的汽车式吊车，采用吊车辅助移位法，帮助平板车通过弯道。采用此法，应事先与承运单位汽车驾驶员和吊车司机商定移位操作方法，并需注意安全操作，特别是在盘山弯道上操作时。

c. 运输塔架前，应对易变形的上段塔架上法兰进行内部防变形支撑处理。通常多采用筋板焊接方式，在塔架吊装完成后再去除点焊的支撑。

4. 风机主要部件的包装、存储及运输

(1) 塔架

① 塔筒的运输与存储　塔筒可以分段运输或套装运输。无论采用何种运输方式，都应有衬垫物和牢固的固定设施，以免相互碰撞。

a. 塔筒最大直径不超过 3.6m 的，一般采用平板拖车运输。直径超过 3.6m 的，必须使用专用拖车进行运输，如图 2-15 所示。

b. 单件运输超过 30t，应在明显部位标上重量及重心位置。

c. 塔筒的各结合面及螺孔应有特殊的保护措施，以免受损。

d. 塔筒可露天单独存放，但应避免腐蚀介质的侵蚀。

图 2-15　液压式风电塔筒运输专用平板车

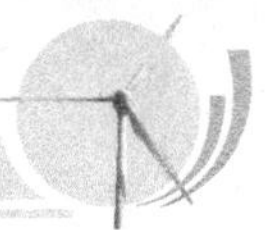

② 塔筒的卸载

a. 塔筒的卸载应首先去掉运输罩。整理好运输罩，以便运回塔筒生产厂重复使用。

b. 检查塔筒油漆的破损情况，若有破损，必须在吊装前整理好并修补破损的油漆。因为安装好塔架后，将很难达到这些区域。

c. 安装吊具前，必须根据塔筒随带的使用说明书，在塔筒上标识出使用吊具或吊带应该悬挂的位置。

d. 如果塔筒有自带的专用吊具，塔筒卸车时可使用两台起重机同时起吊。同时，应检验两台起重机上两条吊索的垂直度和平行度，以避免塔筒在卸车时出现滑动。

e. 如果现场没有专用吊具，可以使用吊带卸载塔筒，如图 2-16 所示。

图 2-16　吊带装卸塔筒

f. 一旦塔筒吊离运输车辆，应马上将运输车开离现场。

g. 如果不能马上安装，需要将塔筒放置在安装工位工作区间布置图指定的位置。需要在地面上塔筒两端法兰部位垫枕木并固定好。

(2) 风叶

① 叶片的包装与存储　叶片存放按照要求应对金属件进行油封包装，油封期至少一年。复合材料部分不需要包装，但要进行适当的保护，以免磕碰损伤。

叶片可露天存放，但要对叶片进行适当的保护，避免损坏叶片表面，如图 2-17 所示。

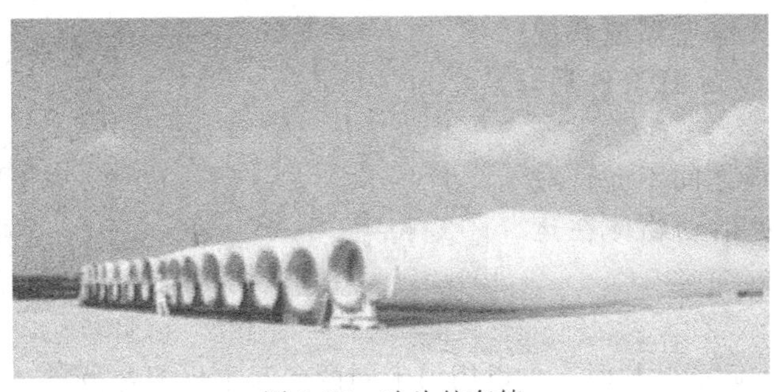

图 2-17　叶片的存储

叶片如果在风场放置时，为减小叶片迎风面积，叶尖支撑架应保证该处叶片弦线与水平方向夹角不大于 60°，且工作面朝上；在厂内存放时，该角度可适当增大。可以考虑采用两套存放支架，即一套是厂内存放支架，另一套是风场和运输支架。同时，为减小风阻，便于气流通过，同时还需要保证存放的稳定性，叶片与地面间应保证一定间隙，距离应控制在

200～400mm 范围内。

② 叶片的相关文件

a. 装箱单。

b. 随机备件、附件清单。

c. 安装原理图。

d. 叶片合格证。

e. 叶片使用维护说明书。

f. 其他相关的技术资料。

③ 叶片的运输　叶片的运输包括吊装、固定、车辆行驶、卸载几个过程。根据专业叶片维修企业反映情况来看，很多叶片的损伤是在运输环节中造成的。在运输环节中造成的微观裂纹可能不易察觉，但是在挂机运行后，在交变应力和冲击载荷的双重作用下，细微的裂纹逐渐扩大致叶片开裂，轻者无法正常工作，重者造成叶片报废。因此，叶片在装、卸及运输过程中必须注意以下问题。

a. 叶片运输时的吊装与固定　运输叶片时要对叶片启封并对金属件重新油封包装，并使用专门为此型号叶片制作的叶片运输支架支撑和固定牢固，保证叶片在运输过程中不损坏。对于叶片的薄弱部位，在运输过程中应进行衬垫并安装适当的保护罩。

叶片的吊装方法：首先使用叶片吊梁和两条吊带将叶片吊起，使叶根部与叶根运输支架上的安装孔对准，穿入螺栓并紧固；将叶尖落在垫好柔软衬垫物的运输支架上，然后用绑带将叶尖固定牢固；起重机将叶片连同运输支架一同吊装在运输车辆上，调整好位置，然后将运输支架固定牢固；最后，用起重机松钩去除吊带。

b. 叶片的运输

● 叶片在运输过程中，每个叶片至少需要两个支撑点，一个支撑在叶根处，另一个在叶片长度（变桨）或叶片主体长度（定桨）约 2/3 处，这样可以均分挠曲。

● 支撑叶片主体时，为了均匀承受载荷，需要使用与叶片翼型基本一致的支撑垫板。

● 运输支架应与载运车体固定牢固，在运输过程中不应产生相对移动。

● 叶片运输时，不允许叶片水平放置，即不允许叶片最大弦长处弦线平行于地面，否则会影响叶片强度，如图 2-18 所示。

● 若叶片在新线路上运输时，为降低运输风险，运输方需要首先探明道路情况和交货地点环境状况等因素，在充分考虑运输条件后，方可进行叶片运输。

● 在叶片与车板之间不允许放置非固定物体，以免活动物体在运输过程中将叶片损坏。

图 2-18　叶片的运输

c. 叶片的卸载

● 从运输车辆上卸载叶片时，可以用吊带同两台起重机配合吊起（图 2-19），也可以使用吊梁加两条吊带用一台起重机起吊。

● 卸车时首先去除叶片运输支架与车辆间的固定装置，使其与车辆脱离连接。

● 利用起重机所有吊具将叶片及运输支架一同提升脱离运输车辆，马上将运输车辆开走。起重机将叶片吊至便于风轮组装的位置。

● 当从运输车上拆卸叶片并吊运至地面上时，一定要对叶片主体进行足够的支撑。搬

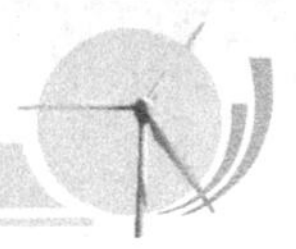

图 2-19　叶片的卸载

运叶片时应该小心保护叶片后缘，避免局部的弯曲和产生局部裂纹。

(3) 轮毂

① 轮毂的包装　小型风力发电机组一般直接使用风叶与风叶盘连接，而大型的风力发电机组风轮是由风叶和轮毂相连。轮毂在出厂检验合格后按《机电产品包装通用技术条件》(GB/T 13384—2008) 的规定进行包装，并按《包装储运图示方法》(GB/T 191—2008) 的规定涂刷储运图示标志。

a. 产品的防锈包装

- 全部外露的机械加工表面应涂防锈漆。
- 轮毂内部的机械加工表面应涂防锈漆。

b. 产品的相关文件应用塑料袋封装后装入木箱，其内容包括：

- 产品使用说明书；
- 产品合格证书；
- 供货清单；
- 装箱清单；
- 备件及易损件的出厂材质证明及检验证明；
- 主要零件的出厂材质证明和检验证明。

② 轮毂的运输　轮毂在运输时要避免振动和撞击，并在导流罩的外面套上防护罩，以避免碰伤、雨淋及有害气体的侵蚀。

③ 轮毂的存储　轮毂应存储在清洁，通风，防雨、雪侵袭的地方，不允许在阳光下长期曝晒。

④ 轮毂的卸载

a. 轮毂应卸载在便于风轮组装和吊装的位置。

b. 卸载前，应先平整场地。场地平整后测量水平度，水平度合格后方可卸载轮毂。如果现场是沙质软地，平整场地后应铺上钢板作为轮毂的支撑平台。

c. 从运输车辆上准备卸载轮毂前，应在被称为“象脚”的位置下放置木块作为支撑。利用起重机将轮毂平稳地安放在支撑物上。

操作指导

1. 任务布置

某风电公司现要将江苏如东某风电场定制的 10 台 1.5MW 风力发电机组运往风电场，在风电场内进行车板交货。现制定运输方案。

2. 操作指导

(1) 运输方案设计原则

① 安全可靠性　安全可靠是运输方案设计的首要原则。为此在配车装载、道路运输、

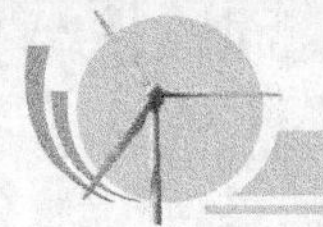

捆绑加固、装卸实施等方案设计中，运用了科学分析和理论计算相结合的方法，确保方案设计科学，数据准确真实，操作实施万无一失。

② 经济适用性　为了维护业主方的经济利益，在本运输方案的设计过程中，需要对多套运输方案进行筛选优化，采取最优化的技术方案，采用最适合的车辆设备，降低运输费用，最大限度地减少运输成本，确保本方案的经济适用性。

③ 可操作性　在运输方案制作和审定过程中，要认真细致地做好前期准备工作，对各种可能出现的风险进行科学评估，确保设备装载、道路运输、卸车等作业能够顺利展开。

④ 高效迅速性　由于这批设备的运输质量要求高、现场路况较为复杂等，要结合类似项目的成功经验，保证按照双方既定的施工方案及相关规定执行运输操作，高效完成运输任务。

(2) 运输方案设计依据

① 风电设备厂家提供的设备技术参数。

② 目前国内最先进的运输装备和技术手段。

③ 中华人民共和国颁发的现行有关行业标准及规范。

④ 其他公司类似项目的成功经验。

(3) 运输作业总体安排

① 运输作业安排

a. 在人员、技术、设备等方面给予保障，确保各项工作到位。

b. 按照业主对大型设备运输要求编制具体的运输方案，并对技术方案进行论证，确保方案的可行性、科学性和可操作性。

c. 对该项目拟投入的车辆机具进行严格的检查和保养，确保其完好的技术状况，以便随时调遣使用。

d. 对作业中的每一个过程都进行认真细致的检查、计划、安排，并做好记录。

② 运输前期准备

a. 掌握运输时间，提前做好设备的运输前期准备。

b. 将技术方案移交施工部门。施工部门在技术方案的基础上继续细化，做更为详细的具体施工方案。

c. 根据设备起运时间，发运前一周组织人员对道路进行勘察，保证设备顺利实施公路运输。

d. 申请公路超限运输手续。

e. 对施工人员进行技术交底和安全培训。

f. 按照具体施工方案准备车辆及各种机具，并严格检验，保证其技术状况良好。

(4) 运输方案

① 运输范围的确定　风电场全程范围内。

② 运输车辆的确定　确定运输车的型号及各种参数。

③ 设备的配车方案　包括塔筒、风叶、轮毂、机舱、控制柜等各自的配车方案以及稳定性分析计算。

④ 设备的加固捆绑方案的确定　包括塔筒、风叶、机舱、轮毂、控制柜的加固捆绑方案。

思考题

参照其他公司的成功运输案例，能够为各风电场的设备运输编制较为合理的运输方案。

模块三

风力发电机组机头部分的装配与调试

风力发电机按照其装机容量的大小可分为小型、中型、大型、特大型风力发电机：0.1～1kW 风力发电机为小型风力发电机；1～100kW 功率的为中型风力发电机；100～1000kW 功率的为大型风力发电机；1000kW 以上的兆瓦级风力发电机为特大型风力发电机。

不同类型风力发电机的结构不同，特别是机头部分的设计有很大的区别。小型风力发电机一般由风叶、风叶盘、传动轴、机壳、定子绕组、转子磁钢、发电机轴、前后端盖等结构组成。风力机驱动的发电机一般都是低速发电机，在转速几百转每分就可以发电。发电机是永磁发电机和三相交流发电机。而大型风力发电机的结构较为复杂，一般由风轮叶片、轮毂、机舱罩、齿轮箱、发电机（定子绕组、转子磁钢、发电机轴）、偏航系统、制动系统、冷却系统等结构组成。

风力发电机组机头部分是整个系统的核心，机头部分性能的好坏直接影响着整个发电机组的发电性能，因此，机头部分的装配与调试就显得非常重要。本模块主要以小型风力发电机为例，介绍和训练风力发电机机头部分的安装与调试。

任务一　风轮的安装与调试

风轮是由叶片和轮毂（风叶盘）组成的。叶片是风力发电机组上具有空气动力学形状，使风轮绕其轴转动，将风能转化为机械能的主要构件。同时，叶片是决定风力发电机风能转换效率、安全可靠运行的关键部件。轮毂是固定叶片位置，并能将叶片组件安装在风轮轴上的装置。

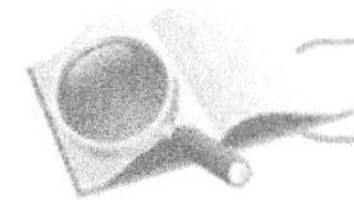

能力目标

① 了解叶片设计的技术要求。

② 掌握叶片的材料及加工工艺。

③ 掌握叶片的性能及检测方法。

④ 掌握叶轮的安装流程及注意事项。

基础知识

1. 叶片的技术要求

风力发电机叶片的技术要求直接决定着叶片的结构、材料、加工方法和成本，因此，熟悉叶片的技术要求具有十分重要的意义。根据对叶片的技术要求，国家制定了相关的标准。

(1) 空气动力学设计要求

① 叶片的额定设计风速应按风力发电机的等级确定。

② 叶片在弦长和扭角分布上应采用曲线变化，以使风力发电机获得最大的气动效率。风能利用系数 C_p 应大于或等于 0.44。

③ 提供叶片的弦长、扭角和厚度沿叶片径向的分布以及所用翼型的外形尺寸数据。

④ 明确规定叶片的适用范围。对于变桨距叶片，要求其运行风速范围尽可能宽，并给出叶片的变桨距范围。

(2) 结构设计要求

① 叶片结构设计应根据极端载荷并考虑机组实际运行环境因素的影响，使叶片具有足够的强度和刚度，保证叶片在规定的使用条件下，在其使用寿命周期内不发生损坏。要求叶片要尽可能地轻，并考虑叶片间相互平衡措施。

② 叶片的设计安全系数应大于或等于 1.15。

③ 叶片的设计寿命应大于或等于 20 年。

④ 对于叶片中的机械结构，如变桨距叶片的变桨距系统和定桨距叶片的叶尖启动刹车机构，其可靠性应满足用户的要求。

⑤ 叶片的结构设计还应包括以下内容：a. 叶片的质量及质量分布；b. 叶片重心位置；c. 叶片转动惯量；d. 叶片的刚度及刚度分布；e. 叶片的固有频率；f. 同轮毂连接的详细接口尺寸。

(3) 相关技术要求

① 叶片应符合由制造商制定的技术文件要求。叶片图样是叶片的主要技术文件。

② 制造叶片所用的材料应有供应商的合格证明，并符合零件图样规定的牌号，化学成分、力学性能、热处理及表面应符合相应标准。

③ 叶片的零件、组件及外购件应符合生产的技术文件。

④ 为了满足叶片的气动性能，并考虑叶片机构的工艺性及相应的制造成本，下列是批量生产时公差要求达到的最低值。

a. 叶片的长度公差：$\pm(0.13\% \times L)$mm，其中 L 为叶片长度。

b. 叶片型面弦长公差：$\pm(1.5\% \times C)$mm，其中 C 为翼型型面弦长。

c. 叶片型面厚度公差：$\pm(1\% \times t)$mm，其中 t 为翼型型面最大厚度。

d. 叶片型面扭角公差：$\pm 0.4°$。

e. 叶片成套重量公差：$\pm 1\%$。

f. 叶片轴向重心公差：$\pm$10mm。

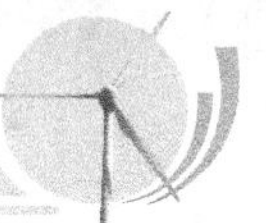

(4) 环境适应性要求

① 叶片使用的温度范围是－30～＋50℃。

② 叶片使用湿度应小于或等于95%。

③ 沿海地区的风力发电机组，叶片设计还应考虑盐雾对其各部件的腐蚀影响，并采取有效的防腐措施。

④ 叶片设计应充分考虑到遭受雷击的可能性，并采取相应的雷击保护措施。雷击保护系统的设计按IEC61400-24：1999要求进行。

⑤ 叶片设计还应考虑沙尘的影响，如沙尘对叶片表面的长期冲蚀、对机械转动部位润滑的影响以及对叶片平衡造成的影响等。

⑥ 对于复合材料叶片，应考虑太阳辐射强度以及紫外线对材料的老化影响。

2. 叶片的材料及加工工艺

(1) 叶片的材料

由上述内容可知，风叶具有空气动力学特性，是风力发电机的主要构件。制造叶片的材料有玻璃纤维增强塑料（GFRP）、碳纤维增强塑料（CFRP）、木材、钢和铝等。

① 玻璃纤维增强塑料（GFRP）　目前商品化的大型风机叶片大多采用玻璃纤维增强塑料（GFRP）制造。

GFRP叶片的特点如下。

a. 可根据风机叶片的受力特点来设计强度与刚度　风机叶片主要是纵向受力，即气动弯曲和离心力。气动弯曲载荷比离心力大得多，由剪切与扭转产生的剪应力不大。利用玻璃纤维（GF）受力为主的受力理论，可将主要GF布置在叶片的纵向，这样就可使叶片轻量化。

b. 翼型容易成型，可达到最大气动效率　为了达到最佳的气动效果，利用叶片复杂的气动外形，在风轮的不同半径处设计不同的叶片弦长、厚度、扭角和翼型，如果用金属制造十分困难。同时GFRP叶片可实现批量生产。

c. 使用时间长达20年，能经受10^8次以上疲劳交变载荷　GFRP疲劳强度较高，缺口敏感性低，内阻尼大，抗震性能较好。

d. 耐腐蚀性好　GFRP具有耐酸、碱、水汽的性能。风机安装在户外，特别是对近年来大力发展的离岸风电场来说，将风机安装在海上，风力发电机组及其叶片要经受各种气候环境的考验。

② 碳纤维增强塑料（CFRP）　对于大型叶片，刚度成为主要问题。为了保证在极端风载下叶尖不碰塔架，叶片必须具有足够的刚度。既要减轻叶片的质量，又要满足强度与刚度要求，有效的办法是采用碳纤维增强塑料（CFRP）。CFRP的拉伸性模量是GFRP的2～3倍。大型叶片采用碳纤维（CF）增强，可充分发挥其高弹轻质的优点。据分析，采用CF/GFRP混杂增强的方案，叶片可减重20%～40%。据欧洲EC公司资助的研究计划中介绍，在ϕ120m叶片转子中添加CF，能有效减轻总体质量达38%，另外亦可使其设计成本费用比GF减少14%。

能否在风机叶片上大量采用CFRP，取决于碳纤维的价格。CFRP的性能虽然远优于GFRP，且不论叶片还是整个风力发电机组毫无疑问都是最轻的，但价格也是最贵的。即使碳纤维价格降到11美元/kg，用CFRP制备叶片的价格还是过高，因此现在正从原材料、工艺技术、质量控制等方面深入研究，以求降低CFRP的成本。

一般较小型的叶片（如长22m）选用量大价廉的E-GFRP，树脂基体以不饱和聚酯为主，也可选用乙烯基酯树脂或环氧树脂。而较大型的叶片（如长42m以上）一般采用

CFRP或CF/GFRP，树脂基体以环氧树脂为主。

③ 木材　木材在大型风力发电机组中使用的范围也在扩大，主要用于叶片结构内部的夹心材料。木材重量轻、成本低、阻尼特性优良；其缺点是易受潮，加工成本高。

④ 钢材　钢材主要用于叶片内部结构的连接件，很少用于叶片的主体结构。这是因为叶片密度大，疲劳强度低。

(2) 叶片的加工工艺

随着风力发电机功率的不断提高，安装发电机的塔座和捕捉风能的复合材料叶片做得越来越大。为了保证发电机运行平稳和塔座安全，不仅要求叶片的质量轻，也要求叶片的质量分布必须均匀，外形尺寸精度控制准确，长期使用性能可靠。若要满足上述要求，需要相应的成型工艺来保证。

传统复合材料风力发电机叶片多采用手糊工艺（Hand Lay-up）制造。手糊工艺的主要特点在于手工操作、开模成型（成型工艺中树脂和增强纤维需完全暴露于操作者和环境中）、生产效率低以及树脂固化程度（树脂的化学反应程度）往往偏低，适合产品批量较小、质量均匀性要求较低的复合材料制品的生产。手糊工艺生产风机叶片的主要缺点是产品质量对工人的操作熟练程度及环境条件依赖性较大，生产效率低和产品的质量均匀性波动较大，产品的动、静平衡保证性差，废品率较高。因此，目前国外的高质量复合材料风机叶片往往采用RIM、RTM、缠绕及预浸料/热压工艺制造。其中，RIM工艺投资较大，适宜中、小尺寸风机叶片的大批量生产（＞50000片/年）；RTM工艺适宜中、小尺寸风机叶片的中等批量生产（5000～30000片/年）；缠绕及预浸料/热压工艺适宜大型风机叶片批量生产。

RTM工艺主要原理为：首先在模腔中铺放按性能和结构要求设计好的增强材料预成型体，采用注射设备将专用低黏度注射树脂体系注入闭合模腔，模具周边密封和紧固，具有注射及排气系统，以保证树脂流动顺畅并排出模腔中的全部气体，彻底浸润纤维，并且模具有加热系统，可进行加热固化而成型复合材料构件。其主要特点有：

① 闭模成型，产品尺寸和外形精度高，适合成型高质量的复合材料整体构件（整个叶片一次成型）；

② 初期投资小（与SMC及RIM相比）；

③ 制品表面光洁度高；

④ 成型效率高（与手糊工艺相比），适合成型年产20000件左右的复合材料制品；

⑤ 环境污染小（有机挥发分的质量分数小于50mg/L，是符合国际环保要求的复合材料成型工艺）。

3. 叶片的性能与检测方法

风机叶片检验和分析项目主要有静态检验、疲劳检验、室外检验、模型分析、强度（硬度）检验、红外成像分析、声学分析、超声波检查、叶片表面质量控制、质量分布测量、自然频率和阻尼的测定。

(1) 静态检验

静态检验用来测定叶片的结构特性，包括硬度数据和应力分布。

静态检验可以使用多点负载方法或单点负载方法，并且负载可以在水平方向进行，也可以在垂直方向进行（图3-1和图3-2）。

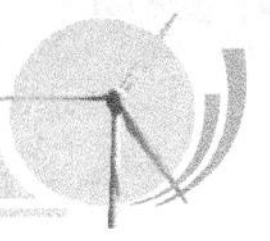

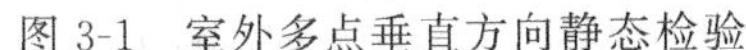

图 3-1　室外多点垂直方向静态检验

图 3-2　高达 10 个负载点的叶片静态检验

（2）疲劳检验

叶片的疲劳检验用来测定叶片的疲劳特性，通常是认证程序的基本部分。叶片疲劳检验包括单独的翼面向和翼弦向检验。疲劳检验时间长达几个月，检验过程中，要定期地监督、检查以及检验设备的校准（图 3-3 和图 3-4）。

图 3-3　大棚中的风机叶片疲劳检验

图 3-4　翼面向疲劳检验

检验工作人员通过网络摄像机和数据采集系统的在线网络端口进行检验过程的监督。

（3）室外检验

室外检验是一种选择性的检验方式。室外检验可以降低费用，但同时也增加难度，必须对检验和测量设备加以保护，以免受环境的破坏，并且还要考虑检验的机密性和噪声的影响。

温度变化和风况也影响检验的结果，因此在测量、分析时也应该把这些因素考虑进去，然后得出结果。

（4）超声波检查

随着风电机组越来越向大型化、大容量化发展，叶片也就随之增大，生产成本也在提高，技术要求也在提高，生产风机叶片的风险也在提高，因此需要一种快速、高效并且非破坏性的检查方法。

自动超声波检查非常适合风机叶片检验。利用自动超声波检验方可以有效地检测层的厚度变化，显示隐藏的产品故障，例如分层、内含物、气孔（干燥地区）、缺少黏合剂、翼梁与外壳之间以及外壳的前缘与后缘之间黏结不牢（图 3-5 和图 3-6）。

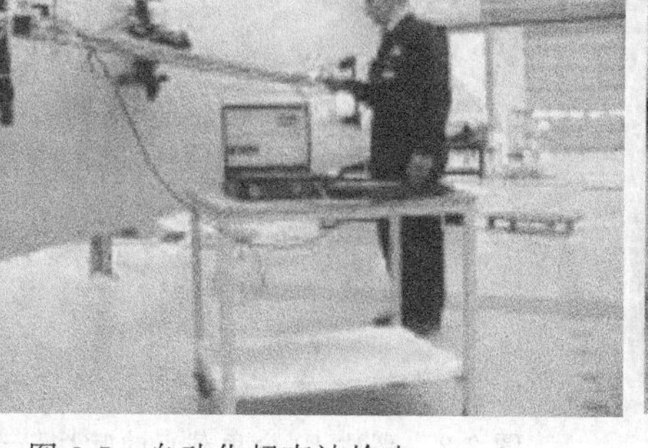
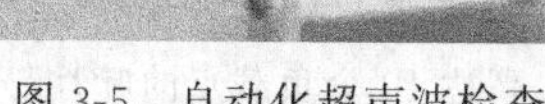

图 3-5 自动化超声波检查

图 3-6 新型移动扫描仪

超声波检验可以直接用来最优化叶片设计和产品参数，从而大幅降低叶片故障的风险。

(5) 叶片表面质量控制

良好的叶片表面和涂层是确保叶片使用寿命的第一步，如果对叶片表面进行涂层，清洁是非常重要的。通过测量叶片表面张力来确定叶片表面是否清洁。完成叶片表面涂层后，可以通过测量颜色、光泽、表面粗糙度以及黏着力来判断叶片表面质量。

叶片的耐久性包括叶片抵御风化的能力，通过周期性地喷洒盐水加速自然风化的方法检验叶片的抗腐蚀的能力。叶片的耐久性还包括抵御酷暑天气的能力、耐磨损以及化学稳定性。所有的耐久性检验一般都是检验样品，而不是检验已经生产好的叶片。

(6) 红外成像分析和声学分析

非破坏性检验可以是叶片疲劳检验的红外成像分析检验或者是叶片疲劳检验和静态检验的应力波分析检验。

① 红外成像分析　叶片的红外成像分析检验可以提示设计人员叶片结构的危险区，这种危险区的小的缺陷可以导致最终的故障（图 3-7 和图 3-8）。

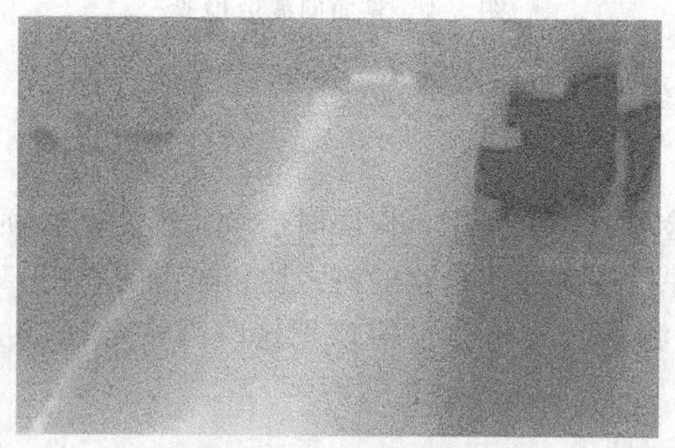

图 3-7　叶片检验初期阶段的红外成像分析
（叶片中间发光的部分为主梁）

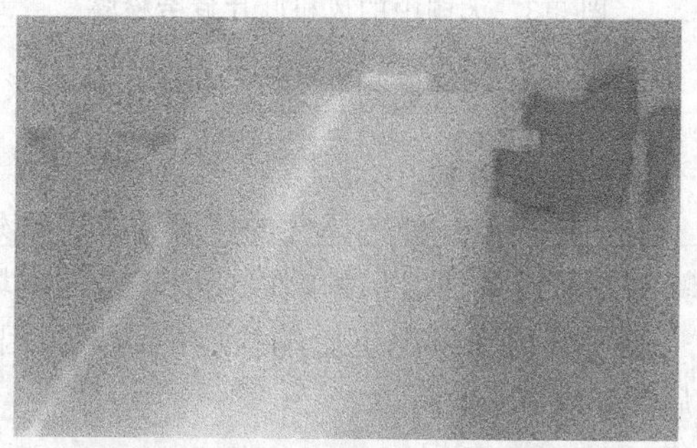

图 3-8　加速检验结束时看到的红外图谱
（由于超强的疲劳负载引起主梁遭到破坏，后缘处的红外线增加是由负载的再分布引起的）

② 声学分析　声学分析或应力波分析使锁定小的裂痕和结构上的小缺陷成为可能。在疲劳检验和静态检验时使用声学检测系统，使叶片在遭到破坏的程度大到足以毁坏叶片之前停止检验成为可能。

声学检测系统是按照预定义模式放置在叶片上的一套压电传感器系统，传感器与数据采

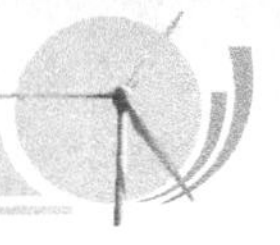

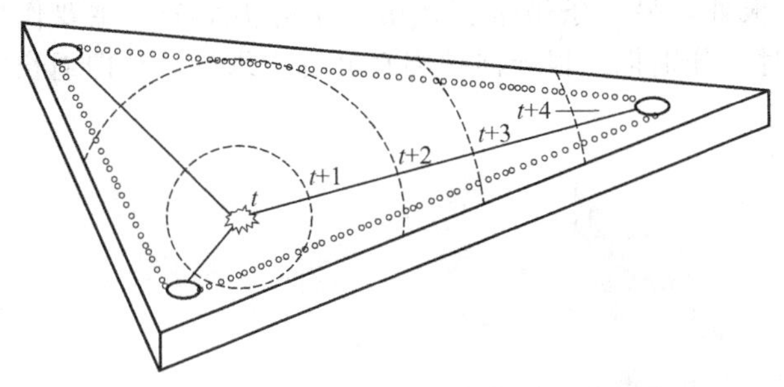

图 3-9　利用声学检测系统的原理示意图

集系统相连接，这样可以采集传感器的信号。利用声学检测系统的原理示意图如图 3-9 所示。

4. 风轮的装配与安装

(1) 风轮的组装

风轮的组装需要在吊装机舱前提前完成。在地面上将三个叶片与轮毂连接好，并调整好叶片安装角，成为整体风轮；然后把装好全叶片的风轮起吊至塔架顶部高度后，与机舱上的风轮轴对接安装。

风轮安装工艺如下。

① 风轮组装一般在风力发电机组安装现场进行。组装前安装点应清理干净、相对平坦，垫木、叶片支架及吊带、工具、油料均应备齐到现场，风轮轮毂、叶片均已去除外包装、防锈内包装，工作表面擦拭干净。

② 使用叶片专用吊具、吊带将叶片水平起吊到叶片根部与轮毂法兰等高，调节变桨轴承，使其安装角标识与叶片上的安装角标识对准。要求轮毂迎风面与叶片前缘向上。

③ 分别把三个叶片上的连接螺栓穿入变桨轴承与轮毂的法兰孔中，确认各叶片安装角的相对偏差没有超过设计图样的规定后，按对角拧紧法（图 3-10）分两次将连接螺栓拧紧至规定力矩。

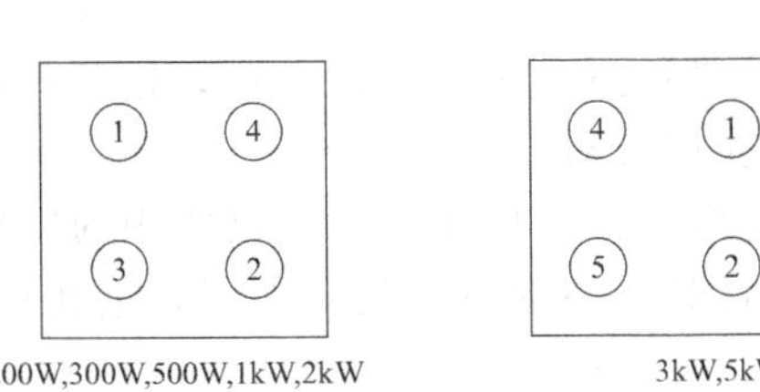

图 3-10　对角拧紧法

④ 安装前两个叶片时，轮毂连接螺栓上紧后，起重机不能松钩。松钩前需要利用支架分别将叶尖部分支撑好，提前松钩将会造成轮毂倾覆。当三个叶片全部安装完后，轮毂的受力处于平衡状态，这时可以去除叶尖下的全部支撑物。

⑤ 对于利用叶尖进行空气制动的叶片，应安装调整好叶片的叶尖。

⑥ 进行以上操作时，均应按安装手册在相关零件表面涂密封胶或 MoS_2 润滑脂。

(2) 风轮的吊装

风轮的吊装采用两台起重机或一台起重机的主、副钩“抬吊”方法，由主起重机或主钩吊住上扬的两个叶片的叶根，完成空中 90°翻身调向，松开副起重机或副钩后，与已装好在塔架顶上的机舱风轮轴对接。其具体步骤如下。

① 工作现场应有足够的人员拉紧导向绳，以保证起吊方向，避免风轮叶尖碰着地面和塔架，以免损伤叶尖或触及其他物体。

② 用两副吊带分别套在轮毂两个叶根处，另一条吊带套在第三个叶尖部分，主要作用是保证在起吊过程中叶尖不会碰地。同时，分别把三根导向拉绳在叶片上绑好，导向绳长度和强度应足够。叶片起吊如图 3-11 所示。

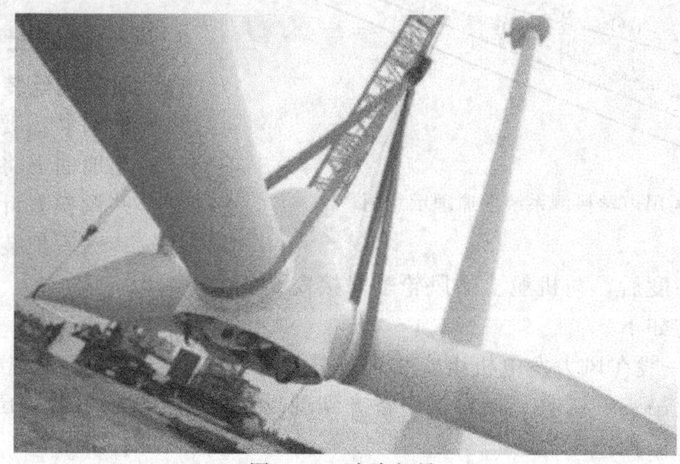

图 3-11　叶片起吊

③ 主起重机吊钩或主钩吊两个叶根吊带，而副起重机吊钩或副吊钩吊第三个叶片吊带。首先水平吊起，在离开地面几米后副起重机吊钩或副吊钩停止不动。在主起重机吊钩或主钩继续缓慢上升过程中，使风轮从起吊时状态逐渐倾斜，当风轮轮毂高度超过风轮半径尺寸约 2m 时，副起重机吊钩或副钩缓慢下放，使吊带滑出，风轮只由主起重机或主吊钩住，完成空中 90°翻转。通过拉三根拉绳，使风轮轴线处于水平位置，继续吊升风轮，使其与机舱主轴连接法兰对接。

④ 安装人员系好安全带，由机舱开口处从外部进入风轮轮毂中心，松开机舱内风轮锁定装置，转动齿轮箱轴，使主轴与风轮轮毂法兰螺孔对正。

⑤ 穿入轮毂与主轴的固定螺栓，完成固定螺栓的紧固工作。当已紧固的螺栓数超过总数的一半（安装手册另有规定时按规定数），且其在圆周较均匀分布时，重新将风轮锁定，完成其余螺栓连接作业，并按规定力矩上紧。

⑥ 在轮毂内的安装人员撤回机舱后，刹紧盘式制动器，松开并去除主吊带。

操作指导

1. 任务布置

以 1000W 风力发电机为例，安装风轮。其零部件清单见表 3-1。

表 3-1　1000W 风力发电机风轮零部件

名　称	数　量	名　称	数　量
风叶	3 片	螺栓(M8)	9 个
风叶盘(法兰)	1 个	弹簧垫片、平垫片	若干
压板	3 块	导流罩及配件	1 套

2. 操作指导

① 清点零件及数量，看是否齐全。

② 将叶片按照产品说明书要求安装在风叶盘上，压上压板。

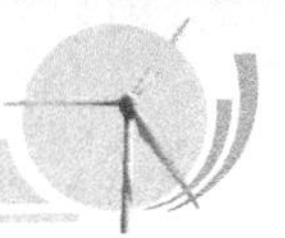

③ 在安装叶片时要注意风叶平衡，首先不要把螺栓拧得过紧，待全部拧上后调整两两叶尖距离相等［图 3-12(a)］，即保证 $L_1=L_2=L_3$（允许误差为±5mm）。调整完毕后，按图 3-12(b) 顺序依次拧紧螺栓。

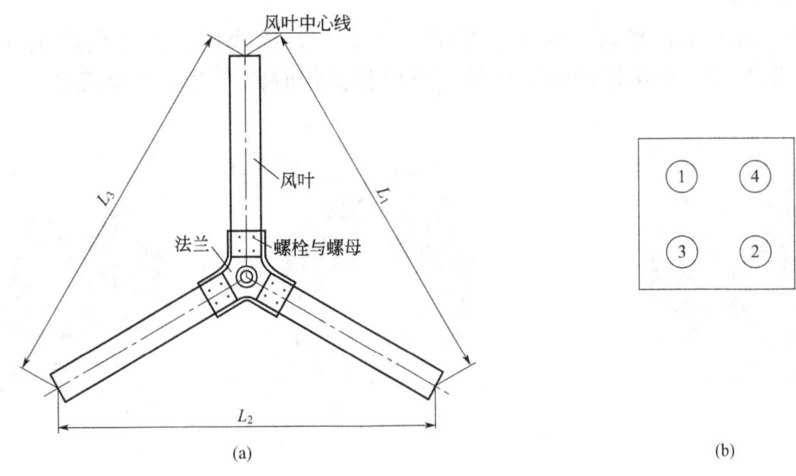

图 3-12　风机法兰安装图

④ 拧紧风叶螺栓时使用力矩扳手，并达到规定力矩。

⑤ 装上导流罩，并用 M8 半圆头螺钉锁紧。

3. 检验

安装好后，进行检验。检验项目主要有：

① 各个螺栓的力矩是否相等？

② 三个叶片两两叶尖是否相等？误差值是多少？

并将检验结果记录下来。

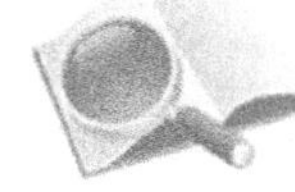

思考题

参照 1kW 风力发电机风轮的安装及大型风力发电机的组装与吊装的安装步骤及检验，完成 10kW 风轮的安装与调试。

任务二　定子的安装与调试

定子是发电机的重要组成部分，它由铁芯、绕组、外壳等部件组成。铁芯是发电机磁路的一部分；线圈则形成发电机的电路；外壳是用来固定和保护定子铁芯和线圈的。

能力目标

① 了解风力发电机定子的加工制造过程。

② 掌握风力发电机定子的检测方法。

③ 掌握定子及定子线圈的装配过程。

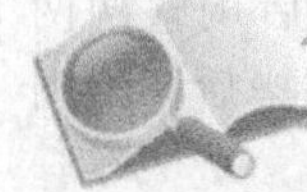

基础知识

1. 定子的结构

定子（图 3-13）是由铁芯、绕组、外壳（图 3-14）组成的。铁芯由硅钢片制成，在铁芯槽内绕有三组线圈，按星形法进行连接，发电机工作时便产生三相交流电。

图 3-13　定子

图 3-14　定子外壳

2. 定子铁芯

定子铁芯是风力发电机的关键部件，其质量的好坏直接影响发电机的性能和使用寿命。

定子铁芯一般使用硅钢片（又称为矽钢片）压制而成（图 3-15），其好处就是减少涡流。硅钢片是一种含碳极低的硅铁软磁合金，一般厚度在 1mm 以下，故称薄板。加入硅可提高铁的电阻率和磁导率，降低矫顽力、铁芯损耗（铁损）和磁时效。主要用来制作各种变压器、电动机和发电机的铁芯。

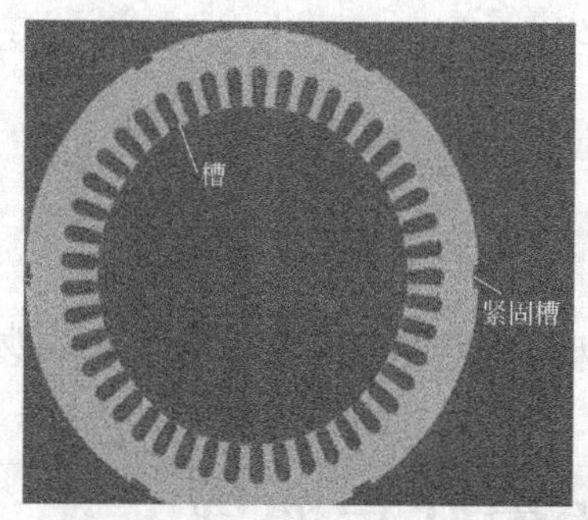

图 3-15　定子硅钢片

(1) 硅钢片的分类

① 硅钢片按其含硅量的不同可分为低硅和高硅两种。低硅片含硅 2.8%以下，具有一定的机械强度，主要用于制造电机，俗称电机硅钢片。高硅片含硅量为 2.8%～4.8%，磁性好，但较脆，主要用于制造变压器铁芯，俗称变压器硅钢片。两者在实际使用中并无严格界限，实际生产中，也常用高硅片制造大型电机。

② 按生产加工工艺可分热轧和冷轧两种。冷轧又可分晶粒无取向和晶粒取向两种。冷轧片厚度均匀、表面质量好、磁性较高，因此，随着工业发展，热轧片有被冷轧片取代之趋势（中国已经明确要求停止使用热轧硅钢片，也就是“以冷代热”）。

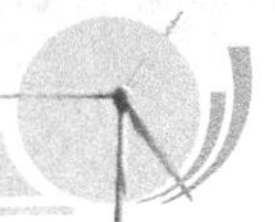

（2）硅钢片的特点

① 铁损低　铁损是质量的最重要指标，世界各国都以铁损值划分牌号，铁损越低，牌号越高，质量也就越高。

② 磁感应强度高　在相同磁场下硅钢片能获得较高的磁感应强度。用它制造的电机或变压器铁芯的体积和重量较小，相对而言可节省硅钢片、铜线和绝缘材料等。

③ 叠装系数高　硅钢片表面光滑、平整，厚度均匀，制造铁芯的叠装系数提高。

④ 冲片性好。

⑤ 表面对绝缘膜的附着性和焊接性良好。

⑥ 硅钢片须经退火和酸洗处理。

（3）硅钢片的表面质量要求

① 钢带（片）表面应光滑，不得有妨碍使用的锈蚀、孔洞、重皮、折印、气泡、分层等缺陷。

② 钢带（片）表面允许有不影响使用的缺陷、如涂层条斑、擦痕、未起皮的钢质不良，以及在厚度偏差范围内的少量结疤、麻点、凹坑、凸包和划痕等。

③ 绝缘涂层应有良好的附着性，在剪切和卷绕使用时不应有明显脱落。

3. 发电机定子线圈的绕制和绝缘件的裁剪

（1）线圈的绕制

发电机线圈的绕制有手工绕制、半自动或自动的绕线机绕制。现以半自动的绕线机为例进行线圈的绕制工序说明。

绕线时首先用旧线圈样品的尺寸来确定活动绕线模的尺寸。活动绕线模绕制的线圈周长允许略大于旧线圈周长10mm左右，而小于旧线圈周长10mm是不允许的，最好维持原线圈周长的尺寸。线圈绕制过程是在绕线机上进行的，其绕制工序如下。

① 核对导线数据　对导线的型号、线径和并绕根数检查核实后，将漆包线盘置于放线架上。

② 确定线圈尺寸　将绕线模装入绕线机后并固定，调整绕线模大小以确定线圈尺寸，再检查并调整计数器置零，如图3-16所示。

③ 确定线圈的匝数及个数　从放线架抽出导线，平行排列（并绕时）穿过浸蜡毛毡夹线板，按规定的规格，根据一次连绕线圈的个数、组数及并绕根数，剪制绝缘套管若干段（段数由极相组中的线圈个数定），依次套入导线，如图3-17所示。

④ 线圈绕制　线头挂在绕线模左侧的绕线机主轴上，如图3-17放线。

线头预留长度为线圈周长的一半，嵌入绕线模槽中，导线在槽中自左向右排列整齐、紧密，不得有交叉现象，待绕至规定的匝数为止。绕完一个线圈后，留出连接线再向右移到另一个模芯上绕第二个线圈。绕线时除微电机的小线圈用绕线机摇把操作外，一般绕制ϕ0.6mm以上导线的线圈均不用摇把操作，而用一只手盘转线模，另一只手除辅助盘车外，还负责把导线排列整齐，不交叉重叠。

⑤ 线圈的绑扎　绕到规定匝数后，用预先备好的扎线（棉线绳，长度均10～15cm）将线圈扎紧，线圈的头尾分别留出1/2匝的长度再剪断，以备连接线用，如图3-16(b)所示。

⑥ 绕制结束　将线模从绕线机上卸下，退出线圈再进行下次绕线。

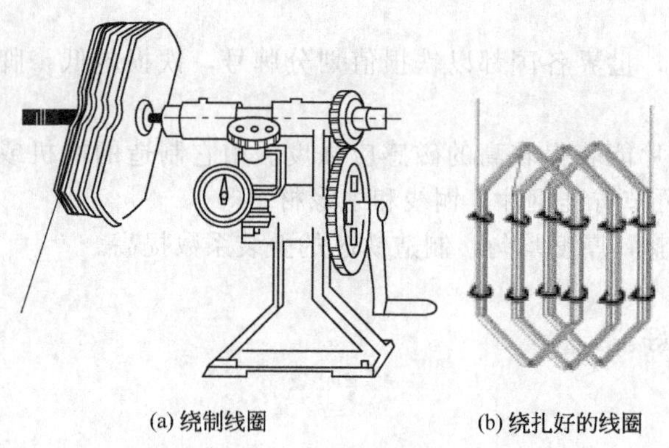

(a) 绕制线圈　　(b) 绕扎好的线圈

图 3-16　线圈绕制

图 3-17　放线

1—毛毡；2—拉线；3—层压板；4—铜线

注意　绕制不等节距的线圈组时，应将最小节距的线圈列为第 1 只，其他顺次排列绕制线圈。

(2) 绝缘件的裁剪

电机的绝缘主要是指槽绝缘、层间绝缘、端部绝缘和槽口绝缘。这些绝缘件的材料都是由绝缘纸制成。

① 槽绝缘　对于大功率电机一般采用两层槽绝缘，紧贴槽的外层用 0.15mm 厚的青壳绝缘纸或聚酯薄膜，里层用 0.15mm 厚的聚酯纤维纸复合箔（DMDM）。对于小功率电机可只用一层槽绝缘：0.2mm 或 0.25mm 厚的薄膜青壳纸或聚酯纤维纸复合箔 DMDM。

槽绝缘长度一般要求伸出铁芯，两端均匀，以保证绕组对铁芯有足够的爬电距离。其伸出铁芯长度要根据电机容量而定，Y80～Y280 系列电机槽绝缘伸出铁芯长度可参考表 3-2。J2、JO2 系列电机槽绝缘伸出铁芯长度可参照 Y 系列的。

表 3-2　Y80～Y280 系列电机槽绝缘伸出铁芯长度

中心高/mm	80～112	132～160	180～280
伸出长度/mm	6～7	7～10	12～15

对宽度来说，若是里外两层的，外层的宽度只要纸的左、右、下三面紧贴槽壁，而上面正好比槽口缩进一些即可。里层的宽度则要使纸的三面紧贴槽壁外，上面要高出槽口 5～10mm，以便嵌线时使导线能从高出槽口的两片纸中间滑进去，起引槽作用，如图 3-18(a) 所示。也可使里外两层的宽度相同，让纸的三面紧贴槽壁，上面正好比槽口缩进些。

在嵌线时，槽口插入两片宽度约 20mm 的薄膜青壳纸，临时引导线滑进槽里。当导线嵌满槽后，抽出两纸片，再插入裁剪好的绝缘纸条覆盖槽口，如图 3-18(b) 所示。

② 层间绝缘　层间绝缘是双层绕组槽内上、下层线圈的隔电绝缘，其材质和厚度一般可与槽绝缘相同。由于槽内层间是相间电压，为了防止层间线圈短路，层间绝缘纸的宽度一定要可靠地包住下层线圈边。

③ 端部绝缘　端部绝缘又叫相间绝缘，是极相线圈组间的绝缘。其形状如半月形，大小要求能隔开整个极相组线圈的端部，裁剪时放大些，待整形时将多余部分修剪掉。其材质与槽绝缘相同。

④ 槽口绝缘　槽口绝缘件就是槽楔。槽楔是在封口绝缘后加在槽口内的压紧件，以阻

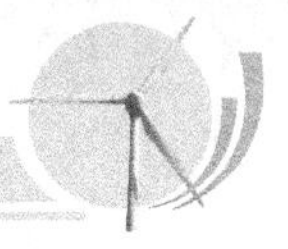

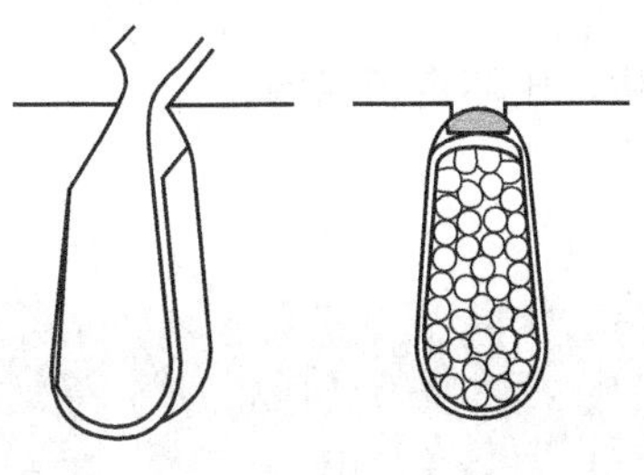

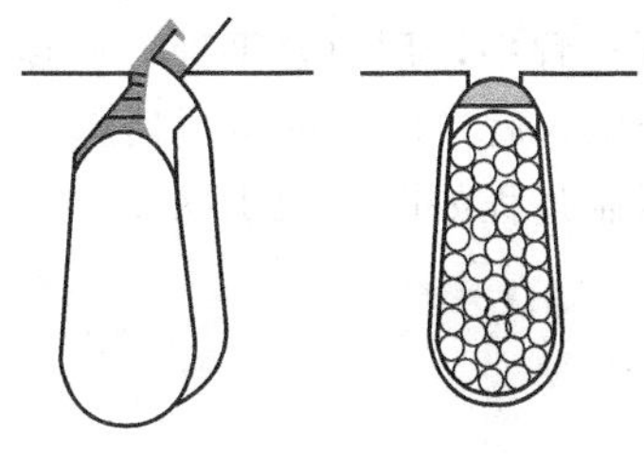

(a) 槽口处压叠、自带引槽纸　　(b) 槽口处覆盖、外加引槽

图 3-18　槽绝缘示意图

止槽内导线滑出槽外和保护导线不致因电动力而松动。通常是用竹或环氧树脂板作材料，横截面为圆冠形，大小要与槽口内侧相吻合，长度略短于槽绝缘 3mm。

⑤ 裁剪要求

a. 裁剪玻璃丝漆布时应与纤维方向成 45°角裁剪，这样不易在槽口处撕裂。

b. 裁剪绝缘纸时，应使纤维方向（即压延方向）与槽绝缘和层间绝缘的宽度方向（长边）相一致，以免造成折叠封口时的困难。

4. 定子外壳材料的选择

发电机定子外壳材料的选择，在满足强度支撑的情况下，最重要的就是散热和重量。因此，风力发电机的定子外壳一般选用铝铸件。

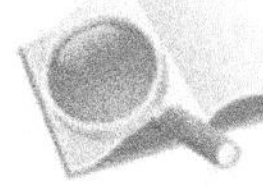

操作指导

1. 任务布置

以 1000W 风力发电机为例，安装、检测定子。

2. 操作指导

如前所述，定子是由定子铁芯、绕组以及前后外壳组成。其安装步骤如下。

① 检查定子铁芯、绕组线圈、前后外壳是否完备。

② 定子线圈的绕制如图 3-19 所示，绕制方法和步骤如前所述，这里不再赘述。

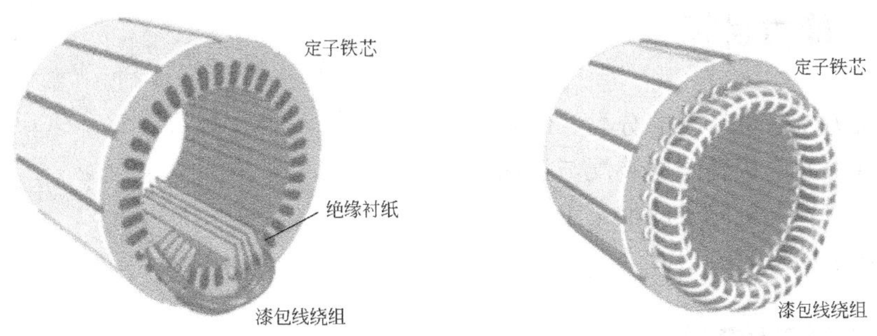

图 3-19　定子线圈的绕制

③ 定子与定子外壳的压制。一般是在液体压力机上进行，如图 3-20 所示。

在将定子压入外壳内时，应注意以下几点：

a. 定子及外壳的放置一定要平整；

b. 在压制过程中，用力要平稳，避免用力过猛，压坏定子线圈；

c. 在完全压入后，压力机缓缓抬起。

定子的压制过程如图 3-21 所示。

图 3-20 液体压力机

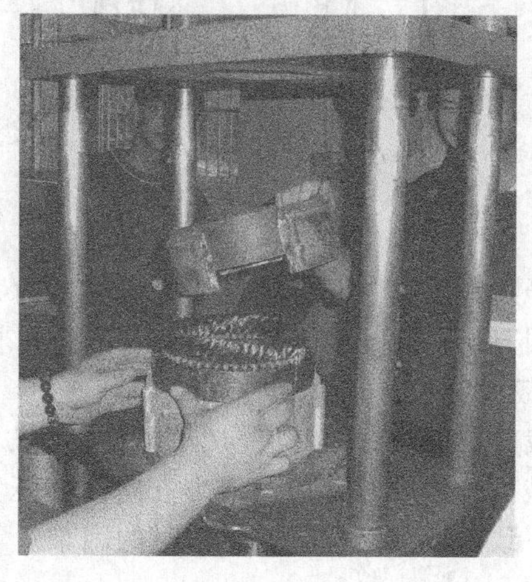
图 3-21 定子与定子外壳的压制

④ 定子的检测。压制完毕后，测试线圈的绝缘性能是否完好，并记录下来。

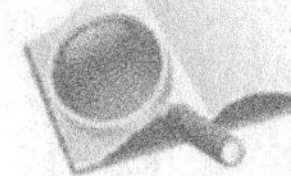
思考题

参照 1kW 风力发电机定子的装配与检测过程及步骤，完成 10kW 风力发电机的装配与检测。

任务三 转子的安装与调试

小型交流永磁风力发电机是永磁发电机的一种，其运行原理与励磁同步发电机相同。由于用永久磁钢取代励磁线圈励磁，永磁同步发电机结构简单，加工及装配比较容易。一般小型永磁发电机的励磁磁钢安置在转子上，所以设计好转子是提高发电机性能的重要途径。

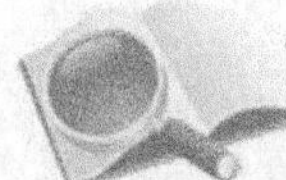
能力目标

① 掌握风力发电机转子的分类、结构。

② 掌握风力发电机转子的装配与检测。

③ 掌握风力发电机转子的加工工序。

④ 掌握轴承的安装方法。

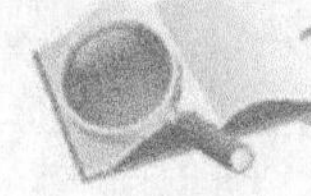
基础知识

1. 风力发电机转子结构

风力发电机的转子主要由转子轴、转子体和永磁体组成。

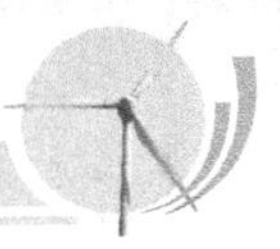

小型交流永磁风力发电机按工作主磁场方向不同，主要有径向磁场型和切向磁场型两种，如图 3-22 和图 3-23 所示。

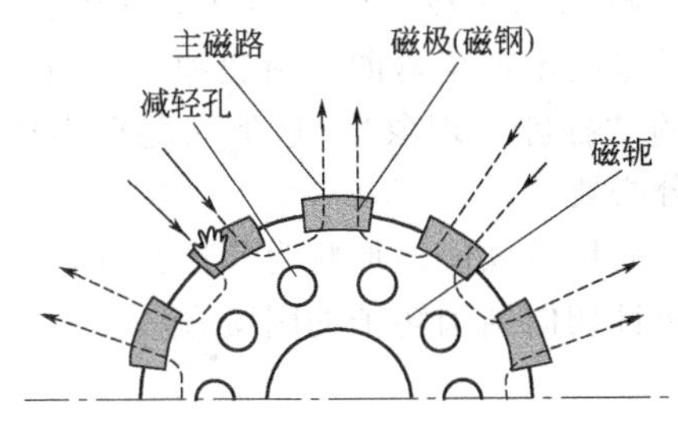

图 3-22　径向转子结构

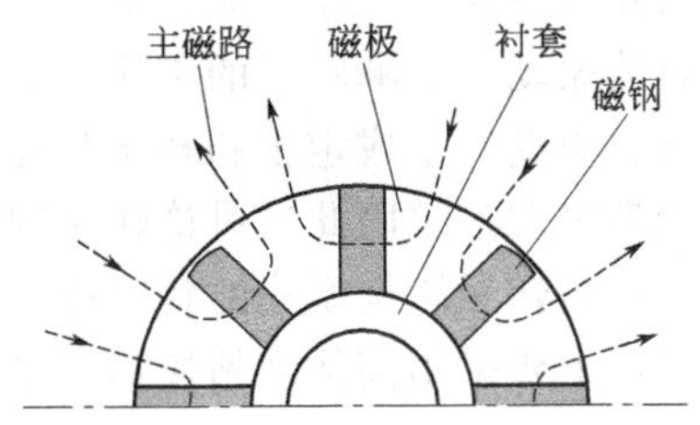

图 3-23　切向转子结构

(1) 径向磁场型

一般 10kW 以下小型风力发电机的运行速度比较低，直接将励磁磁钢粘结在转子磁轭上。为了减轻转子的整体重量，可以在转子磁轭上开减轻孔。径向磁场型是一对磁极的两块磁钢串联，仅有一个磁钢截面积对每一个气隙提供磁通，而由两个磁钢长度对发电机提供磁势。

该类结构型式的发电机转子结构简单，加工容易，重量轻。根据设计和制造经验证明，小型交流风力发电机在 1kW 以上选用钕铁硼磁钢材料的径向结构型式，可以满足经济、技术指标的要求。

(2) 切向磁场型

这类结构是把磁钢镶嵌在转子磁极中间，磁钢与磁极固定在隔磁套上。磁极由导磁性能良好的铁磁材料如软铁等制成，衬套为非磁性材料如铝、工程塑料等制成，用以隔断磁极、磁钢与转子的磁通路，减小漏磁。它的结构是一对磁极的两块磁极并联，由两块磁钢向每个气隙提供磁通，这样发电机的气隙磁密高，制造出的发电机体积小。

切向磁场型的转子整体结构比较复杂，除机械加工量比较大外，它的拼装必须用专用设备，尤其将磁钢镶嵌到磁极中间需要专用工具。转子拼装好后，在转子端部将磁钢固紧，以免造成转子对定子的扫膛现象，甚至卡死、发电机烧坏现象。

在百瓦级小型交流永磁风力发电机中，选用切向结构型铁氧体磁钢有诸多成功的设计和制造实例。

(3) 两者比较

① 从漏磁方面讲，径向磁场结构型式的转子漏磁导相对气隙磁导比较小，所以漏磁系数较小；而切向磁场结构型式的磁钢、磁极之间端部两侧和底面的漏磁导相对气隙磁导较大，转子漏磁大，从而减小了有效磁通的利用。

② 在满足性能指标的前提下，转子型式及磁钢的选择必须考虑到其经济性，百瓦级的小型风力发电机转子多采用切向结构，磁钢选用铁氧体，而千瓦级的小型风力发电机如选用铁氧体作转子材料，制造出的发电机体积大，比较重，就风力发电机组总体而言并不经济(因为它需要更牢固的塔架等支撑机构，加大了成本)。

因此选用经济、实用的钕铁硼为多，转子结构型式兼而有之，选用何种转子结构型式要看设计人员的综合考虑，得出合理的结构（使用同等尺寸的磁钢，切向结构为径向结构磁路气隙磁密的 1.6 倍，这就提高了磁钢的利用程度，从而缩小了发电机的体积。所以，小功率的风机大多使用切向结构)。

2. 风力发电机转子的固紧工艺

由于风力发电机组运行的自然条件恶劣，特别是小型风力发电机组风轮直接与发电机耦合，风轮随自然风速急剧、频繁地变化，常常对发电机的轴和转子产生强烈的冲击。同时，发电机组的振动也影响转子的结构。上述因素常使发电机轴产生弯曲、断裂和转子磁钢、磁极的逸出、松动，造成定子和转子相互擦碰（所谓的“扫膛”现象）。这类问题在生产初期或多或少都出现过。因此，讨论转子的固紧工艺十分必要。

由于径向转子结构型式的转子磁钢不用铁氧体，而用钕铁硼，形状为薄形瓦片，很难在端部固紧，主要采用高强度粘接剂粘接。下面介绍两种切向结构转子的固紧方法。

(1) 用不锈钢圆环将转子固紧

小型风力发电机是多极的，其轴向尺寸比较短，只要将转子两端固紧，整个转子就可以组成一个牢固的整体。将扇形磁极两端做出台阶，用工装夹具将转子拼装、粘接成一体后，选用市售尺寸合适的不锈钢管，切割成宽 5～10mm 的圆环，用热套的方法将圆环压入台阶，转子就可以固紧，最后将转子外圆加工（车或磨）到所需尺寸。

(2) 用卡环将转子固紧

将磁极的两端面做出燕尾槽，用黄铜板或不锈钢板做好卡环，在拼装、粘接好转子后，将卡环压入磁极端面，使卡环涨开、压平，转子就固紧了。

3. 轴承的安装方法

轴承支撑转子轴及转子体，使其保持一定的旋转精度，承受负荷，并减小与转子之间的摩擦和磨损，因此其安装的好坏与否，将影响到轴承的精度、寿命和性能。安装工序如下。

① 清洗轴承及相关零件。对已经脂润滑的轴承及双侧具有油封或防尘盖、密封圈的轴承，安装前无需清洗。

② 检查相关零件的尺寸及精加工情况。

③ 安装轴承。轴承的安装应根据轴承结构、尺寸大小和轴承部件的配合性质而定，压力应直接加在紧配合的套圈端面上，不得通过滚动体传递压力。

轴承安装一般采用如下方法。

① 压入配合　轴承内圈与轴是紧配合，外圈与轴承座孔是较松配合时，可用压力机将轴承先压在轴上，然后将轴连同轴承一起装入轴承座孔内。压装时在轴承内圈端面上垫一软金属材料（铜或软钢）做的装配套管，如图 3-24(a) 所示。

装配套管的内径应比轴颈直径略大，外径直径应比轴承内圈挡边略小，以免压在保持架上。

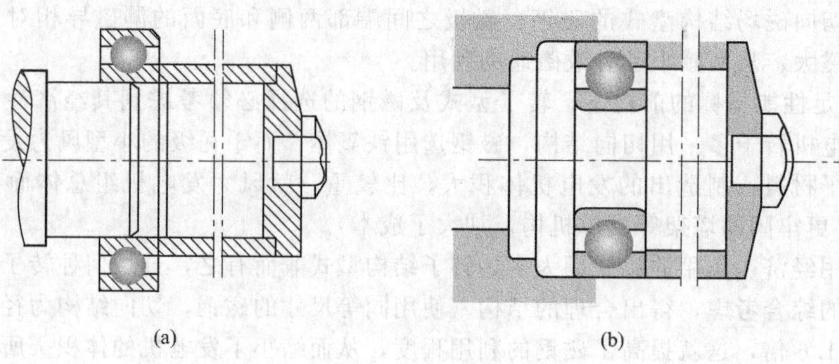

图 3-24　轴承的压装

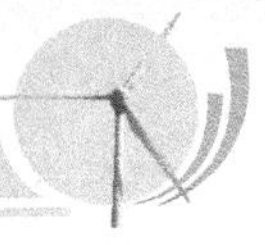

轴承外圈与轴承座孔为紧配合，内圈与轴为较松配合时，可将轴承先压入轴承座孔内，这时装配套管的外径应略小于座孔的直径，如图 3-24(b) 所示。

如果轴承套圈与轴及座孔都是紧配合时，安装时内圈和外圈要同时压入轴和座孔，装配套管的结构应能同时压紧轴承内圈和外圈的端面，如图 3-25 所示。

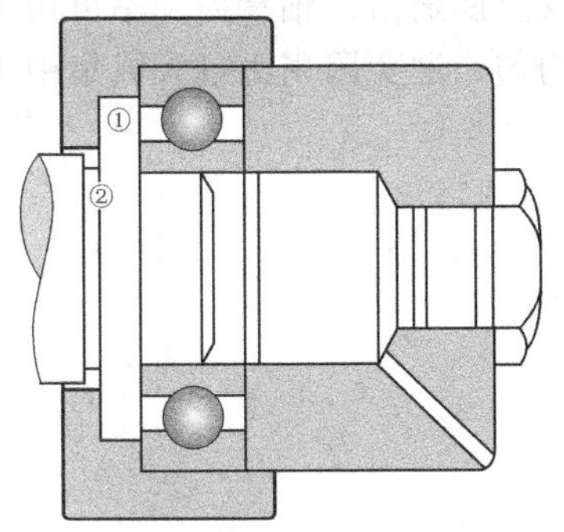

图 3-25　轴承套圈与轴和座孔的配合安装

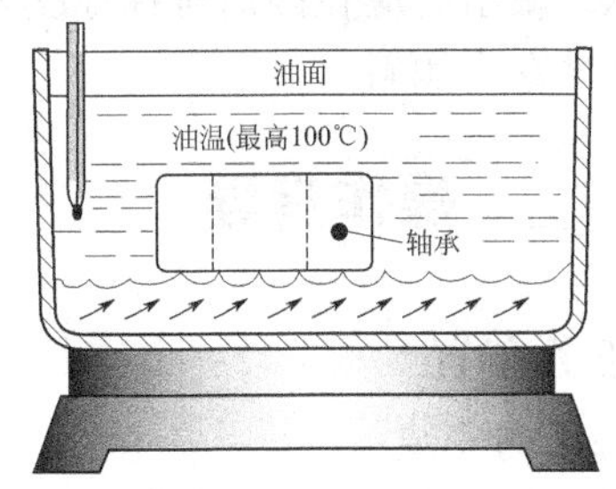

图 3-26　轴承的加热配合

② 加热法　通过加热轴承或轴承座，利用热膨胀将紧配合转变为松配合，是一种常用和省力的安装方法。此法适合于过盈量较大的轴承的安装，一般可采用油浴加热或电感应加热方法。

油浴加热前把轴承或可分离型轴承的套圈放入油箱中均匀加热到 80～100℃，然后从油中取出尽快装到轴上，为防止冷却后内圈端面和轴肩贴合不紧，轴承冷却后可以再进行轴向紧固。轴承外圈与轻金属制的轴承紧配合时，采用加热轴承座的热装方法，可以避免配合面受到擦伤。用油箱加热轴承时，在距箱底一定距离处应用一网栅，如图 3-26 所示，或者用钩子吊着轴承，轴承不能放到箱底上，以防沉淀杂质进入轴承内或不均匀的加热，油箱中必须有温度计，严格控制油温不得超过 120℃，以防止发生回火效应，使套圈的硬度降低。

电感应加热的工作原理是利用金属在交变磁场中产生涡流而使本身发热，如图 3-27 所示。其优点是清洁无污染、定时、恒温、操作简单。其操作过程如下：a. 根据轴承的内径，选择相应的轭铁，将串套上轴承的轭铁放置到主机铁芯端面上，应吻合平正；b. 在加热过程中，用点温计测量轴承内圈端平面处温升，当温升符合要求，看准时间记数，停止加热，移开轭铁，取下轴承即可装配；c. 若连续加热同一规格轴承，需将功能选择开关拨到时控位置，设定加热时间，当轴承被加热到所设时间即自动关断电源；d. 工作完成后，将功能选择开关拨到停止位置，切断电源。

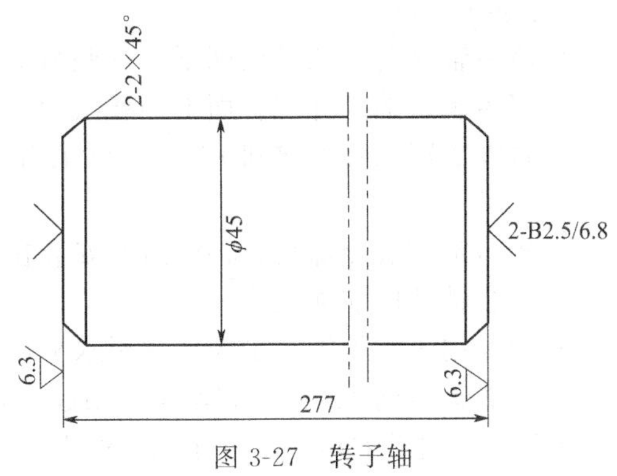

图 3-27　转子轴

③ 圆锥孔轴承的安装　圆锥孔轴承可以直接装在有锥度的轴颈上，或装在紧定套和退卸套的锥面上，其配合的松紧程度可用轴承径向游隙减小量来衡量，因此，安装前应测量轴承径向游隙。安装过程中应经常测量游隙，以达到所需要的游隙减小量为止。安装时一般采用锁紧螺母安装，也可采用加热安装的方法。

④ 推力轴承的安装　推力轴承的轴圈与轴的配合一般为过渡配合，座圈与轴承座孔的

配合一般为间隙配合，因此这种轴承较易安装。双向推力轴承的中轴圈应在轴上固定，以防止相对于轴发生转动。

⑤ 敲击法　上面几种方法为正规装配方法，但在中、小型企业中比较常用的安装方法为敲击法。首先在配合过盈量较小、又无专用套筒时，可以用锤子和圆钢棒逐步将轴承敲入。但要注意的是不能用铜棒等软金属，因为容易将软金属屑落入轴承内。不可用锤子直接敲击轴承。敲击时应在四周对称地交替轻敲，用力要均匀，避免因用力过大或集中于一点敲击而使轴承发生倾斜。

1. 任务布置

① 轴承的安装。

② 转子轴的加工。

2. 操作指导

(1) 轴承的安装

对于过盈量较大的主轴轴承，常用热装的方法。加热方法可采用感应加热和油浴加热两种。感应加热操作简单、效率高，但设备较贵，批量生产时采用较好。油浴加热适用于单件小批量生产。

油浴加热油箱可用 2～3mm 厚的铁板制成，在距箱底 50～70mm 处应有一网栅或架子，轴承不应放到箱底，以防沉淀杂质进入轴承中。油箱中必须有温度计，严格控制油温不应超过 120℃。

当轴承加热完毕从油箱中取出后，应立即用干净的布（不能用棉纱）擦去附在轴承表面的油迹和附着物。

安装步骤如下。

① 将主轴竖起，法兰面朝下，彻底清洁配合面，用水平尺将法兰面调整水平。

② 将需装配的零件配合面上的残余油污及杂物清除干净。

③ 将轴承定位套加热到 100℃，戴上石棉手套，立即取下套入主轴，要求与轴肩无间隙贴合。

④ 轴承定位套冷却后，将密封圈安装在轴承定位套上。

⑤ 安装轴承座前端盖。

⑥ 用专用工装将轴承吊起，并用水平尺调整水平。

⑦ 加热轴承到 120℃，利用吊具吊起，迅速套入主轴，直到与挡圈无间隙贴合。

注意　在油浴加热时，应注意保温半小时，绝对不允许加热超过 120℃。

⑧ 加热轴承定位套到 100℃，然后按正确方向套入主轴，直到与轴承无间隙贴合。

⑨ 加热轴承座到 80℃，然后套入主轴，直到其定位面与轴承无间隙贴合。

⑩ 安装轴承座后端盖。

⑪ 轴承定位套冷却后，将密封圈安装在轴承定位套上。

⑫ 按照力矩要求紧固端盖螺栓。

⑬ 将锁紧螺母用止退锁片锁住，将锁紧螺母用止退锁片锁住。

(2) 转子加工工艺

以 500W 水平轴风力发电机为例，介绍转子（转子轴、转子体）的加工工艺。

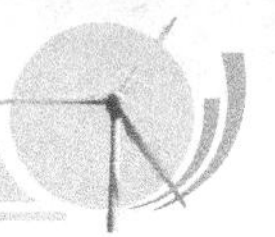

① 转子轴（图 3-27）的加工工艺（毛坯 45 钢、$\phi45\times279$mm）

a. 锯　$\phi45$ 长度 279mm。

b. 车　取总长 277mm 并打两头中心孔 $\phi2.5$ B 型深 6.8mm(注意孔的深度)，外圆倒 $2\times45°$角。

c. 检验

② 转子体（图 3-28）的加工工艺（毛坯 ZG25 压铸件 1 件）

a. 夹外圆校正，车 $\phi45$ 孔，孔口倒 $1.5\times45°$角；粗车一端面（粗车端面时，以轮辐中心为准单面留 1mm 余量）。

b. 调头校正，粗车另一端面（粗车另一端面时，总长留余量 2～37mm）。

c. 检验

③ 转子的加工工艺（毛坯组合体 1 件）

焊　按简图将转子轴配入转子体，定位并焊接牢固，去焊渣和飞溅点（焊接无气孔、夹渣；保证转子体两侧面加工余量）。

车　按图精车各段，其精度要达到图中要求，车 $\phi45$ 外圆，两端 $\phi40\pm0.008$。安装轴承的轴段必须同心，倒角 $0.5\times45°$(未注)。

铣　键槽 8mm×40mm 达图中要求，去毛刺。

钳　粘贴磁体。

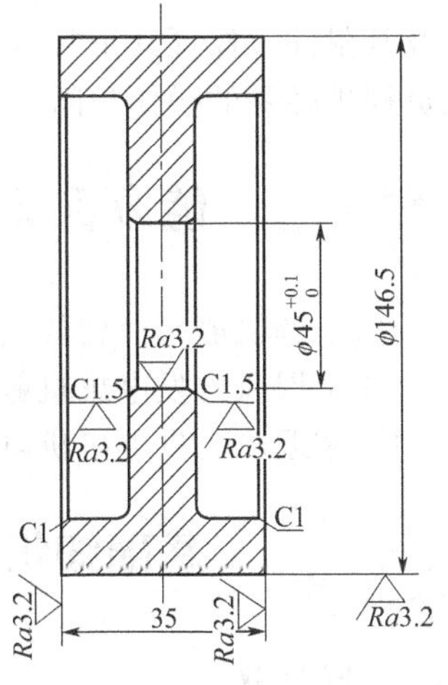

图 3-28　转子体

- 用清洗剂将转子体、磁体清洗干净并吹干（粘合磁铁和转子体时注意：一是磁铁 S 极与 N 极的分布，二是胶水要灌满）。
- 按比例调和好粘接剂（胶水）。
- 将磁铁与转子体粘接牢固。
- 胶水干固后，将外溢部分胶水铲除干净。

磨　磨磁体外圆至 $\phi146.5\pm0.1$(磨磁体外圆前须检测转轴的跳动)。

钳　清除磁铁磨屑；除安装轴承的轴段外其余部分涂防锈漆（清除磁体磨屑时防止磁铁磕碰损伤)。

检验

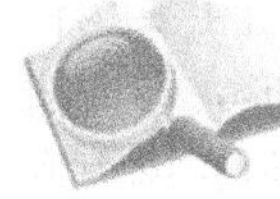

思考题

1. 简述转子的组成。
2. 简述轴承的安装方法。
3. 风力发电机转子的固紧工艺有哪几种？各有何优缺点？

任务四　机舱、导流罩的安装与调试

大、中型风力发电机的机舱由机舱底座和机舱罩组成。机舱底座上安装有齿轮箱、发电机、偏航系统、控制箱等机组重要零部件，并与塔架相连。机舱罩主要起保护机舱内设备的作用，在舱壁上有隔音装置、通风装置、照明装置、小型起重设备等，并在后部的上方装有风速和风向传感器。

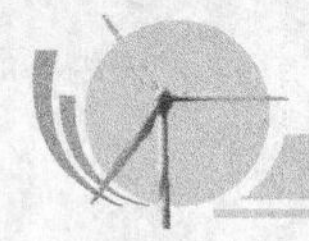

微型、小型风力发电机的结构简单，发电机的端盖与机舱合二为一，因此，微型、小型风力发电机只需要与塔架和机头座相连的部件（又称为回转体）连接。回转体通常由固定套、回转圈以及位于它们之间的轴承组成。固定套销定在塔架上部，回转圈与机头座相连，通过它们之间的轴承和对风装置相连，在风向变化时，机头便能水平地回转，使风轮迎风工作。

导流罩是指风机轮毂的外保护罩，由于在风机迎风状态下气流会依照导流罩的流线型均匀分流，故称导流罩，也称为风帽、轮毂罩等。它与机舱罩一样，都是用于保护机组关键部件及其附件，保证其正常运行，减小风机运行阻力，延长机组使用寿命，同时为安装和维护人员提供必要的操作空间。

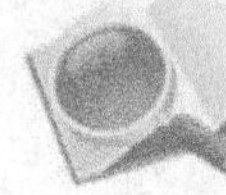

能力目标

① 了解机舱（回转体）、导流罩的作用。

② 掌握风力发电机机舱罩、导流罩、机舱底座、回转体的制造工艺。

③ 掌握风力发电机机舱（回转体）、导流罩的安装。

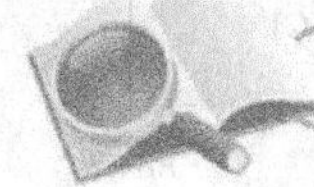

基础知识

1. 回转体

风力发电机的回转体主要由固定套、回转圈和轴承组成。

① 大、中型风力发电机的回转体常借用塔式吊车上的回转机构。

② 小型风力发电机的回转体通常是在上、下各设一组轴承，可采用圆锥滚子轴承，也可以上面用向心球轴承承受径向载荷，下面用推力轴承来承受机头的全部重量。

③ 微型风力发电机的回转体不宜采用滚动轴承，而采用青铜加工的滑动轴承，这是为了防止机头对瞬时变化的风向过于敏感而导致风轮的频繁回转。

2. 机舱与导流罩

(1) 作用与材料

机舱与导流罩对风力发电机组的主要构件起着遮挡风、霜、雨、雪、阳光和沙尘的保护作用，而且其流线型的外形可以起到减小风力载荷的作用。为了减小风力发电机组主要构件的载荷，要求机舱与导流罩的重量应尽可能地轻，并应具有良好的空气动力学外形，即流线型。同时要求机舱与导流罩的形状应使人具有视觉美的感受。由于以上要求都必须在风力发电机组现有结构尺寸的基础上进行设计，所以机舱与导流罩的形状比较复杂，而且尺寸很大。

对机舱与导流罩材料的要求如下：

① 材料的密度应尽可能小，这样可以减轻机舱与导流罩的重量；

② 材料应该具有良好的力学性能，以保证机舱和导流罩有足够的强度和刚度；

③ 材料应该具有良好的可加工性，即工艺性能好；

④ 材料应该价格比较低，以使机舱与导流罩的成本比较低。

目前大型风力发电机组的机舱与导流罩一般采用玻璃纤维增强复合材料作为主要材料，辅以其他材料制作。也有个别机型的机舱采用金属材料。金属材料一般使用铝合金或不锈钢。金属材料机舱与导流罩制作成流线型工艺很复杂，成本较高。

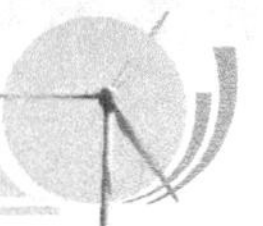

（2）机舱的制造工艺

① 铝合金、不锈钢机舱的制作　铝合金和不锈钢机舱的制作分为骨架制作和蒙皮制作两部分。由于机舱的尺寸比较大，所以机舱的承力构件尺寸和厚度都不能太小，金属机舱的重量比玻璃纤维增强复合材料的大很多。

骨架制作与一般轻钢机构没有什么差异。铝合金、不锈钢的焊接必须使用气体保护焊机。焊接过程中应注意减小应力和变形，必要时应使用工装和夹具。

机舱的蒙皮可以使用焊接方法，也可以使用铆接或螺钉紧固方法。焊接方法应避免蒙皮变形，螺钉紧固方法必须有可靠的防松脱措施。

金属机舱完工后必须进行防腐处理和表面防护。预处理要求完全除去金属表面的氧化皮、锈、污垢和涂层等附着物，表面应显示均匀的金属色泽。内表面用双组分复合厚膜环氧树脂漆喷涂，漆层厚度为干膜 100μm。外表面底层用双组分复合厚膜环氧树脂漆喷涂，漆层厚度为 90μm。外表面表层用双组分复合聚氨酯漆封（阻抗 50%～75%），漆层厚度为干膜 50μm。

② 玻璃纤维增强复合材料机舱的制作　兆瓦级以上的风力发电机组玻璃纤维增强复合材料机舱的厚度一般为 7～8mm，加强筋及法兰面的厚度为 20～25mm，一个完整机舱的重量大约 3～4t。

玻璃纤维增强复合材料机舱的制作最常用的方法是手糊法和真空浸渗法。

手糊法

手糊法的第一步是机舱部件模具的制作。根据机舱部件的形状和机构特点、操作难易程度及脱模是否方便，确定模具采用凸模还是凹模，决定模具制造方案后，根据机舱图样画出模具图。一般凸模模具的制作比较容易，采用较多。

对于玻璃纤维增强复合材料机舱部件这样的大型模具，模芯的制作必须考虑到制作成本和重量。一般采用轻质泡沫塑料板或钢架镶木条作为模架，再在模架上手糊上一定厚度的可加工树脂，经过打磨修整，用样板检验合格后即可用于生产。

机舱部件的加强筋是在糊制过程中，在该部位加入高强度硬质泡沫塑料板制成的。这种泡沫塑料板的特点是闭孔结构，使树脂无法渗入其中。机舱部件中需要预埋的螺栓、螺母及其他构件较多，应在糊制过程中准确安放，不要遗漏和放错。

手糊法生产效率低，产品一致性较差，只有一面光滑，修整工作量大，不适用于批量生产。

真空浸渗法

真空浸渗法生产的产品一致性好，两面光滑，适宜批量生产。但生产的一次性投资大，整套机舱模具需要几十万元，需要使用真空泵等设备。真空浸渗法属于闭模成型，一套模具由模芯和模壳两部分组成。真空浸渗法机舱部件的制造工艺过程如下。

a. 在模芯上按图样要求将增强材料按规定的材质、层数、位置铺覆好，需要预埋的螺栓、螺母、加强筋及其他构件准确安放好。

b. 先将铺覆好增强材料的一半吸死，然后将模壳与模芯合模，均匀拧紧全部压紧螺栓，最后用密封胶将模壳与模芯合模部位全部密封。

c. 启动真空泵，对模具内部抽真空，看真空表能否保住真空度，若不能则需查出漏点并消除，直至达到真空度要求。

d. 从注料口注入与固化剂混合均匀的树脂，在大气压力的推动下，树脂迅速浸渗到增强材料的各个地方，充满模具内部。

e. 在 20℃室温条件下固化 48h，然后开模取出产品。如果想提高生产效率，可在模具上

增加加热系统，提高固化速度，减少模具内的固化时间。

f. 出模后的机舱产品需要修整飞刺毛边及其他缺陷，喷涂胶衣，最后喷涂聚氨酯面漆和标志。

真空浸渗法的关键技术有两点：一是模具的注料口和流道设计，好的注料口和流道设计可以保证浸渗饱满且时间短，不良的设计会造成浸渗无法饱满，耗时较长；二是树脂的黏度，黏度大的树脂的流动性差，黏度小的虽然流动性好，但固化时间会很长。因此工艺参数的确定，往往需要大量的试验。

③ 真空浸渗法模具的制作　真空浸渗法模具的模芯制作方法与手糊法模具的制作方法相同。

模壳制作是在模芯做出后，用模芯采用手糊法先做出一个产品部件。将这个产品部件的外表面打磨修整光滑，检查各部位厚度符合图样要求后，利用这一部件的外表面作为模具，在它的上面手工糊制模壳（即凹模）。为减小模壳的变形，模壳的厚度应大一些，并应设置一些能增加模具强度和刚度的筋板。手工糊制模壳时产品部件不能脱离模芯。在模壳糊好后，应将保证模壳强度和刚度的模壳支架与模壳粘接成一体。

制成的模芯和模壳应设计有合理的注料口和通道，以保证能使树脂迅速充满模腔。成品模具必须进行生产试验，做必要的改进调整，直至能够高效、可靠地生产出合格产品。

④ 机舱的表面防护处理　机舱成型固化后，需要进行切割、打磨和抛光。然后整体喷涂胶衣，待胶衣干燥后喷涂面漆。面层喷涂一般使用硬度高且耐磨性能良好的聚氨酯漆，用双组分复合聚氨酯漆喷封（阻抗 50%～75%），漆层厚度为干膜 50μm。

⑤ 机舱的检查与验收　出厂检验室对已批量生产的机舱产品进行检验，要求检验以下项目。

a. 每个机舱均应进行外观质量检查。目视检验，机舱外表面应光滑，无飞边、毛刺，应特别注意气泡、夹层起层、变形、变白、损伤、积胶等，对表面涂层也要进行外观目视检查。

允许修补机舱外表面气泡和缺损的缺陷，但应保持色调一致。对于内部开胶、胶接处缺胶、分层等缺陷，可通过注胶修补。对于机舱表面的凹坑和皱褶，可用环氧树脂或聚酯腻子填充进行修补，并喷涂表面涂层，打磨抛光。

对于运输过程中造成的机舱损伤，可根据损伤的具体情况，由生产商制定修补计划，在使用现场进行修补，并由生产商提供质量保证。

b. 对机舱内部缺陷应进行敲击或无损检验。自动超声波检查非常适合机舱的内部质量检验。利用自动超声波检验方法可以有效地检验层的厚度变化，显示隐藏的产品缺陷，例如分层、内含物、气孔（干燥地区）、缺少粘接剂和粘接不牢。

c. 每个机舱均要求检验机舱与底板的连接尺寸和机舱各部件之间的连接尺寸。

d. 每个机舱均要求检验预埋件的位置是否符合图样要求，是否有遗漏、歪斜、错放等问题。

e. 每个机舱均要求检验重量及重心位置，并在非外露面做出标记，以方便吊装。

f. 每个机舱均应进行随模试件纤维增强塑料固化度和树脂含量检验。

机舱随模试件检验适用于复合材料机舱各个部件以及导流罩。机舱随模试件检验是每个机舱生产时都要进行的常规检验，目的是保证工艺、材料的稳定性。对于机舱来说，由于实际原因，不可能对产品进行破坏检验，故需要对每一个机舱安排一个随模试件，对其主要性能进行测试，该测试结果按常规检验填写在机舱合格证上。

试验要求该随模试件和机舱一起成型，最好共用一个模具，否则该试件的工艺参数要求

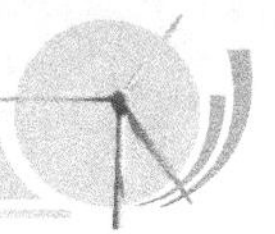

和机舱成型不一致；试件尺寸按设计要求，切割成符合材料性能测试的标准试件。

试验项目包括抗拉强度、拉伸模量、抗弯强度、弯曲模量、抗剪强度、切变模量。

(3) 导流罩的制作

① 导流罩的作用　一是减小风力发电机组的迎风阻力，二是保护轮毂与叶片、风轮轴的连接及轮毂内的变桨距系统。导流罩由于需要流线型的外形，并且需要在它的上面留有叶片的安装孔，还要求有防尘、防水的密封结构，因此形状比较复杂。使用金属材料加工起来难度较大，材料的利用率也很低，所以目前风力发电机组的导流罩所有企业都采用玻璃纤维增强复合材料进行生产。玻璃纤维增强复合材料的加工性能好、成型容易，制成的导流罩重量轻、成本低、外形光滑美观、耐环境侵蚀性能好，成为所有生产企业的选择。

② 导流罩的制作方法　导流罩的制作方法与机舱的制作方法基本相同，其差别主要是制品的内部结构和所使用的模具不同。生产方式主要取决于导流罩的生产规模，生产批量较小时一般采用手工糊制方法，生产批量较大时一般采用真空浸渗方法。

导流罩主体和叶片密封圈及一些采用部分结构的导流罩，其各个构件是分别进行加工的。像导流罩主体和叶片密封圈，需要在固化成型后进行粘接，粘接好全部需要在导流罩主体上装配的零件后才能进行表面处理。部分结构的导流罩在各部分固化成型后，首先粘接好需要粘接的零件，然后将部分结合面装配在一起才能进行表面处理，否则部分接合面处的外观和质量无法保证。

导流罩的表面处理方法与机舱完全相同。

3. 机舱底座

(1) 铸造底座

铸造成型底盘属于大型铸件，一般由规模比较大的专业铸造厂生产。铸造底板可以是整体的，也可以分为几个部件装配成型。

其生产过程为：模型制作→制作砂型→砂型合模→铁液浇铸→冷却成型→开模清砂→时效处理→机械加工→表面防护处理→检验验收→运往总装厂。

(2) 焊接底座

兆瓦级大型风力发电机使用焊接成型底盘，安装偏航轴承的底部使用的钢板厚度在100mm左右，箱壁四周、风轮轴支撑安装平面及传动链设备安装延伸段钢板的厚度，大约为箱底钢板厚度的2/3，其他设备安装部位的钢板厚度大约为箱底钢板厚度的1/3，用于安装液压系统、润滑系统、冷却系统、控制系统等设备和机舱等。

下料应使用数控切割机以保证切口质量，减少机械加工工作量。厚板焊接必须使用刨边机加工出X形焊接坡口。焊接时应使用自动气体保护焊机，以避免产生热量过多，造成变形太大和应力集中，必要时应使用工装减小热变形。

钢结构的组焊应严格遵循焊接工艺规程，关键部位的焊接应使用装配定位板。为保证焊接质量，焊接构件用的焊条、焊丝与焊剂都应与被焊接的材料相适应，并符合焊条相关标准的规定。在生产现场，应有必要的技术资料。在不利的气候条件下，应采取特殊的措施，仔细地按技术要求焊接或拆除装配定位板。当钢结构技术条件中要求进行焊后处理（如消除应力处理）时，应按钢结构的去应力工艺进行。

进行焊件修复时，应根据有关标准、法规，认真制定修复程序及修复工艺，并严格遵照执行。焊接修复的质量控制和其他焊接作业的质量控制一样，同一处的焊接修复不应使用两

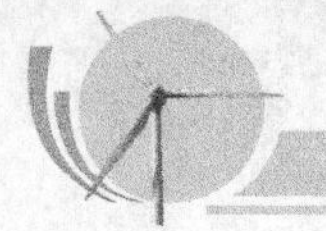

次以上相同的焊接修复工艺。

(3) 底盘的机械加工

不管是铸造底盘还是焊接底盘，有几个与整机装配有关的关键部位必须进行机械加工，以保证其位置精度及平面贴合。由于底板的尺寸太大，在通用设备上很难加工，一般都是使用专门制造的专用设备进行加工。

首先要加工偏航轴承的安装面，这个平面是整个底盘的加工基准平面。加工后的安装面既消除了焊接变形，又保证了偏航轴承安装时的贴合要求。水平轴风力发电机的主轴支座安装平面、齿轮箱安装平面和发电机安装平面都与偏航轴承安装平面平行，加工时必须满足这一要求。

仰头主轴风力发电机的主轴支座安装平面、齿轮箱安装平面和发电机安装平面都与偏航轴承安装平面有5°或6°的夹角。保证这几个安装平面与偏航轴承安装平面夹角的一致性，以及这几个安装平面在一个平面内，是对这几个平面加工的基本要求，同时应保证各安装面的平整度，以满足安装时的贴合要求。

(4) 底盘的样件试组装

第一台底盘在拼焊和机械加工完成后，应对在其上面安装的部件进行试组装，包括主轴轴承支架、齿轮箱、发电机、液压系统、润滑系统、冷却系统、控制系统、机舱等全部需要安装在底板上的零部件。试组装步骤如下。

a. 连接所有安装面，拧紧螺栓直到接合面紧贴，但仅限于在额定拧紧力矩之下。试组装时拧紧至额定力矩的高强度螺栓，在正式总装时不准再使用。

b. 试组装后应进行检查，不应存在不符合图样要求的地方。如果发现有不符合要求之处必须给予纠正，同时要进行记录并与技术部门会商，更正图样或加工工艺。

c. 把发电机作为电动机使用，进行空载试运转，应运转灵活，噪声不超标，无卡滞现象。

d. 编写出试组装报告。

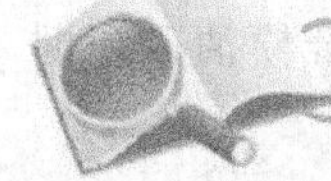

操作指导

1. 任务布置

① 机舱的安装。

② 导流罩的安装。

③ 回转体壳的加工工艺及安装步骤。

2. 操作指导

(1) 机舱的安装

机舱吊装

装有铰链式机舱盖的机舱，打开分成左右两半的机舱盖，挂好吊带或钢丝绳，保持机舱底部的偏航轴承下平面处于水平位置，即可吊装于塔架顶法兰上。装有水平部分机舱盖的机舱，与机舱盖需先后分两次吊装。对于已装好轮毂并装有两个叶片的机舱，吊装前切记锁紧风轮轴并调紧刹车。

安装机舱

① 打开铰链式机舱盖，或卸去水平部分式机舱盖，清理机舱内底板表面油污，搬开所有不相干的暂放物品，固定电力电缆和控制电缆。

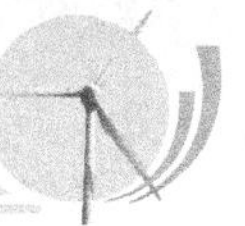

② 将轮毂前平盖板、机舱内各有关护罩、紧固螺栓等固定在机舱内。

③ 挂好起吊钢丝绳吊具，调整其长度，使机舱下部的偏航轴承下平面在试吊时于水平位置。若调不出水平状态，应按安装手册提示，加用足够起重量的手动吊葫芦调平。

④ 清理塔架上法兰平面和螺孔，去除运输时的法兰支撑，在法兰上平面涂密封胶，连接塔架-机舱偏航轴承的紧固螺栓表面涂 MoS_2 油脂，绑好稳定机舱用的拉绳。

⑤ 起吊机舱至处于上法兰上方，使两者位置大致对正，间隙约在 10mm 时，调整并确认机舱纵轴线与当时方向垂直。

⑥ 利用两只小撬杠定位，先装上几只固定螺栓，并拧入螺栓，徐徐下放机舱至间隙为零，但吊绳仍处于受力状态，用手拧紧所有螺栓后放松吊绳。

⑦ 按对角法分两次拧紧螺栓至规定力矩，去除吊绳。

⑧ 安装偏航刹车，接通液压油管。

注意事项

安装工作开始前，必须对所有相关部件进行外观检查，以确定是否完好无损。螺纹、法兰结合面等一类重要部位必须按合理的方法，使用规定的材料（工具）进行清理。

机舱端面的安装如图 3-29 所示。安装侧面部分如图 3-30 所示。

图 3-29　机舱端面的安装

图 3-30　机舱侧面的安装

安装机舱顶盖（**注意：**前部进气口处是起吊部位，应在机舱就位后安装）如图 3-31 所示。

(2) 导流罩的安装

小型风力发电机导流罩的安装较为简单，一般只需要几个螺钉将导流罩与风叶盘连接起来即可。兆瓦级风电机组导流罩的安装较为复杂，下面以某公司生产的 1.5MW 风电机组的为例，介绍导流罩的安装与调试。

① 导流罩的吊装　将行车开到导流罩上方，下降行车钩子与导流罩上口相距约 20cm；在导流罩上口处用吊环螺钉拧入预埋件的吊装孔内；将吊环螺钉用吊带与行车连接，开动行车将导流罩吊至轮毂上方，如图 3-32 (a) 所

图 3-31　机舱顶盖的安装

示；缓慢下降导流罩，下降时注意各个面不要与轮毂变桨轴承螺栓相碰，使导流罩下降时不干涉，如图 3-32（b）所示；下降至导流罩上预埋件与脚踏板连接支架刚好贴平时停止下降，如图 3-32（c）所示；将吊带拆卸下来，行车归位。

(a)

(b)

(c)

图 3-32　导流罩的吊装

② 导流罩的安装

a. 安装导流罩工装

● 安装调整工装　将尼龙导流罩调整工装按照顺序依次装入叶片孔的最高点、左右两端、最低点，如图 3-33（a）所示；在所有的调整工装头部装好调整圆盘，如图 3-33（b）所示。

● 安装调高工装　在导流罩大概间隔 120°安装 3 个调高工装，如图 3-33（c）所示。

(a)

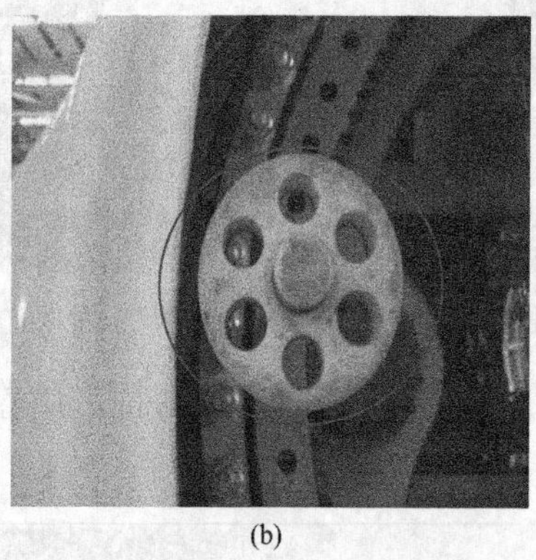
(b)

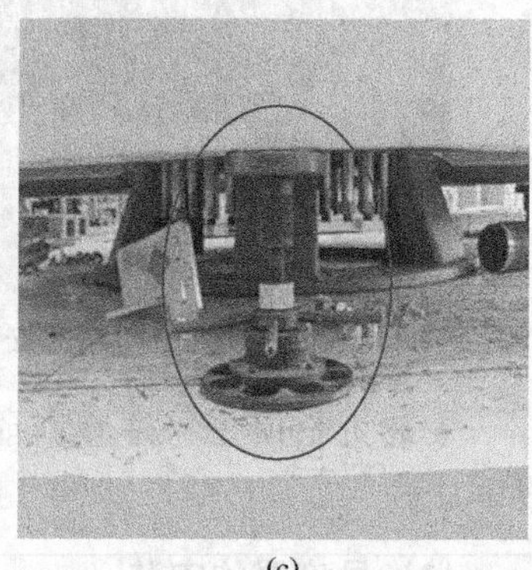
(c)

图 3-33　安装导流罩工装

b. 调整导流罩尺寸

● 调整左右尺寸　用钢直尺测量左右侧壁与调整圆盘的顶点距离，同样的方法测量其他两个面，使左右间隙尺寸值不大于 40mm，且左右间隙差不大于 10mm，如图 3-34 所示；如果不在范围内，通过左右拉动导流罩，使其旋转，调整左右间隙。尽量保证各个侧面的间隙数值相近，不能有侧边贴到圆盘。

● 调整上下尺寸　升高导流罩 3 个调高工装，升高到与导流罩 3 个开口面的下底面刚好接触。用钢直尺测量导流罩内壁到调整圆盘顶点的最短距离，同样的方法测量其他两个面。通过调整调高工装的升降来调节高度、上下间隙，保证尺寸值不大于 40mm，且上下间隙差不大于 10mm。当 3 个面高度尺寸满足要求后，将调高工装的 3 个螺母拧到底，锁定 3

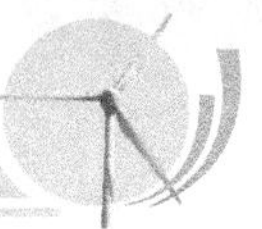

个调高工装，防止尺寸变动。

- 调整前后尺寸　用钢直尺测量变桨轴承面到导流罩开口外边缘尺寸，同样的方法测量其他两个面。通过拉动各个边来调整 3 个面到变桨轴承的距离，最后 3 个面的尺寸差值应不大于 2mm。

图 3-34　调整导流罩左右尺寸

c. 安装导流罩支架　将连接支架与导流罩上预埋件用锁紧螺母连接，手动拧紧，预紧连接支架。预紧时，对 6 个预埋件对角预紧，防止导流罩侧移。连接支架打力矩，用力矩扳手为每一个螺栓打力矩，直到规定力矩值，如图 3-35（a）所示；防腐处理，将导流罩每一个螺栓、螺母、垫片涂防锈油，不能有漏涂和少涂现象，如图 3-35（b）所示；安装通风软管，用一字螺丝刀，将卡箍预紧在通风软管上，将通风软管套在通风软管座上，用一字螺丝刀锁紧卡箍，如图 3-35（c）所示。

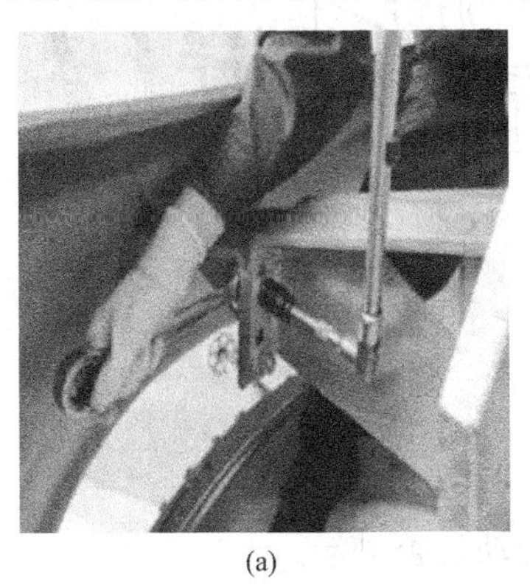
(a)

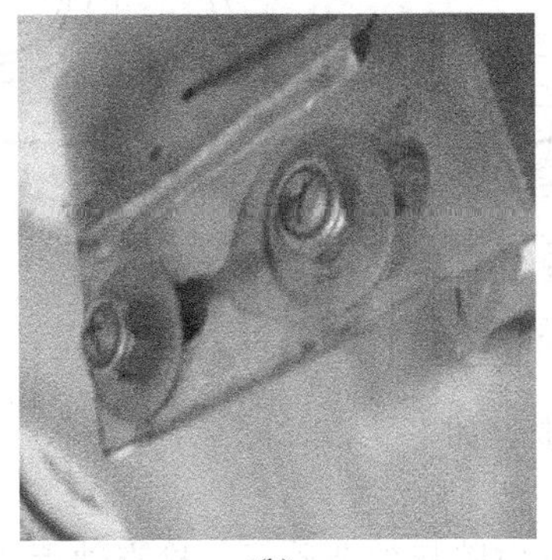
(b)

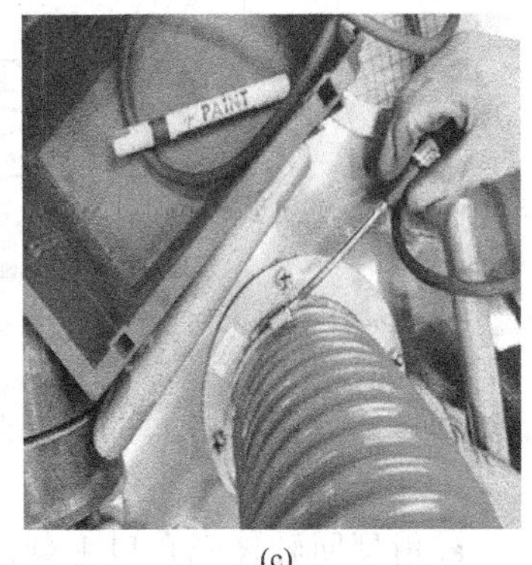

(c)

图 3-35　安装导流罩支架

d. 调整和安装防雨环　清理防雨环上玻璃粉，用硅胶枪给防雨环打硅胶，应保证粗细均匀、连续，不能有断点，离外边口距离约 1cm，避免导流罩与防雨环贴合时挤出硅胶。开动行车，将轮毂吊至防雨环上方，与导流罩对准后，缓慢下降至轮毂落地；插入一根定位铁棒，隔 3～5 个孔再插入另一根定位铁棒，左右晃动，使导流罩螺栓孔尽量与防雨环螺栓孔相对准；用升高工装或千斤顶将防雨环撑起，与导流罩贴合；将涂有抗咬合剂的螺栓插入防雨环和导流罩连接孔，预紧螺栓；螺栓打力矩至规定数值；用硅胶枪在防雨环与导流罩接口处打上硅胶，刮硅胶，要求整齐、美观、均匀、连续。

e. 安装导流罩前端　检查导流罩前端有无破损，是否与导流罩对应。装喉箍，将喉箍套在通风接头上，用一字螺丝刀拧紧。安装通风接头。

(3) 回转体壳加工工艺及安装

以 500W 水平轴风力发电机为例，介绍回转体壳（图 3-36）加工工艺（毛坯：ZL106 压铸件 1 件）。

① 钻　攻 8-M8 深 20 螺孔。

② 钳　按图进行以下操作：

a. 铰 $\phi100^{+0.012}_{-0.009}$ 孔深 23；

b. 调头，以 $\phi100$ 孔导向定位，铰 $\phi55^{+0.01}_{-0.008}$ 孔，深度必须保证两孔间距为 $213.5^{-0.1}_{-0.2}$（两孔须同心）；

③ 钳　按图进行以下操作：

a. 钻 ϕ16 尾杆连接孔，去毛刺；

b. 钻 ϕ8 电刷杆安装孔，去毛刺。

④ 漆　内腔涂防锈漆。

⑤ 检验。

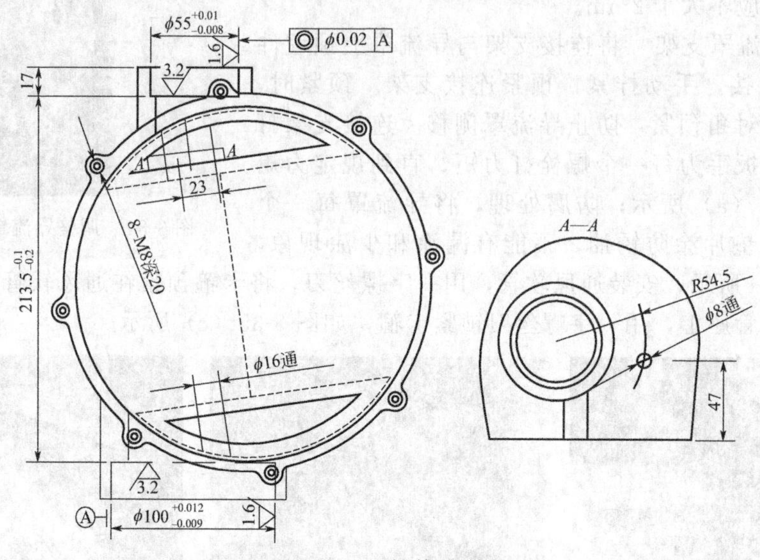

图 3-36　回转体外壳

回转体（图 3-37）的安装步骤如下。

① 安装步骤

a. 清理回转体壳孔口毛刺及内腔灰尘杂质等，检查轴承转动是否灵活。

b. 将挡尘盖及 6211 轴承固装于转轴上。

c. 将滑环固装于转轴上，同时将 3 根电线穿入转轴内（斜孔）。

d. 与回转体壳装配，并装好轴用挡圈。装好后盘转回转体壳，检查轴承转动是否灵活、无阻尼（如不灵活有阻尼，须重新装配直至达到要求）。

e. 装好防水盖（含 O 形密封圈）。

f. 检查电线有无破损，外壳是否短路，并用兆欧表检查接地电阻大于 0.5MΩ 以上为合格，然后用蜡将 3 根电线封住定位。

g. 将电刷固装好。

图 3-37　回转体

② 注意事项

a. 轴承转动如不灵活，须重新调换合格的。

b. 轴承挡表面抹机油，装轴承时须平正。

c. 防水盖接合面涂密封胶。

d. 安装电刷时，要求刷面与滑环对位要齐整，注意不许碰触外壳。

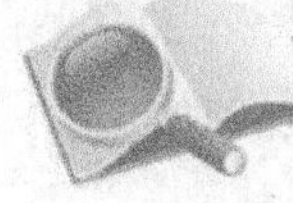

思考题

1. 机舱与导流罩对制作材料有什么要求？

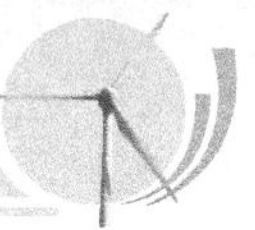

2. 简述铸造底盘的生产过程。
3. 简述真空浸渗法模具的制作方法。
4. 简述小型风力发电机回转体的安装步骤及注意事项。
5. 简述机舱和导流罩的安装步骤及注意事项。

任务五 机头组件的安装与调试

小型风力发电机的机头组件由回转体组件和发电机组成，而发电机由前端盖、后端盖、定子线圈、转子组件等零部件组成。大型风力发电机组的机头组件均装在机舱内，结构较复杂，这里不做介绍。通过本任务的学习，了解风力发电机组的常用发电机结构及原理，掌握小型风力发电机机头组件的安装与调试。

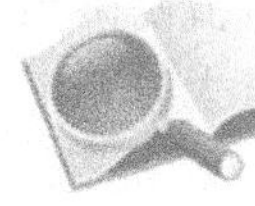

能力目标

① 了解小型风力发电机机头组件的基本组成。
② 掌握常用发电机的结构及工作原理。
③ 掌握机头组件的安装与调试。

基础知识

1. 同步发电机

(1) 结构

同步发电机是目前使用最多的一种发电机。同步发电机的定子与异步发电机相同，由定子铁芯和三相定子绕组组成。转子由转子铁芯、转子绕组（即励磁绕组）、集电环和转子轴等组成。转子上的励磁绕组经集电环、电刷与直流电源相连，通过直流励磁电流建立磁场。为了便于启动，磁极上一般还装有笼型启动绕组。同步发电机结构如图 3-38 所示。

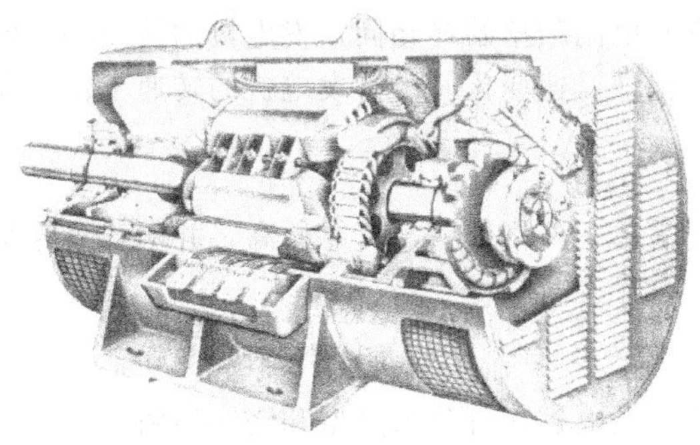

图 3-38　同步发电机结构

同步发电机的转子有凸极式和隐极式两种，其结构如图 3-39 所示。隐极式的同步发电机转子呈圆柱体状，其定、转子之间的气隙均匀，励磁绕组为分布绕组，分布在转子表面的槽内。凸极式转子具有明显的磁极，绕在磁极上的励磁绕组为集中绕组，定、转子间气隙不均匀。凸极式同步发电机结构简单、制造方便，一般用于低速发电场合。隐极式的同步发电机结构均匀对称，转子机械强度高，可用于高速发电。大型风力发电机组一般采用隐极式同步发电机。

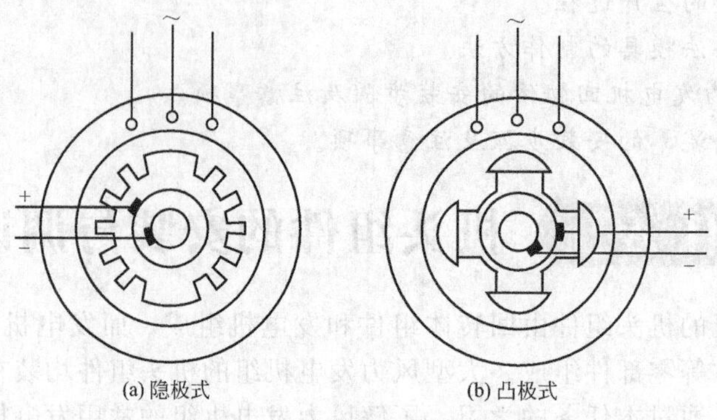

图 3-39　同步发电机转子结构

同步发电机的励磁系统一般分为两类，一类是用直流发电机作为励磁电源的直流励磁系统，另一类是用整流装置将交流变成直流后供给励磁的整流励磁系统。发电机容量大时，一般采用整流励磁系统。

(2) 工作原理

同步发电机在风力机的拖动下，转子（含磁极）以转速 n 旋转，旋转的转子磁场切割定子上的三组对称绕组，在定子绕组中产生频率为 f_1 的三组对称的感应电动势和电流，从而将机械能转化为电能。由定子绕组中的三组对称电流产生的定子旋转磁场的转速与转子转速相同，即与转子磁场相对静止，因此，发电机的转速、频率和极对数之间有着严格不变的固定关系，即

$$f_1=\frac{pn}{60}=\frac{pn_1}{60} \tag{3-1}$$

当发电机的转速一定时，同步发电机的频率稳定，电能质量高。同步发电机运行时可通过调节励磁电流来调节功率因数，既能输出有功功率，也可提供无功功率，可使功率因数为1，因此被电力系统广泛接受。但在风力发电中，由于风速的不稳定性，使得发电机获得不断变化的机械能，给风力发电机造成冲击和高负载，对风力发电机及整个系统不利。为了维持发电机发出电流的频率与电网频率始终相同，发电机的转速必须恒定，这就要求风力发电机有精确的调速机构，以保证风速变化时维持发电机的转速不变，即等于同步转速。

2. 异步发电机

异步发电机具有机构简单、价格低廉、可靠性高、并网容易等优点，在风力发电系统中应用广泛。

(1) 结构

异步发电机也称为感应发电机，可分为笼型和绕线型两种。

在定桨距并网型风力发电系统中，一般采用笼型异步发电机。笼型异步发电机定子由铁芯和定子绕组组成。转子采用笼型结构，转子铁芯由硅钢片叠成，呈圆筒形，槽中嵌入金属（铝或铜）导条。在铁芯两端用铝或铜端环将导条短接，转子不需要外加励磁，没有集电环和电刷。图 3-40 为笼型异步发电机剖面图，冷却风扇与转子同轴，安装在非驱动端侧，电机基座有定位孔，外盖上有吊装孔，定子接线盒起到保护接线作用。

绕线转子异步发电机的定子与笼型异步发电机相同，转子绕组电流通过集电环和电刷流入、流出。图 3-41 为三相绕线转子异步发电机绕组接线图。

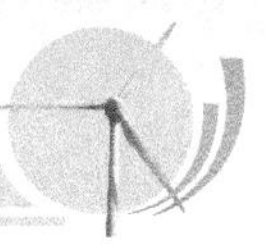

图 3-40　笼型异步发电机剖面图

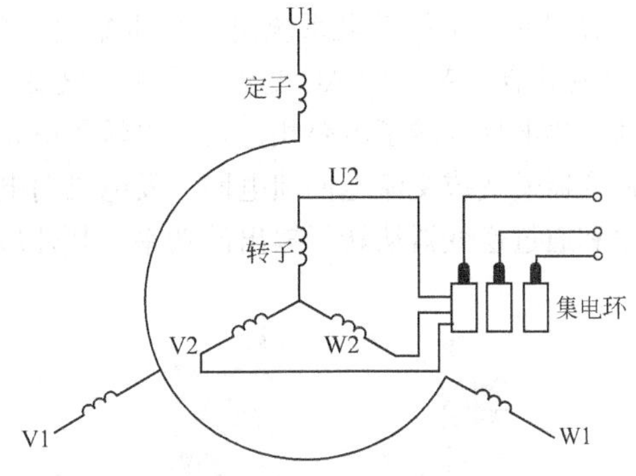

图 3-41　三相绕线转子异步发电机绕组接线图

异步发电机定子绕组为三相绕组，可采用星形或三角形连接。当定子的三相绕组接到三相电压时，可以产生固定速度的旋转磁场。发电机转子的转速略高于旋转磁场的同步转速，并且恒速运行时，发电机运行在发电状态。

因风力发电机的转速较低，在风力机和发电机之间需经增速齿轮箱传动来提高转速，以达到适合异步发电机运转的转速。一般与电网并联的异步发电机为 4 极或 6 极发电机，当电网频率为 50Hz 时，发电机转子的转速必须高于 1500r/min 才能运行在发电状态，向电网输送电能。

(2) 工作原理

根据电机学的理论，当异步电机接入频率恒定的电网上时，由定子三相绕组中电流产生的旋转磁场的同步转速决定于电网的频率和电机绕组的极对数，三者的关系为

$$n_1=\frac{60f_1}{p} \tag{3-2}$$

式中　n_1——同步转速，r/min；

f_1——电网频率，Hz；

p——电机绕组的极对数。

异步电机中旋转磁场和转子之间的相对转速为 $\Delta n=n_1-n$，相对转速与同步转速的比值称为异步电机的转差率，用 s 表示，即

$$s=\frac{n_1-n}{n_1}\times 100\% \tag{3-3}$$

异步电机可以工作在不同的状态。当转子的转速小于同步转速时（$n<n_1$），电机工作在电动状态，电机中的电磁转矩为拖动转矩，电机从电网中吸收无功功率建立磁场，吸收有功功率将电能转化为机械能；当异步电机的转子在风力发电机的拖动下，以高于同步转速旋转（$n>n_1$）时，电机运行在发电状态，电机中的电磁转矩为制动转矩，阻碍电机旋转，此时电机需从外部吸收无功电流建立磁场（如由电容提供无功电流），而将从风力机获得的机械能转化为电能提供给电网。此时电机的转差率为负值，一般其绝对值在 2%～5%之间，并网运行的较大容量异步发电机的转子转速一般在 $(1\sim1.05)n_1$ 之间。

3. 双馈异步发电机发电系统

(1) 结构

双馈发电机定子结构与异步电机相同，转子结构带有集电环和电刷。与绕线转子异步电机和同步电机不同的是，转子侧可以加入交流励磁，既可以输入电能，也可以输出电能，有

异步机的某些特点，又有同步机的某些特点。

双馈异步发电机发电系统由一台带集电环的绕线转子异步发电机和变流器组成。变流器有AC-AC变流器、AC-DC-AC变流器及正弦波脉宽调制双向变流器三种。AC-DC-AC变流器中的整流器通过集电环与转子电路相连接，将转子电路中的交流电整流成直流电，经平波电抗器滤波后再由逆变器逆变成交流电回馈电网。发电机向电网输出的功率由两部分组成，即直接从定子输出的功率和通过逆变器从转子输出的功率。其外形和发电系统结构如图 3-42 所示。

(a) 外形

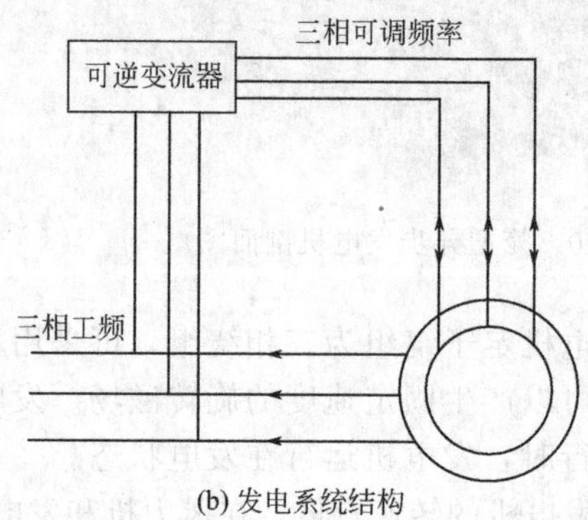

(b) 发电系统结构

图 3-42 双馈异步发电机

(2) 工作原理

异步发电机中定、转子电流产生的旋转磁场始终是相对静止的。当发电机转速变化而频率不变时，发电机转子的转速和定、转子电流的频率关系可表示为

$$f_1=\frac{p}{60}n\pm f_2 \tag{3-4}$$

式中 f_1——定子电流的频率，Hz，$f_1=\frac{pn_1}{60}$，n_1 为同步转速；

p——发电机的极对数；

n——转子的转速，r/min；

f_2——转子电流的频率，Hz，因 $f_2=|s|f_1$，故 f_2 又称为转差频率。

由式(3-4)可见，当发电机的转速 n 变化时，可通过调节 f_2 来维持 f_1 不变，以保证与电网频率相同，实现变速恒频控制。

根据转子转速的不同，双馈异步发电机可以有三种运行状态。

① 亚同步运行状态 此时 $n<n_1$，转差率 $s>0$，式(3-4)取正号，频率为 f_2 的转子电流产生的旋转磁场的转速与转子转速同方向，功率流向如图 3-43(a) 所示。

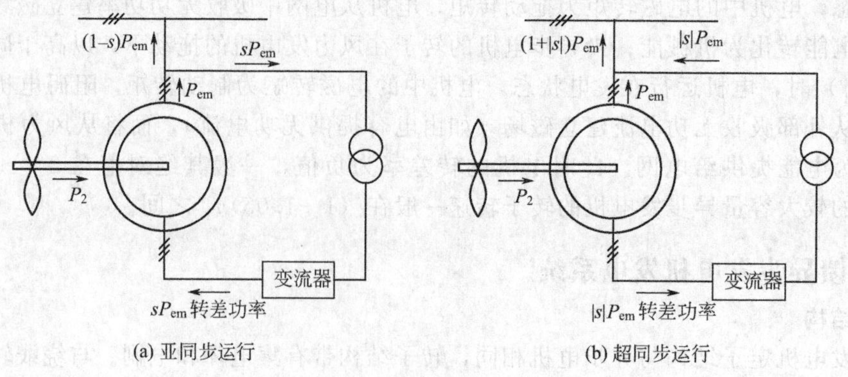

(a) 亚同步运行 (b) 超同步运行

图 3-43 双馈异步发电机运行时的功率流向

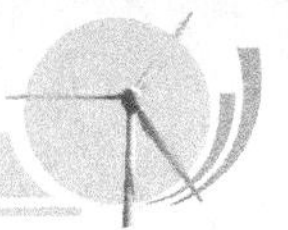

② 超同步运行状态　此时 $n>n_1$，转差率 $s<0$，式(3-4) 取负号，转子中的电流相序发生了改变，频率为 f_2 的转子电流产生的旋转磁场的转速与转子转速反方向，功率流向如图 3-43(b) 所示。

③ 同步运行状态　此时 $n=n_1$，$f_2=0$，转子中的电流为直流，与同步发电机相同。

4. 永磁同步发电机发电系统

永磁式交流同步发电机定子与普通交流电机相同，由定子铁芯和定子绕组组成，在定子铁芯槽内安放有三组绕组。转子采用永磁材料励磁。当风轮带动发电机转子旋转时，旋转的磁场切割定子绕组，在定子绕组中产生感应电动势，由此产生交流电流输出。定子绕组中的交流电流建立的旋转磁场转速与转子的转速同步。

永磁发电机的横截面如图 3-44 所示。

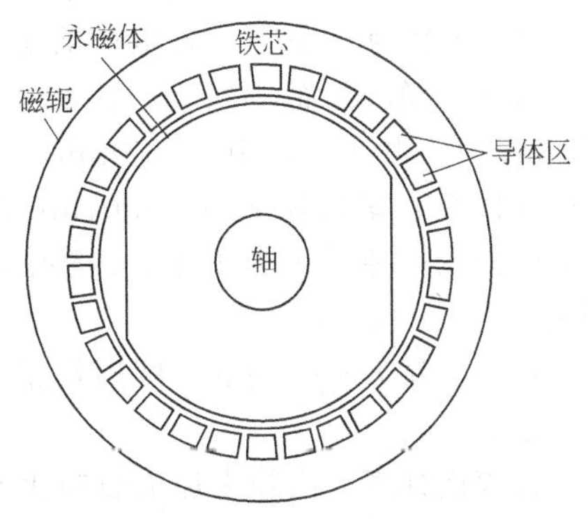

图 3-44　永磁发电机的横截面

永磁发电机的转子上没有励磁绕组，因此无励磁绕组的铜损耗，发电机的效率高；转子上无集电环，运行更为可靠。永磁材料一般有铁氧体和钕铁硼两类，其中采用钕铁硼制造的发电机体积较小，重量较轻，因此应用广泛。

永磁发电机的转子极对数可以做得很多。从式(3-1) 可知，其同步转速较低，轴向尺寸较小，径向尺寸较大，可以直接与风力发电机相连接，省去了齿轮箱，减小了机械噪声和机组的体积，从而提高了系统的整体效率和运行可靠性。但其效率变换器的容量较大，成本较高。

永磁发电机在运行中必须保持转子温度在永磁体最高允许工作温度之下，因此风力发电机中永磁发电机常做成外转子型，以利于永磁体散热。外转子永磁发电机的定子固定在发电机的中心，而外转子绕着定子旋转。永磁体沿圆周径向均匀安放在转子内侧，外转子直接暴露在空气之中，因此相对于内转子具有更好的通风散热条件。

由低速永磁发电机组成的风力发电系统如图 3-45 所示。定子通过全功率变流器与交流电网连接，发电机变速运行，通过变流器保持输出电流的频率与电网频率一致。

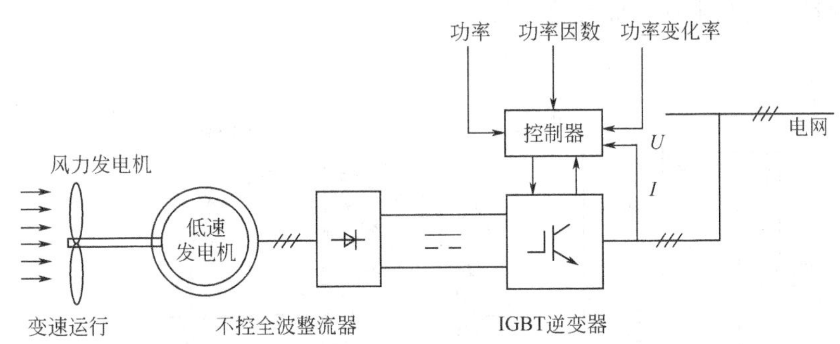

图 3-45　低速永磁发电机组成的风力发电系统

低速发电机组除应用永磁发电机之外，也可采用电励磁式同步发电机，同样可以实现直接驱动的整体结构。

除了上述几种用于并网发电的发电机型外，还有多种发电机机型可以用于并网发电，如无刷双馈异步发电机、开关磁阻发电机、高压同步发电机等。

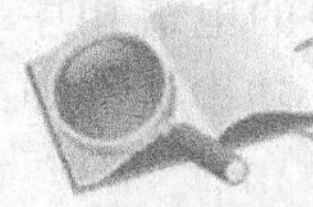

操作指导

1. 任务布置

① 发电机端盖的加工。

② 机头组件的安装。

2. 操作指导

(1) 500W 水平轴风力发电机端盖的加工工艺

① 500W 水平轴风力发电机前端盖（图 3-46）的加工工艺

a. 车　车端面，保证尺寸 75mm 和 57mm；车内径 $\phi 210_{-0.025}^{\ 0}$ mm，深度为 27mm 的孔；车内径 $\phi 80 \pm 0.01$mm，深度为 18mm 的孔；掉头，车 $\phi 41$mm 的孔，各锐角倒钝。

b. 钳　钻 $8 \times \phi 9$ 通孔，圆周均布，两头孔口倒角 C 0.5。

c. 表面处理　内腔未加工面钝化处理。

d. 检验

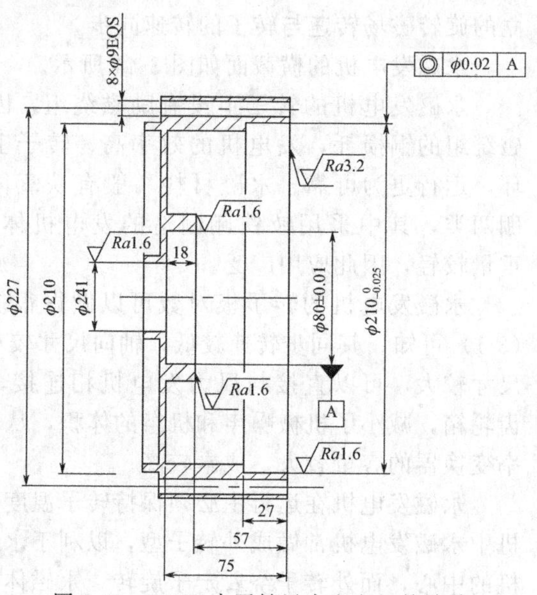

图 3-46　500W 水平轴风力发电机前端盖

② 500W 水平轴风力发电机定子后端盖（图 3-47）的加工工艺

a. 车　车端面，保证尺寸 75mm 和 57mm；车内径 $\phi 210_{-0.025}^{\ 0}$ mm，深度为 27mm 的孔；车内径 $\phi \pm 0.01$mm，深度为 18mm 的孔；掉头，车 $\phi 41$mm 的孔，各锐角倒钝。

b. 钳　钻 $8 \times \phi 9$ 通孔，圆周均布，两头孔口倒角 C 0.5；钻、攻 M20×1.5 通孔，去毛刺；按图划，钻 $\phi 6$ 通孔（流水孔），孔口两面去毛刺。

c. 表面处理　内腔未加工面钝化处理。

d. 检验

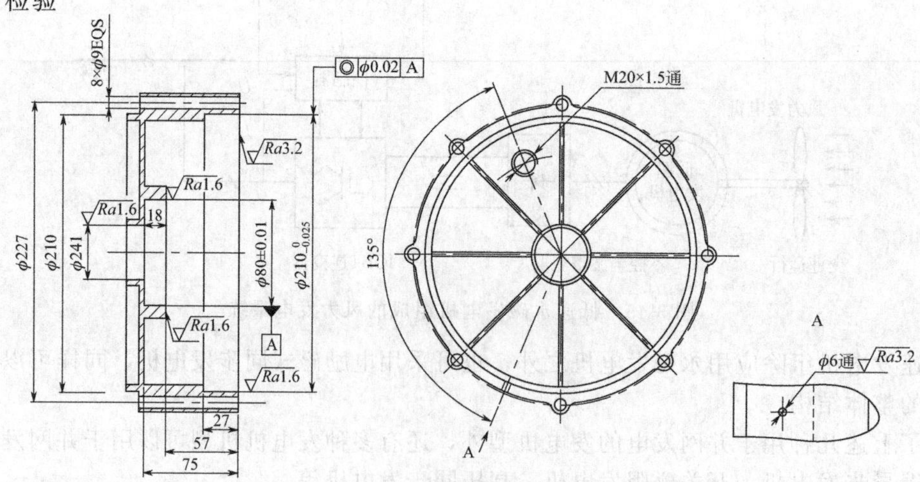

图 3-47　500W 水平轴风力发电机定子后端盖

(2) 机头组件安装步骤

以 500W 水平轴风力发电机为例，介绍机头组件（图 3-48）的安装步骤。

① 安装步骤

a. 将定子外壳里外清理干净，检查轴承盘转动是否灵活。

b. 将波形垫片用牛油粘到定子外壳轴承孔内并放入轴承。

c. 装上后外壳，将铁芯放入其中心，再将转子放入铁芯中心。套上定位圈，压配到位，卸下定位圈，将引线穿出 M20×1.5 螺孔。剖分接合面涂上密封胶。

d. 将两只定位芯子分放外壳相对的 2 只 $\phi 9$ 孔中，套上前外壳，对齐流水孔压配到位。

图 3-48　500W 水平轴风力发电机机头

e. 下车后先检查转子盘转动是否灵活，发电机是否可靠，然后装好电缆螺旋接头。

f. 取出定位芯，将发电机 3 根出线与回转体上的电刷连接好，再装 8 只内六角螺钉（含两种垫圈）。

g. 定子前、后外壳及回转体外壳连接处如有明显高低或不齐的地方，应打磨修正使之手感平滑。

② 注意事项

a. 轴承转盘如果不灵活，须重新调换合格的。

b. 清理定子外壳时，须修整轴承孔口、剖分接合面的毛刺及磕碰损伤。

c. 将转子放入铁芯中心时注意不得碰伤线圈。

d. 下车后如果检查发现转子盘转动不好，须重新拆装，直至达到要求。

e. 紧固螺钉时注意均衡紧固和松紧一致。流水孔在下。

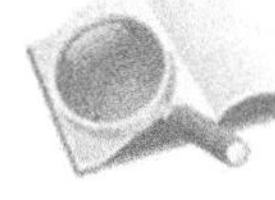

思考题

1. 简述同步发电机的结构及其工作原理。
2. 简述异步发电机的结构及其工作原理。
3. 简述异步发电机的结构及其工作原理。
4. 简述机头组件的安装步骤。

模块四 风力发电机组用发电机的检测

风力发电包含了由风能到机械能和由机械能到电能两个能量转换过程，发电机及其控制系统承担了后一种能量转换任务，所以发电机对整个风力发电机组来讲极其重要。本模块主要介绍风力发电机组用发电机的技术条件和试验方法。

任务一 了解风力发电机组用发电机技术条件

发电机在风力发电机组中处于重要的地位。为了充分利用发电机的效率，有必要理解风电机组用发电机的基本参数，掌握发电机技术条件、安全要求等。

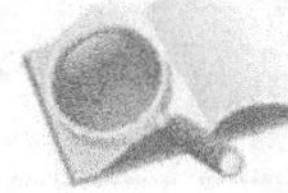

能力目标

① 了解风电机组用发电机的形式和基本参数。

② 掌握风电机组用发电机的技术条件。

③ 掌握风电机组用发电机的常见检验项目。

基础知识

1. 风力发电机组用发电机的形式和基本参数

发电机多为三相交流同步发电机，其外壳防护等级不低于 IP54（见 GB/T 4942.1）。

发电机的冷却方法为 IC 0840（见 GB/T 1993）。

发电机按下列额定功率（kW）分挡：0.1，0.2，0.3，0.5，1.0，2.0，3.0，5.0，7.5，10，15，20。

发电机的基本结构及安装形式为 IMB3、IMB30、IMB5（见 GB/T 997），也可根据需要制成其他安装形式。

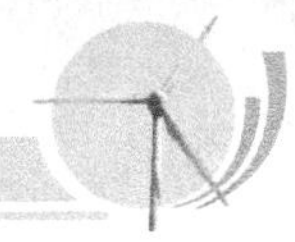

发电机的定额是以连续工作制（S1）为基准的连续定额。发电机额定功率与额定转速、额定电压的对应关系按表 4-1 规定。

表 4-1　发电机额定功率与额定转速、额定电压的对应关系

额定功率/kW	额定转速/(r/min)	额定电压/V	额定功率/kW	额定转速/(r/min)	额定电压/V
0.1	400　620	28(14)	3.0	1500	115　230
0.2	400　540	28　42	5.0	1500	230　(345)
0.3	400　500	28　42	7.5	1500	230　(345)
0.5	360　450	42　(28)	10	1500	230　345
1.0	280　450	56　115	15	1500	345　460
2.0	240　360	115　230	20	1500	345　460

注：发电机额定电压值为发电机在额定工况下运行，其端子电压为整流后并扣除连接线压降的直流输出电压，建议优先采用不带括号的数据。连接线应符合 GB 19068.1 中的规定。

发电机的安装尺寸及公差应由制造厂在企业标准中规定。

2. 技术要求

① 在下列海拔、环境温度及外部使用环境条件下发电机应能额定运行。

a. 海拔不超过 1000m。

b. 环境空气最高温度随季节而变化，但不超过 40℃。最低温度为－25℃。

c. 当运行地点的海拔和环境空气与上述规定不符时，按 GB 755 的规定。

d. 最湿月月平均最高相对湿度为 90%，同时该月月平均最低温度不高于 25℃。

② 发电机额定运行时，其输出交流电压的频率不小于 20Hz。

③ 发电机应能承受短路机械强度试验而不发生损坏及有害变形。试验应在发电机空载转速为额定转速时进行，在交流侧三相短路，历时 3s。

④ 发电机的工作转速范围为：1kW 及以下为 65%～150%额定转速，2kW 及以上为 65%～125%额定转速。

a. 在 65%额定转速下，发电机的空载电压应不低于额定电压。

b. 当发电机在额定电压下运行并输出额定功率时，其转速应不大于 105%额定转速。

c. 在最大工作转速下，发电机应能承受输出功率增大至 1.5 倍额定值的过载运行，历时 5min。

⑤ 发电机在连接线符合 GB/T 19068.1 的规定，直流输出端输出额定功率时，其效率的保证值应符合表 4-2 的规定。容差为－0.15(1－η)。

表 4-2　发电机额定功率、效率保证值表

功率/kW	0.1	0.2	0.3	0.5	1.0	2.0	3.0	5.0	7.5	10	15	20
效率 η/%	65	68	70	72	74	75	76	78	80	82	84	86

⑥ 发电机在空载情况下应能承受 2 倍的额定转速，历时 2min，转子结构不发生损坏及有害变形。

⑦ 在空载条件下，发电机的启动阻力矩应不大于表 4-3 的规定。

表 4-3　发电机空载启动阻力矩

功率/kW	0.1	0.2	0.3	0.5	1.0	2.0	3.0	5.0	7.5	10	15	20
最大启动阻力矩/(N·m)	0.30	0.35	0.5	1.0	1.5	2.5	3.0	4.5	6.0	7.5	10	13

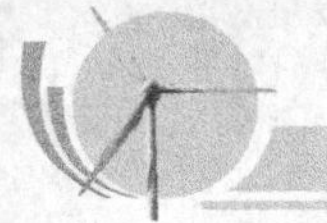

⑧ 发电机采用B级绝缘，当海拔和环境温度符合规定时，发电机定子绕组的温升（电阻法）按80K考核，其数值修约间隔为1。

如试验地点的海拔或环境空气温度与规定不同时，温升限值按GB 755的规定。

⑨ 发电机轴承的允许温度（温度计法）应不超过95℃。

⑩ 发电机定子绕组绝缘电阻在热状态时和按GB/T 12665所规定的40℃交变湿热试验方法进行6周试验后，额定电压下不低于1350MΩ。

⑪ 发电机定子绕组应能承受历时1min的耐电压试验而不发生击穿。试验电压的频率为50Hz，并尽可能为正弦波形。试验电压的有效值对功率小于1kW且额定电压低于100V的发电机为500V加2倍额定电压，其余为1000V加2倍额定电压。

⑫ 发电机定子绕组应能承受匝间冲击耐电压试验而不击穿，其试验冲击电压峰值按JB/T 9615.2的规定。

⑬ 发电机的外壳防护试验除应符合GB/T 4942.1的规定，还应满足下列要求：

a. 经防尘试验后，轴承无沙尘进入；

b. 经防水试验后，接线盒、轴承及端盖止口部位不应有水进入。

⑭ 发电机应能承受−25℃的耐低温试验。在试验温度下，轴承润滑脂不得凝固，发电机应能正常启动，发电机的全部零部件及引出线不应有开裂现象。此时，发电机的启动阻力矩不大于常温下2倍的启动阻力矩。

⑮ 发电机的端盖止口等接合面应涂有防锈油脂或半干性密封胶油。

⑯ 发电机的表面应喷涂防腐漆，油漆表面干燥完整，无污损、碰坏、裂痕现象。

⑰ 发电机应制成具有6个出线端。从轴伸端看，发电机的接线盒应置于机座右侧或顶部。2kW及以下的发电机也可制成3个出线端，在不影响防护性能的条件下直接从机壳下部引出。

⑱ 发电机运行时，从轴伸端看，其旋转方向为顺时针。

3. 电磁兼容性

发电机的电磁兼容性应符合GB 755的规定。

4. 安全要求

发电机的安全要求应符合GB 17646的规定。

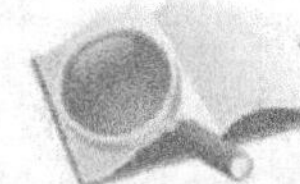

操作指导

1. 任务布置

发电机的检验。

2. 操作指导

(1) 检查项目

① 机械检查。

② 定子绕组对机壳及绕组相互间绝缘电阻的测定。

③ 定子绕组在实际冷状态下直流电阻的测定。

④ 耐电压试验。

⑤ 匝间绝缘试验。

⑥ 发电机输出功率和额定转速的测定。

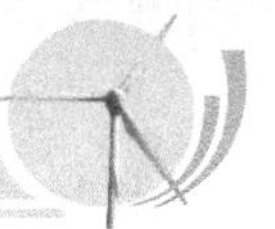

⑦ 空载超速试验。

⑧ 启动阻力矩的测定。

(2) 型式试验

凡遇下列情况之一者，必须进行型式试验：

① 经鉴定定型后制造厂第一次试制或小批试生产时；

② 发电机设计或工艺上的变更足以引起某些特性和参数变化时；

③ 当检查试验结果和以前进行的型式试验结果发生不可容许的偏差时；

④ 成批生产的发电机定期抽试为每年抽试一次。当需要时可再抽试一次。当需要抽试的数量过多时，抽试间隔可适当延长，但至少每两年抽试一次。

(3) 发电机的型式试验项目

① 出厂检查试验的全部项目。

② 温升试验。

③ 效率的测定。

④ 空载特性曲线的测定。

⑤ 负载特性曲线的测定。

⑥ 过负载试验。

⑦ 短路机械强度试验。

⑧ 低温试验。

(4) 机械检查

发电机的机械检查项目包括以下两项。

① 转动检查　发电机转动时，应平稳轻快，无机械障碍。

② 外观检查　检查发电机的装配是否完整正确，发电机表面油漆应干燥、完整、均匀，无污损、碰坏、裂痕等现象。

发电机外壳防护等级试验、40℃交变湿热试验可在产品结构定型或当结构和工况及所用材料改变时进行。

思考题

1. 简述风电机组用发电机的基本参数。

2. 风电机组用发电机的技术条件有哪些？

3. 发电机的检验项目有哪些？

任务二　学习风力发电机组用发电机试验方法

为了更好地发挥风电机组的效率，在安装前必须对风电机组用的发电机进行试验。本任务主要介绍离网型风力发电机组用发电机的实验方法，适用于0.1～20kW离网型风力发电机组用发电机。

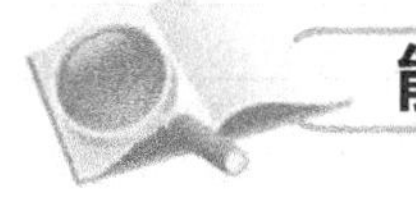

能力目标

① 了解试验样机的技术数据。

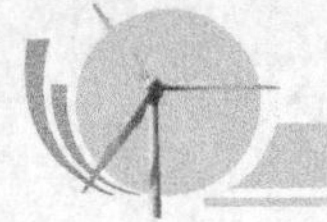

② 掌握常用试验仪器的用法。

③ 掌握绕组对机壳绝缘电阻的测定方法。

④ 掌握耐电压试验方法。

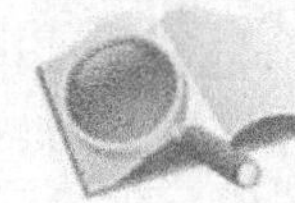

基础知识

1. 试验样机

① 试验样机应随附有关技术数据、图样和安装使用说明书。

② 产品样机应随附产品合格证。

2. 试验仪器

① 试验中所使用仪器、仪表均应在计量部门检验合格的有效期内。

② 仪器、仪表要求：

a. 温度传感器（大气温度计）测量范围为−50～+50℃，准确度为±1℃；

b. 转速传感器测量范围为大于 2 倍发电机额定转速，准确度为±2%；

c. 电流、电压、电功率传感器测量范围为大于 2 倍发电机额定值，准确度为不低于 0.5 级；

d. 兆欧表规格为 500V。

3. 实验前的准备

实验前，应对被试发电机的装配及运转情况进行检查，以保证各项试验能顺利进行。试验线路和设备应满足试验的要求。

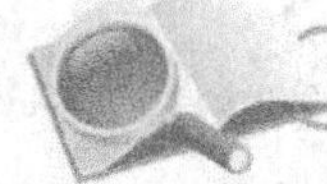

操作指导

1. 任务布置

发电机的试验。

2. 操作指导

(1) 绕组对机壳绝缘电阻的测定

① 测量时电机的状态　测量电机绕组的绝缘电阻应分别在电机实际冷状态和热状态（或温升试验后）下进行。

检查测试时，如无其他规定，绕组对机壳及绕组相互间的绝缘电阻仅在冷状态下测量。

测量绝缘电阻时应测量绕组温度，但在实际冷状态下测量时可取周围介质温度作为绕组温度。

② 兆欧表的选用　测量绕组对机壳及绕组相互间的绝缘电阻时，应根据被测绕组的额定电压按表 4-4 选用。

表 4-4　兆欧表的选用

被测绕组额定电压 U_N/V	兆欧表规格/V	被测绕组额定电压 U_N/V	兆欧表规格/V
$U_N<1000$	500	$5000<U_N\leqslant 12000$	2500～5000
$1000\leqslant U_N\leqslant 2500$	500～1000	$U_N>12000$	5000～10000
$2500<U_N\leqslant 5000$	1000～2500		

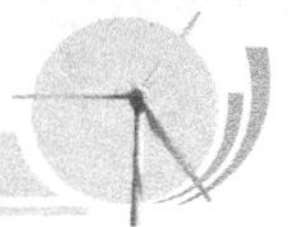

③ 测量方法　测量绕组绝缘电阻时，如果各绕组的始末端单独引出，则应分别测量各绕组对机壳及绕组相互间的绝缘电阻，这时，不参加试验的其他绕组和埋置检温元件等均与铁芯或机壳电气连接，机壳应接地。当中性点连在一起而不易分开时，则测量所有连在一起的绕组对机壳的绝缘电阻。

绝缘电阻测量结束后，每个回路应对接地的机壳做电气连接，使其放电。

测量水冷电枢的绝缘电阻时，应使用专用的绝缘电阻测量仪。在绝缘引水管干燥或吹干的情况下，可用普通兆欧表测量。

不能承受兆欧表高压冲击的电气元件（如半导体整流器、半导体管及电容器等），应在测量前将其从电路中拆除或短接。

测量时，在指针达到稳定后再读取数据，并记录绕组的温度。

若测量吸收比，则吸收比 R_{60}/R_{15} 应测得 15s 和 60s 时的绝缘电阻值。

若测量极化指数，则极化指数比 R_{10}/R_{1} 应测得 1min 和 10min 时的绝缘电阻值。

(2) 绕组在实际冷态下直流电阻的测定

将电机在室内放置一段时间，用温度计（或埋置检温计）测量电机绕组、铁芯和环境温度，所测温度与冷却介质温度之差应不超过 2K。对大、中型电机，温度计应采取与外界隔热的措施，且放置温度计的时间不应少于 15min。

测量电枢绕组和辅助绕组（如自励恒压发电机谐波绕组等）温度时，应根据电机的大小，在不同部位测量绕组端部和绕组槽部的温度（如有困难，可测量铁芯齿和铁芯轭部表面温度），取平均值作为绕组的实际冷状态下温度。

测量凸极式电机的励磁绕组温度时，可在绕组表面若干处直接测量温度，取其平均值作为绕组的实际冷状态下温度。

测量隐极式电机的励磁绕组温度时，应测量绕组表面的温度。有困难时，可用转子表面温度代替。对大、中型电机，测点应不少于 3 点，取其平均值作为绕组的实际冷状态下温度。

测量自励恒压发电机的励磁装置绕组（如变压器、电抗器绕组等）温度时，应用温度计测量铁芯或绕组的表面温度作为绕组的实际冷状态下温度。

对于液体直接冷却的绕组，在通液体的情况下，可在绕组进、出口处液体的温度之差不超过 1K，铁芯温度与环境温度相差不超过 2K 时，取绕组进、出口液体温度的平均值作为绕组的实际冷状态下温度。

(3) 耐电压试验

试验电压的频率为工频，电压波形应尽可能接近正弦波形。在整个耐电压试验过程中，要做好必要的安全防护措施，被试电机周围应有专人监护。

① 试验要求

a. 除另有规定，工频耐电压试验应在电机静止状态下进行。

b. 试验前先测量绕组的绝缘电阻，如电机需要进行超速、偶然过电流、短时过转矩试验及短路机械强度试验时，工频耐电压试验应在这些试验后进行。型式试验时，工频耐电压试验应在温升试验后立即进行。

c. 电枢绕组、辅助绕组各项或各支路始末端单独引出时，应分别试验。

d. 试验时被试绕组两端同时施加电压（对小型电机，可在绕组一端施加电压），不参加试验的其他绕组和埋置检温元件等均应与铁芯或机壳做电气连接，机壳应接地。如果三相绕组的中性点不易分开，三相绕组应同时施加电压。

e. 对于水冷电枢绕组，试验在绕组通水的情况下进行时，汇水管应接地。在不通水的情况下进行时，必须将绝缘引水管中的水吹干。

f. 试验变压器应有足够的容量。如被试电机绕组的电容 C 较大时，试验变压器的额定容量 S_N（kV·A）应大于下式计算值：

$$S_N = 2\pi f C U_{NT} \times 10^{-3} \tag{4-1}$$

式中 f——电源频率，Hz；

U_{NT}——试验变压器的高压侧额定电压，V；

C——电机被试电阻的电容，F。

② 试验方法　试验接线原理图如图 4-1 所示。图中，T_1 为调压变压器，T_2 为高压试验装置，PT 为电压互感器，R 为限流保护电阻，其值一般为每伏 0.2～1Ω，R_0 为球隙保护电阻（低压电机不接），其值一般为每伏 1Ω，QX 为电压保护球隙（低压电机不接），V 为电压表，TM 为被试电机。其中球隙和球径按高压电气设备绝缘试验电压和试验方法的规定选择，球隙的放电电压应调整到试验电压的 1.1～1.15 倍。如需测量电容电流，可在试验装置高压侧接入电流表与电流表并联的短路保护开关。如电流表接在低压侧，则应注意杂散电流对读数的影响。

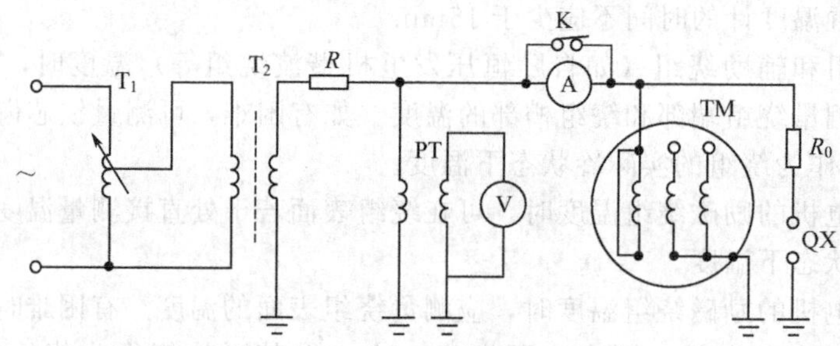

图 4-1　耐电压试验接线原理图

试验时，施加的电压应从不超过试验电压全值的一半开始，然后以不超过全值的 5% 均匀地或分段地增加至全值，电压自半值增加至全值的时间应不少于 10s，全值试验电压应持续 1min 以上。

在试验过程中，如果发现电压表指针摆动很大，电流表指示急剧增加，绝缘冒烟或发生响声等异常现象时，应立即降低电压，断开电源，将被试绕组放电后再对绕组进行检查。

(4) 匝间绝缘试验

按 JB/T 9615.1 规定的方法进行，试验前应将整流元件可靠断开。

(5) 不同工作转速下发电机空载电压的测定

发电机在 65%、80%、100%、120% 额定转速下空载运行，用电磁式电压表测量发电机空载整流后的直流电压。

(6) 短路机械强度试验

该试验为破坏性试验。试验前仔细检查发电机装配及安装质量，如绕组端部绑扎是否牢固，发电机基础是否处于良好状态，转子紧固螺母、底脚螺栓及螺母是否旋紧等。试验前应将整流元件可靠断开，并测定绕组对机壳及相互间的绝缘电阻。

在进行突然短路时，不允许有人停留在发电机、短路开关及引线附近，以保证人身安全。

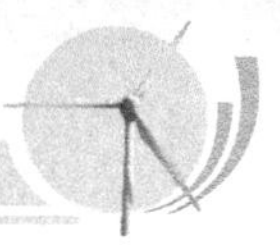

试验应在发电机空载情况下进行。试验时发电机应接近工作温度，拖动发电机至额定转速，在交流侧三相短路，历时3s。

消除短路后，应不产生有害变形且能承受耐电压试验。

(7) 过负载试验

发电机功率为1kW及以下在150%额定转速下运行，发电机功率为2kW及以上在125%额定转速下运行，并经整流后加电阻负载，使其输出功率达到1.5倍额定值，历时5min。发电机静止时，检测其绝缘及各部件是否损坏。

(8) 超速试验

超速试验是在空载状态下进行，如无其他规定，超速试验允许在冷态下进行。

超速试验前应仔细检查发电机的装配质量，特别是转动部分装配质量，防止转速升高时有杂物或零件飞出。

超速试验时应采取相应的安全防护措施，对发电机的监控及对转速和轴承温度等参数的测量应采用远距离的监测方法。

在升速过程中，当发电机达到额定转速时，应观察运转情况，确认无异常现象后再以适当的加速度提高转速，直至规定的转速。

超速试验采用原动机拖动法。超速试验后应仔细检查发电机的转动部分是否有损坏或产生有害的变形，紧固件是否松动，以及其他不允许的现象出现。

(9) 温升试验及热态绝缘电阻的测定

温升试验时应尽可能使发电机外部散热，符合其实际工作状态。即用风机或风扇吹其外表面，使发电机表面风速达到风力发电机组的额定工作风速。

温升试验及热态绝缘电阻的测定按GB/T 1029的规定进行。

(10) 轴承温度的测定

轴承温度用温度计测量。对于滑动轴承，温度计放入轴承的测量孔中或者放在接近滑动轴承的表面处。对滚动轴承，温度计放在最接近轴承外圈处。

(11) 效率的测定

效率测定采用直接法。发电机在额定电压、额定功率下运行，此时发电机转速应不大于105%额定转速。当温度基本上达到稳定以后，测定发电机输入功率、直流输出功率、电流、热稳态电阻以及冷空气温度。将绕组的损耗按式(4-2)换算到冷却空气温度为25℃时的数值：

$$(I_i^2 R_i)_{25}=\frac{235+\Delta\theta_i+25}{235+\Delta\theta_i+t_0}\times(I_i^2 R_i) \tag{4-2}$$

式中，$\Delta\theta_i$为绕组的温升值，K；I_i为发电机输出电流，A；R_i为绕组热态电阻，Ω；t_0为冷却空气温度，℃。

换算到冷却温度为25℃时的发电机效率η按式(4-3)计算：

$$\eta=\frac{p_2}{p_1}\times100\% \tag{4-3}$$

$$p_2'=p_2-(I_i^2 R_i)_{25}+(I_i^2 R_i) \tag{4-4}$$

式中，p_1为发电机输入功率，W；p_2'为换算后的发电机输出功率，W；p_2为发电机直流输出功率，W。

发电机效率测定时，应包括整流桥和连接线的损耗，连接线应符合GB/T 19068.1的

规定。

(12) 负载特性曲线的测定

发电机分别在65%、80%、100%、125%、150%额定转速下用直流负载法（电阻负载）测定此时发电机的输出功率和发电机的实测效率。额定转速以下时保持输出电压为额定值。额定转速以上保持额定功率时的负载电阻不变。以转速为横坐标，效率和输出功率为纵坐标，做出关系曲线。2kW及以上的发电机不做150%额定转速试验。

(13) 发电机输出功率和额定转速的测定

发电机输出端应按GB/T 19068.1规定的连接线连接，经整流后加电阻负载。保持发电机的电压为额定电压，当发电机的输出功率为额定值时，测得的转速即为发电机的额定转速。

(14) 启动阻力矩的测定

发电机轴伸上固定安装一已知直径的圆盘，在圆盘的切线方向加力。通过力矩传感器测出圆盘开始转动时所加力的数值。转动圆盘一周，其最大读数与圆盘半径的乘积即为启动阻力矩。一周内测点应不少于3点。

(15) 低温试验

发电机在规定的最低环境温度下静置不少于4h，测定发电机的启动阻力矩，然后拖动发电机使其转速为65%额定转速，测量发电机空载电压。停机后检查外观、塑料件、橡胶件、金属件及润滑油等。

(16) 40℃交变湿热试验

40℃交变湿热试验按GB/T 12665的规定进行。试验后应检查绝缘电阻，并进行耐电压试验，试验电压应为规定值的85%。

(17) 外壳防护等级试验

发电机外壳防护等级的试验按GB/T 4942.1的规定进行，试验时其安装方式需与发电机的安装结构一致。进行防水试验时，发电机静止和运转各进行10min。

(18) 电磁干扰测定

① 10kW以下用视听法检测200m距离内电视图像和声音的质量（图像清晰、稳定性、噪声、失真）。

② 10kW及以上发电机在静止、工作状态分别在SW、FM、VHF、UHF频段用场强仪器测取信号强度及其变化。

思考题

1. 简述发电机效率的测定方法。
2. 绕组在实际冷态下直流电阻如何测定？
3. 发电机常用的耐电压试验方法有哪些？

模块五

风力发电机组控制系统的装配与调试

控制系统在风力发电机组中的作用犹如人的大脑。风力发电机组的运行及保护需要一个全自动的控制系统，它必须能控制自动启动、实时状态调整以及在正常和非正常情况下停机等。除了控制功能，系统也能用于检测及显示风电机组的实时运行状态、风速、风向等参数信息。智能型风力发电机组控制系统一般是以计算机为基础，可以实现远程检测控制。风力发电机组控制系统的作用是保证风力发电机组安全可靠运行，获取最大能量，提供良好的电力质量。

目前，随着风电产业的迅猛发展，风力发电系统的装机容量在大幅度地增加，设计单位以及用户对系统运行状态、运行方式的合理性以及安全性的要求也是越来越高，因此，近年来设计单位不断研制出各种新型控制器。这些新型控制器具有更多的保护和监测功能，使早期的充电控制器发展到今天比较复杂的系统控制器。其在控制原理和使用的元器件方面也有了很大的发展和提高，目前较先进的控制器都具有微电脑芯片和多种传感器，实现了软件编程和智能控制。对于系统中有多台风力发电机的供电系统，多台控制器可以组柜，即组合成风力发电机控制柜，如图 5-1 所示。

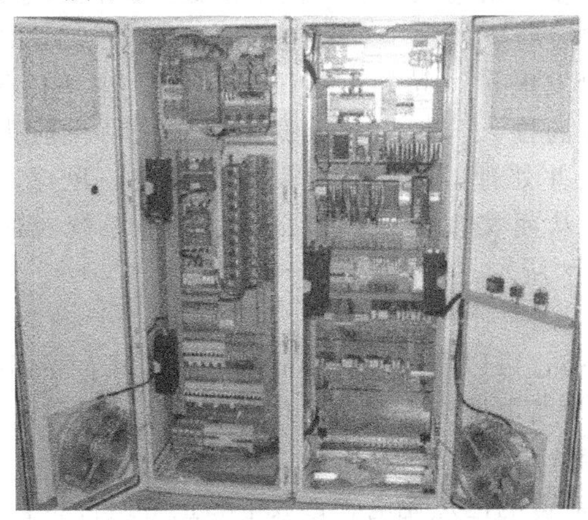

图 5-1　风力发电机控制柜外观

通过本章的学习，应了解风力发电机组控制系统的生产准备，熟悉控制系统的组成、工作原理及其功能和制造工艺，掌握控制系统的装配流程、元器件的安装与接线能力，了解风力发电机组控制系统的调试步骤与方法。

任务一 了解控制系统的装配前期准备

一个完善、优质、使用可靠的控制系统，除了要有先进的线路设计、合理的结构设计、采用优质可靠的电子元器件及材料之外，制定合理、正确、先进的装配工艺，以及操作人员根据预定的装配程序，认真细致地完成装配工作，都是非常重要的。

风力发电机组控制系统的装配工艺过程可分为装配准备、装连（包括安装和焊接）、总装、调试、检验、包装、出厂或入库等几个环节。

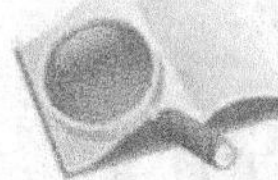

能力目标

① 了解风力发电机组控制系统的组成。

② 熟悉风力发电机组控制系统的分类及相关参数。

③ 理解编制装配工艺文件的原则、方法、要求等。

④ 掌握风力发电机组控制系统的装配工艺流程。

⑤ 了解风力发电机组控制系统装配过程中用到的技术文件。

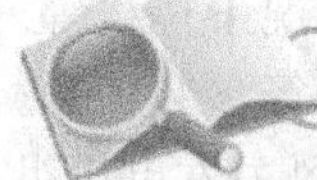

基础知识

1. 控制系统的组成及分类

(1) 控制系统的组成

控制系统是风力发电机组的重要组成部分，承担着风力发电机组监控、自动调节、实现最大风能捕获以及保证良好的电网兼容性等重要任务。它主要由监控系统、主控系统、数据采集系统、偏航系统、制动系统以及液压系统等几部分组成。主控系统主要由微机控制器、液晶显示部分、高压大电流检测与报警电路部分及其他辅助电路部分组成。风力发电机组监控系统持续监测电网三相电压、发电机输出的三相电流、电网频率、发电机功率因数等电力参数。这些参数无论风力发电机组是处于并网状态还是脱网状态都被监测，用于判断风力发电机组的启动条件、工作状态及故障情况，还用于统计风力发电机组的有功功率、无功功率和总发电量。此外，还根据电力参数，主要是发电机有功功率和功率因数，来确定补偿电容的投入与切出。数据采集系统由机舱内的各个传感器、限位开关等组成，主要用于采集并处理叶轮转速、发电机转速、风速、风向、温度、振动等信号，然后送往主控系统，从而实现控制偏航系统、液压系统及制动系统等正常工作。整个控制系统的结构如图 5-2 所示。

(2) 控制系统的分类

根据控制器不同的特性，可以有很多种不同的分类方式，下面按照控制器功能特征、整流装置安装位置、控制器对蓄电池充电调节原理的不同进行分类。

① 按照控制系统功能特征分类

a. 简易型控制系统　对蓄电池过充电、过放电和正常运行具有指示的功能，并能将配套机组发出的电能输送给用电器，如图 5-3 所示。

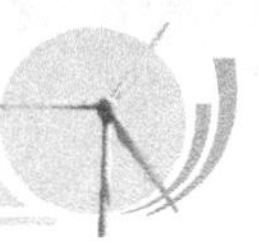

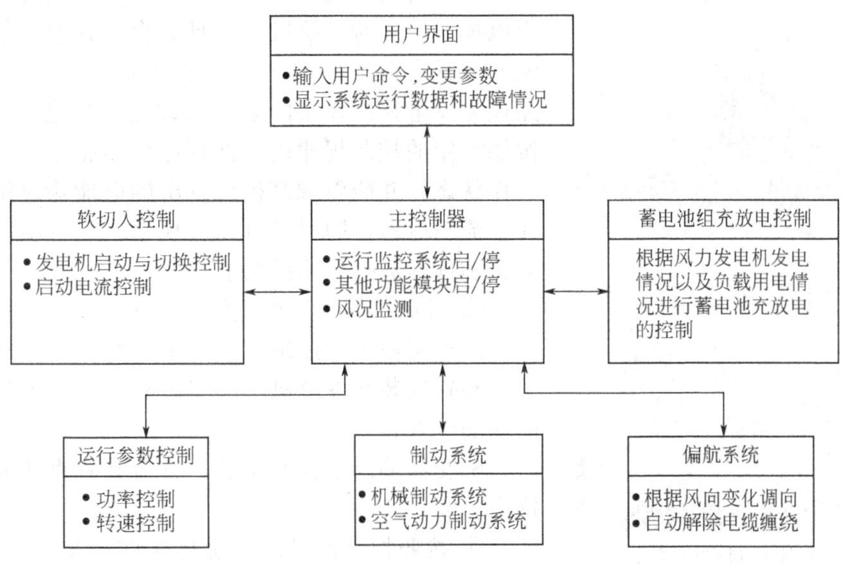

图 5-2　控制系统的结构原理图

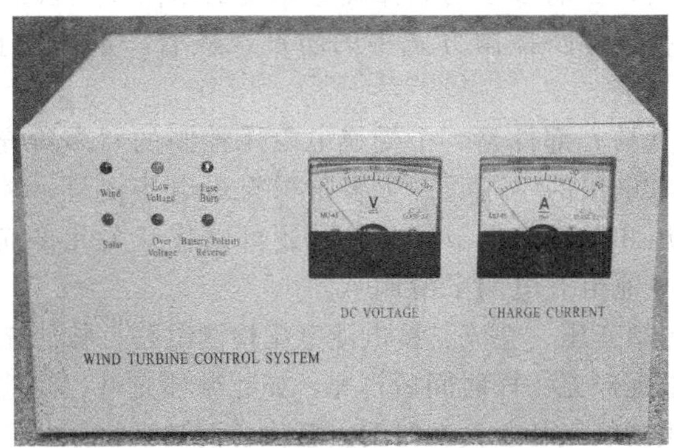

图 5-3　简易型控制系统

b. 自动保护型控制系统　如图 5-4 所示，对蓄电池过充电、过放电和正常运行具有自我保护和指示的功能，并能将配套机组发出的电能输送给用电器。

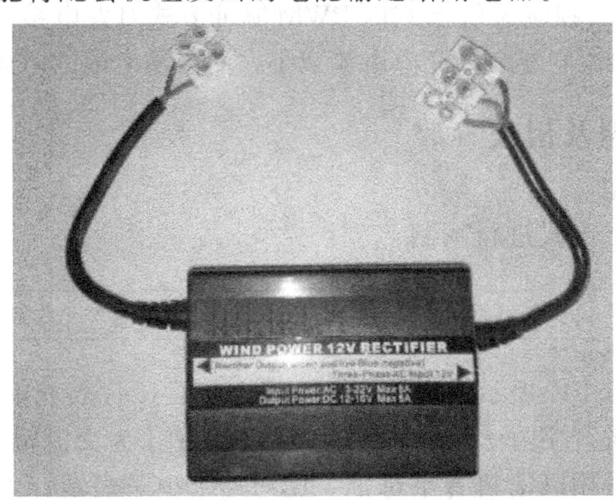

图 5-4　自动保护型控制系统

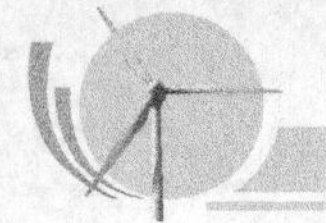

c. 程序控制型控制系统　如图 5-5 所示，对蓄电池在不同的荷电状态下具有不同的阶段充电模式，并对各阶段充电具有自动控制功能；对蓄电池放电具有自动保护功能；采用带 CPU 的单片机对多路风力发电控制设备的运行参数进行高速实时采集，并按照一定的控制规律由软件程序发出指令，控制系统的工作状态；并能将配套机组发出的电能输送给储能装置和直流用电器，同时又可以实现系统运行实时控制参数采集和远程数据传输的功能。

图 5-5　程序控制型控制系统

② 按照控制系统电流输入类型分类

a. 直流输入型控制系统　使用直流发电机组，或把整流装置安装在发电机上的与独立运行风力发电机组相匹配的装置。

b. 交流输入型控制系统　整流装置直接安装在控制器内。

③ 按照控制器对蓄电池充电调节原理的不同分类

a. 串联控制系统　早期的串联控制器，其开关元件使用继电器作为旁路开关，目前多使用固体继电器或工作在开关状态的功率晶体管。串联控制器中的开关元件还可替代旁路控制方式中的防反二极管，起到防止夜间“反向泄漏”的作用。

b. 多阶控制系统　其核心部件是一个受充电电压控制的“多阶充电信号发生器”。多阶充电信号发生器根据充电电压的不同，产生多阶梯充电电压信号，控制开关元件顺序接通，实现对蓄电池组充电电压和电流的调节。此外，还可以将开关元件换成大功率半导体器件，通过线性控制实现对蓄电池组充电的平滑调节。

c. 脉冲控制系统　包括变压、整流、蓄电池电压检测电路。脉冲充电方式首先是用脉冲电流对电池充电，然后让电池停充一段时间后再充，如此循环充电，使蓄电池充满电量。间歇期使蓄电池经化学反应产生的氧气和氢气有时间重新化合而被吸收掉，使浓差极化和欧姆极化自然而然地得以消除，从而减轻了蓄电池的内压，使下一轮的恒流充电能够更加顺利地进行，使蓄电池可以吸收更多的电量。间歇脉冲使蓄电池有较充分的反应时间，减少了析气量，提高了蓄电池对充电电流的接受率。

d. 脉宽调制（PWM）控制系统　它以 PWM 脉冲方式对发电系统的输入进行控制。当蓄电池趋向充满时，脉冲的宽度变窄，充电电流减小，而当蓄电池的电压回落，脉冲宽度变宽。

2. 控制系统的类型及相关参数

（1）控制系统的类型

控制系统型号按以下方式进行编制：

代号	控制器类型	额定电压	……	额定功率	改型序号

代号用汉语拼音字母 FK 表示：F 代表风力发电机；K 代表充电型控制器。

控制器类型用汉语拼音字母表示：Z 为直流输入型；J 为交流输入型。

控制器产品改型序号用汉语拼音字母 A，B，C，D……表示：A 为第一次改型；B 为第二次改型；以此类推。

示例：

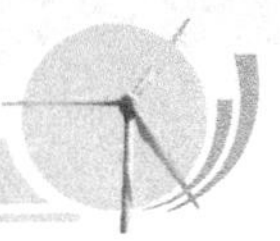

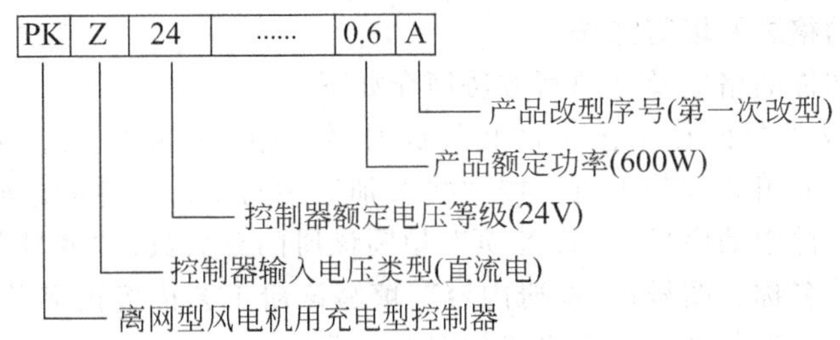

(2) 控制系统的基本参数

① 控制系统的额定输出参数包括额定功率、额定电流、额定电压、蓄电池的容量等。其数值均应按 GB/T 321—1980 R10 系列优先采用。其中，额定电压应在 12V、24V、36V、48V、(72V，非优先值)、110V、220V 中选择。

② 控制系统的额定输入参数包括直流输入电压、交流输入电压、风力发电机组功率等。其中，直流输入电压、交流输入电压应在 12V、24V、36V、48V（72V，非优先值）、110V、220V 中选择。

3. 控制系统装配所需的技术文件编制

要装配出优质、高产、低耗的控制系统，装配过程必须执行统一的严格标准，实行严明的规范管理，这就要用到一种“工程语言”——技术文件。它具有生产法规的效力，是组织生产时技术交流的依据，是根据相关国家标准制定出来的文件。

技术文件的编制是控制系统装配工作的基础。技术文件的编制过程包括制造方接受图样后对图样的分册编制、消化核对，以及对生产过程中发现的问题和解决问题的记录，要求能够长期保存和方便查询。

(1) 编制工艺文件的原则

编制工艺文件应在保证产品质量和有利于稳定生产的条件下，以最经济、最合理的工艺手段进行加工为原则。

编制工艺文件的原则有以下几点：

① 编制工艺文件，要根据产品批量的大小、技术指标的高低和复杂程度区别对待，对于一次性生产的产品，可根据具体情况编写临时工艺文件或参照借用同类产品的工艺文件；

② 编制工艺文件要考虑到车间的组织形式、工艺装备以及工人的技术水平等情况，必须保证编制的工艺文件切实可行；

③ 对于未定型的产品，可以编写临时工艺文件或编写部分必要的工艺文件；

④ 工艺文件以图为主，力求做到容易认读、便于操作，必要时加注简要说明；

⑤ 凡属装调工应知应会的基本工艺规程内容，可以不再编入工艺文件。

(2) 编制工艺文件的要求

① 工艺文件要有统一的格式、统一的幅面，图幅大小应符合有关标准，并装订成册，配齐成套。

② 工艺文件的字体要正规，书写要清楚，图形要正确。工艺图上尽量少用文字说明。

③ 工艺文件所用的产品名称、编号、图号、符号、材料和元器件代号等，应与设计文件一致。

④ 编写工艺文件要执行审核、会签、批准手续。

⑤ 线扎图尽量采用 1∶1 的图样，并准确地绘制，以便于直接按图纸做排线板排线。

⑥ 工序安装图可不必完全按实样绘制，但基本轮廓应相似，安装层次应表示清楚。

⑦ 装配接线图中的接线部位要清楚，连接线的接点要明确。内部接线可假想移出展开。

（3）工艺文件的格式及填写方法

现将常用工艺文件的格式及其填写方法简介如下。

① 封面　工艺文件封面在工艺文件装订成册时使用。简单的设备可按整机装订成册，复杂设备可按分机单元组装成若干册。按“共X册”填写工艺文件的总册数；“第X册”填写该册在全套工艺文件中的序号；“共X页”填写该册的总页数；“型号”、“名称”、“图号”分别填写产品型号、名称、图号；“本册内容”填写该册工艺内容的名称；最后执行批准手续，并填写批准日期。工艺文件封面格式如图5-6所示。

工　艺　文　件

共 4 册

第 5 册

共 8 页

型　　号　ZLFD10kW
名　　称　10kW风力发电机
图　　号　×××
本册内容　控制系统的装配与调试

批准　×××

图5-6　工艺文件封面格式

② 工艺文件目录　工艺文件目录是供装订成册的工艺文件编写目录用的，反映产品工艺文件的整套性。填写中，“产品名称或型号”、“产品图号”与封面的型号、名称、图号保持一致；“拟制”、“审核”栏内由有关职能人员签署姓名和日期；“更改标记”栏内填写更改事项；“底图总号”栏内，填写被本底图所代替的旧底图总号；“文件代号”栏填写文件的简

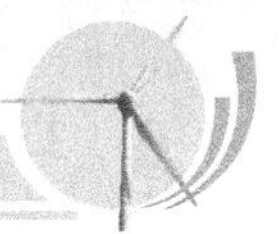

号，不必填写文件的名称；其余各样按标题填写，填写零部件、整件的图号、名称及其页数。工艺文件目录格式如图 5-7 所示。

	工艺文件目录			产品名称或型号		产品图号
	序号	文件代号	零部件、整件、图号	零部件、整件名称	页数	备注
	1	2	3	4	5	6
使用性						
旧底图总号						

底图总号	更改标记	数量	文件号	签名	日期	签名		日期	第　页	
						拟制				
						审核			共　页	
日期	签名									
									第　册	第　页

图 5-7　工艺文件目录格式

③ 工艺路线表　工艺路线表为产品的整件、部件、零件在加工准备过程中做工艺路线的简明显示用，供企业有关部门作为组织生产的依据。填写中，“装入关系”栏以方向指线显示产品零件、整件的装配关系；“部件用量”、“整件用量”栏填写与产品明细表对应的数

量；“工艺路线及内容”栏填写整件、部件、零件加工过程中各部门（车间）及其工序名称和代号。工艺路线表格式如图 5-8 所示。

	工艺路线表				产品名称或型号		产品图号
	序号	图　号	名称	装入关系	部件用量	整件用量	工艺路线表内容
	1	2	3	4	5	6	7
使用性							
旧底图总号							

底图总号	更改标记	数量	文件号	签名	日期	签名		日期	
						拟制			第　页
						审核			
日期	签名								共　页
									第　册 第　页

图 5-8　工艺路线表格式

④ 导线及扎线加工表　导线及扎线加工表供导线及扎线加工准备及排线使用。填写中，“编号”栏填写导线的编号或扎线图中导线的编号；“名称规格”、“颜色”、“数量”栏填写材料的名称规格、颜色、数量；“长度”栏中的“全长”、“A 端”、“B 端”、“A 剥头”、“B 剥头”，分别填写导线的开线尺寸、扎线 A、B 端的甩端长度及剥头长度；“去向、焊接处”栏填写导线焊接去向。导线及扎线加工表格式如图 5-9 所示。

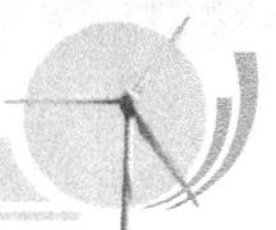

	导线及线扎加工表									产品名称或型号		产品图号		
	编号	名称规格	颜色	数量	长度(mm)					去向、焊接处		来自何处	工时定额	备注
					L全长	A端	B端	A剥头	B剥头	A端	B端			
	1	2	3	4	5	6	7	8	9	10	11	12	13	14
	1	ASTVR	黄		80					扬声器1(+)	印制板+			
	2		黑		80					扬声器2(−)	印制板−			
	3		黑		40					扬声器−	电池−			
	4		白		90					电池+	印制板B+			
	5		红		60					电池+	电池−			
	6		黄		80					天线	印制板			
	7													
	8													
使用性														
旧底图总号														

底图总号		更改标记	数量	文件号	签名	日期	签名		日期	第　页	
							拟制				
							审核			共　页	
日期	签名										
										第　册	第　页

图 5-9　导线及扎线加工表格式

⑤ 配套明细表　编制配套用的零部件、整件及材料与辅助材料清单，供有关部门在配套及领、发料时用。填写中，“图号”、“名称”、“数量”栏填写相应的整件设计文件明细表的内容；“来自何处”栏填写材料来源处；辅助材料填写在顺序的末尾。

⑥ 装配工艺过程卡　装配工艺过程卡又称工艺作业指导卡，是整机装配中的重要文件，用于整机装配的准备、装联、调试、检验、包装入库等装配全过程，是完成产品的部件、整机的机械性装配和电气连接装配的指导性工艺文件。

⑦ 工艺说明及简图卡　工艺说明及简图卡用于编制重要、复杂的或在其他格式上难以表述清楚的工艺，它用简图、流程图、表格及文字形式进行说明，也可用作编写调试说明、检验要求及各种典型工艺文件等。

⑧ 工艺文件更改通知单　工艺文件更改通知单供永久性修改工艺文件用，应填写更改原因、生效日期及处理意见。“更改标记”栏应按图样管理制度中规定的字母填写。工艺文件更改通知单格式如图 5-10 所示。

更改单号	工艺文件更改通知单	产品名称或型号	零部件、整件名称	图号	第　页
					共　页
生效日期	更改原因		处理意见		
更改标记	更改前		更改标记	更改后	

拟制		日期		审核		日期				日期		批准		日期	

图 5-10　工艺文件更改通知单格式

(4) 电路图（电原理图）

电路图是详细说明产品各元器件、各单元之间的工作原理及其相互间连接关系的略图，是设计、编制接线图和研究产品时的原始资料。电路图应按如下规定绘制。

① 在电路图上，组成产品的所有元器件均以图形符号表示。

② 在电路图中，各元件的图形符号的左方或上方应标出该元器件的项目代号。

③ 电路图上的元件目录表（在示例图中未画出），应标出各元件的项目代号、名称、型号及数量。

在进行整机装配时，应严格按目录表的规定安装。

(5) 印制电路板装配图

印制电路板装配图（以下简称装配图）是用来表示元器件及零部件、整件与印制电路板连接关系的图样。对装配图的要求如下。

① 装配图上的元器件一般以图形符号表示，有时也可用简化的外形轮廓表示。

② 仅在一面装有元器件的装配图，只需画一个视图。如两面均装有元器件，一般应画两个视图，并以较多元器件的一面为主视图，另一面为后视图。如两面中有一面的元器件很少，也可只画一个视图。用一个视图表示两面安装元器件的装配图如图 5-11 所示。

③ 装配图中一般可不画印制导线。如果要求表示出元器件的位置与印制导线的连接关系时，应画出印制导线。反面的印制导线应按实际形状用虚线画出，如图 5-12 所示。

④ 对于变压器等元器件，除在装配图上表示位置外，还应标明引线的编号或引线套管的颜色。需焊接的穿孔用实心圆点画出，不需焊接的孔用空心圆画出。

(6) 安装图

安装图是指导产品及其组成部分在使用地点进行安装的完整图样。安装图包括：产品及安装用件（包括材料的轮廓图形）；安装尺寸以及和其他产品连接的位置与尺寸；安装说明。

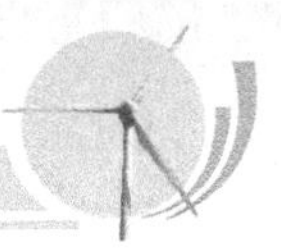

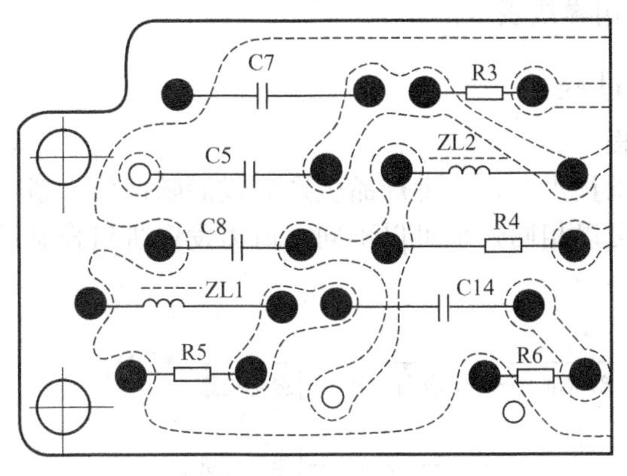

图 5-11　印制导线表示法

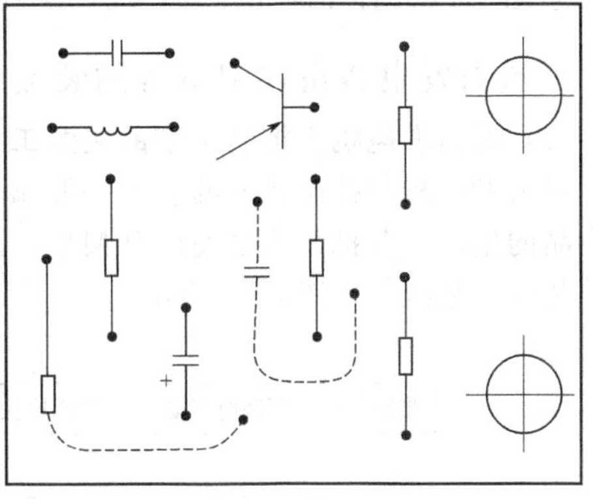

图 5-12　装配图

(7) 方框图

方框图用来反映成套设备、整件和各个组成部分及它们在电气性能方面的基本作用原理和顺序。

(8) 接线图

接线图是指示产品部件、整件内部接线情况的略图，是按照产品中元器件的相对位置关系和接线点的实际位置绘制的，主要用于产品的接线、线路检查和线路维修等。在实际应用中，接线图通常与电路图和装配图一起使用。有关接线图的具体规定如下。

① 与接线无关的元件或固定件在接线图中不予画出。

② 应按接线的顺序对每根导线进行编号，必要时可按单元编号，此时在编号前应加该单元序号。例如第 4 单元的第 2 根导线，线号为 4-2。接线的编号如图 5-13 所示。

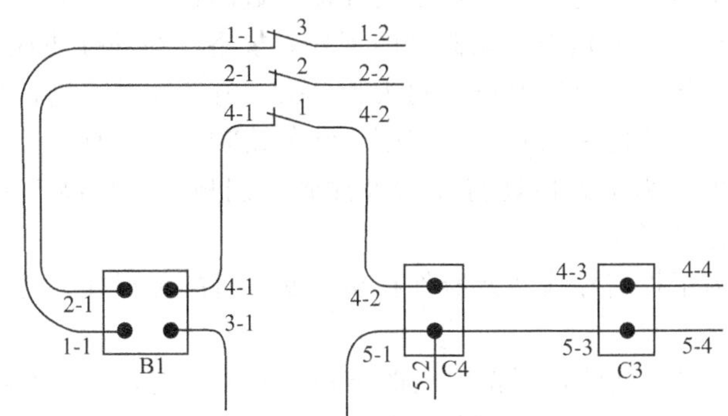

图 5-13　接线的编号

③ 对于复杂产品的接线图，导线或多芯电缆的走线位置和连接关系不一定要全部在图中绘出，可采用接线表或芯线表的方式来说明导线的来处和去向。

④ 对于复杂产品，若一个接线面不能清楚地表达全部接线关系时，可以将几个接线面分别绘出。绘制时，应以主接线面为基础，其他接线面按一定方向展开，在展开面旁边要标出展开方向。

⑤ 在一个接线面上，如有个别元件的接线关系不能表达清楚时，可采用辅助视图（如剖视图、局部视图、向视图等）来说明，并在视图旁边注明是何种辅助视图。

⑥ 在接线面上，当某些导线、元件或元件的连接处彼此遮盖时，可移动或适当地延长被遮盖导线、元件或元件接线处，使其在图中能明显表示，但与实际情况不应出入太大。

⑦ 在接线面背面的元件或导线，绘制时应用虚线表示。

4. 风力发电机组控制系统的装配工艺过程

(1) 风力发电机组控制系统的装配工艺流程

风力发电机组控制系统的装配一般属于小批量生产，一批产品生产完成后随即转入新一批产品的生产，各批产品之间产品型号、规格可以相同，也可以不同。风力发电机组控制系统的装配工艺流程如图 5-14 所示。

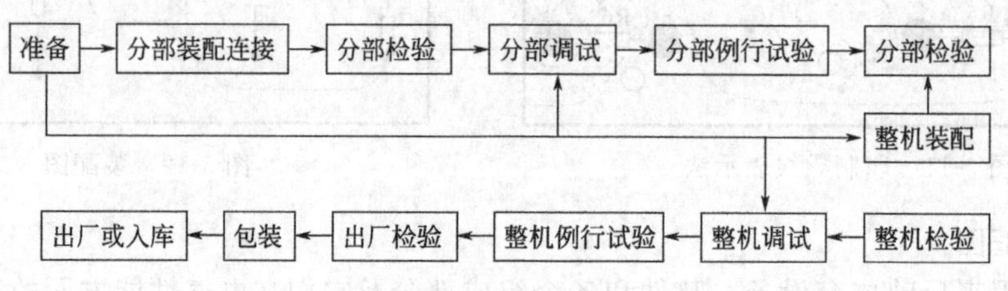

图 5-14　风力发电机组控制系统装配工艺流程

① 装配准备　与整机装配密切相关的是各项准备工序，即对整机所需的各种导线、元器件、零部件等进行预先加工处理的过程。它是顺利完成整机装配的重要保障。

a. 元器件的分类　元器件的分类一般分前期工作与后期工作。

前期工作是指按元器件、部件、零件、标准件、材料等分类入库，按要求存放和保管。

后期工作是指按流水线作业的装配工序所用元器件、材料等分类，并配送到每道工序位置。

b. 元器件的筛选　元器件的筛选是为整机装配所需的元器件提供可靠的质量保证。

元器件的筛选是多方面的，包括对筛选操作人员的考核，对供货单位的考查和认证，对元器件和材料的定期测试，一定温度条件下的性能参数测试及功率老化等的筛选。

一般情况下的筛选，主要是查对元器件的型号、规格，并进行外观检查。

c. 导线端头处理　导线需经过剪裁、剥头、捻头、清洁等过程进行加工处理。

端头处理包括普通导线的端头加工和屏蔽导线的线端加工两种。

d. 元器件引线成型　为了方便地将元器件插到印制板上，提高插件效率，应预先将元器件的引线加工成一定的形状。

e. 浸锡　浸锡是为了提高导线及元器件在整机安装时的可焊性，是防止产生虚焊、假焊的有效措施之一。

f. 线把扎制　在整机总装前，根据整机的结构及安装工艺要求，用线绳或线扎搭扣等将导线扎束成型，制成各种不同形状的线扎（扎把）。

g. 组合件的加工　组合件是指由两个以上的元器件、零件经焊接、安装等方法构成的部件。

② 部件的装配　完成准备工序的各项任务后，即可进行印制电路板的组装（装连）。这是将电子元件按一定方向和次序装插（或贴装）到印制电路板规定的位置上，并用一定的连接工艺（紧固件或锡焊方法）把元器件固定的过程。这个过程分两个步骤完成，一是插装，二是连接，因此也将此过程称为装连。

③ 整机装配　整机装配是将（经调试或检验）合格的单元功能电路板及其他配套零部件，通过铆装、螺装、粘接、锡焊连接、插接等手段，安装在规定的位置上（产品面板或机壳上）的过程。

电子产品是以电气装配为主导、以其印制电路板组件为中心进行焊接和装配的。

④ 整机调试　整机调试包括调整和测试两部分工作。即对整机内可调部分（如可调元

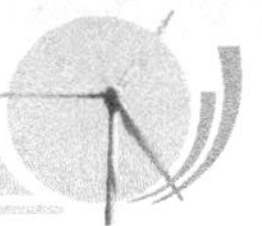

器件及机械传动部分）进行调整，并对整机的电性能进行测试。

⑤ 整机检验　整机检验应按照产品的技术文件要求进行。检验的内容包括检验整机的各种电气性能、力学性能和外观等。

⑥ 包装　包装是电子产品总装过程中起保护产品、美化产品及促进销售的重要环节。电子产品的包装，通常着重于方便运输和储存两个方面。

⑦ 入库或出厂　性能优良的电子产品经过合格的包装，就可以入库储存或直接出厂运往需求部门，从而完成整个生产过程。

（2）装配过程注意事项

① 安全生产　作为电气产品装配工人，需要懂得和掌握安全用电知识，以便在工作中采取各种安全保护措施。

安全用电包括供电系统安全、用电设备安全及人身安全三个方面，它们是密切相关的。

为做到安全用电，应注意以下几点。

a. 在车间使用的局部照明灯、手提电动工具、高度低于 2.5m 的普通照明灯等，应尽量采用国家规定的 36V 安全电压或更低的电压。

b. 各种电气设备、电气装置、电动工具等，应接好安全保护地线。

c. 操作带电设备时，不得用手触摸带电部位，不得用手接触导电部位来判断是否有电。

d. 电气设备线路应由专业人员安装。发现电气设备有打火、冒烟或异味时，应迅速切断电源，请专业人员进行检修。

e. 在非安全电压下作业时，应尽可能用单手操作，并应站在绝缘胶垫上。在调试高压设备时，地面应铺绝缘垫，操作人员应穿绝缘胶靴，戴绝缘胶手套，使用有绝缘柄的工具。

f. 检修电气设备和电气用具时，必须切断电源。如果设备内有电容器，则所有电容器都必须充分放电，然后才能进行检修。

g. 各种电气设备插头应经常保持完好无损，不用时应从插座上拔下。从插座上取下电线插头时，应握住插头，而不要拉电线。工作台上的插座应安装在不易碰撞的位置，若有损坏应及时修理或更换。

h. 开关上的熔断丝应符合规定的容量，不得用铜、铝导线代替熔断丝。

i. 高温电气设备的电源线严禁采用塑料绝缘导线。

j. 酒精、汽油、香蕉水等易燃品不能放在靠近电器处。

② 文明生产　文明生产是对每个企业乃至各行各业组织生产的基本要求，电气工作、电子产品生产企业更是如此。

文明生产的内容包括以下几个方面：

a. 厂区内各车间布局合理，有利于生产安排，且环境整洁优美；

b. 车间工艺布置合理，光线充足，通风排气良好，温度适宜；

c. 严格执行各项规章制度，认真贯彻工艺操作规程；

d. 工作场地和工作台面应保持整洁，使用的工具材料应各放其位，仪器仪表和安全用具要保管有方；

e. 进入车间应按规定穿戴工作服、鞋、帽，必要时应戴手套（如焊接镀银件）；

f. 讲究个人卫生，不得在车间内吸烟；

g. 生产用的工具及各种准备件应堆放整齐，方便操作；

h. 做到操作标准化、规范化；

i. 厂内传递工件时应有专用的传递箱，对机箱外壳、面板装饰件、刻度盘等易划伤的工件应有适当的防护措施；

j. 树立把方便让给别人、困难留给自己的精神，为下一班、下一工序服好务。

5. 控制系统装配的技术准备工作

技术准备工作主要是指阅读、了解产品的图纸资料和工艺文件，熟悉部件和整机的设计图纸、技术条件及工艺要求等。

为了风力发电机组控制系统装配、调试和运行维护的需要，应以说明书、图、表等形式提供所需的资料。

风力发电机组控制系统提供的技术资料应包括：

① 控制系统的功能说明书；

② 控制系统内部各种传感器的安装、连接和操作说明书；

③ 各种传感器的运行检测和故障监控及处理功能说明书；

④ 维护要求的说明书；

⑤ 系统结构图或框图，电控系统的主电路图和控制电路图；

⑥ 安全防护措施及方法的说明；

⑦ 备用元器件清单。

操作指导

1. 任务布置

熟悉 500W 风力发电机组控制系统的结构、电气连接特性及其相关参数，编制 500W 风力发电机组控制系统的装配所需的技术文件。该控制系统实物如图 5-15 所示。

图 5-15　500W 风力发电机组控制系统实物图

2. 操作指导

(1) 熟悉系统结构，画出装配原理图

① 通过观察实物，找到输入、输出端子，查阅相关元件电气参数。

② 分析系统结构，列出元器件清单，如表 5-1 所示。

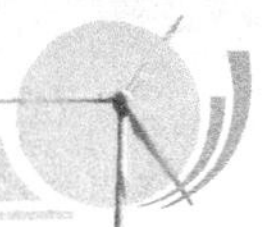

表 5-1　500W 风力发电机组控制系统元器件清单

序号	元件	规格	备注	序号	元件	规格	备注
1	R1	20Ω	电阻	13	U2	7812	集成电路
2	R2,R9,R13	10k	电阻	14	U3	7818	集成电路
3	R3	4.7k	电阻	15	U4	PCR606J	集成电路
4	R4～R6,R11	100k	电阻	16	Q1,Q2	TIP122	三极管
5	R7	47k	电阻	17	Q3,Q4	2N5551	三极管
6	R8	30k	电阻	18	VD1,VD5	1N4007	三极管
7	R10	50k	电阻	19	VD2,VD3,VD4	1N4148	二极管
8	R12	1k	电阻	20	VD6,VD7	FR207	二极管
9	C1,C4,C5	1μF	电容	21	J1	电池取样	接插件
10	C2	47μF	电容	22	J2	控制输出	接插件
11	C3	0.1μF	电容	23	RL1,RL2,RL3	DC12	继电器
12	U1	LM324	集成电路	24	RV1,RV2	50k	微调电阻

③ 画出控制系统装配原理图，如图 5-16 所示。

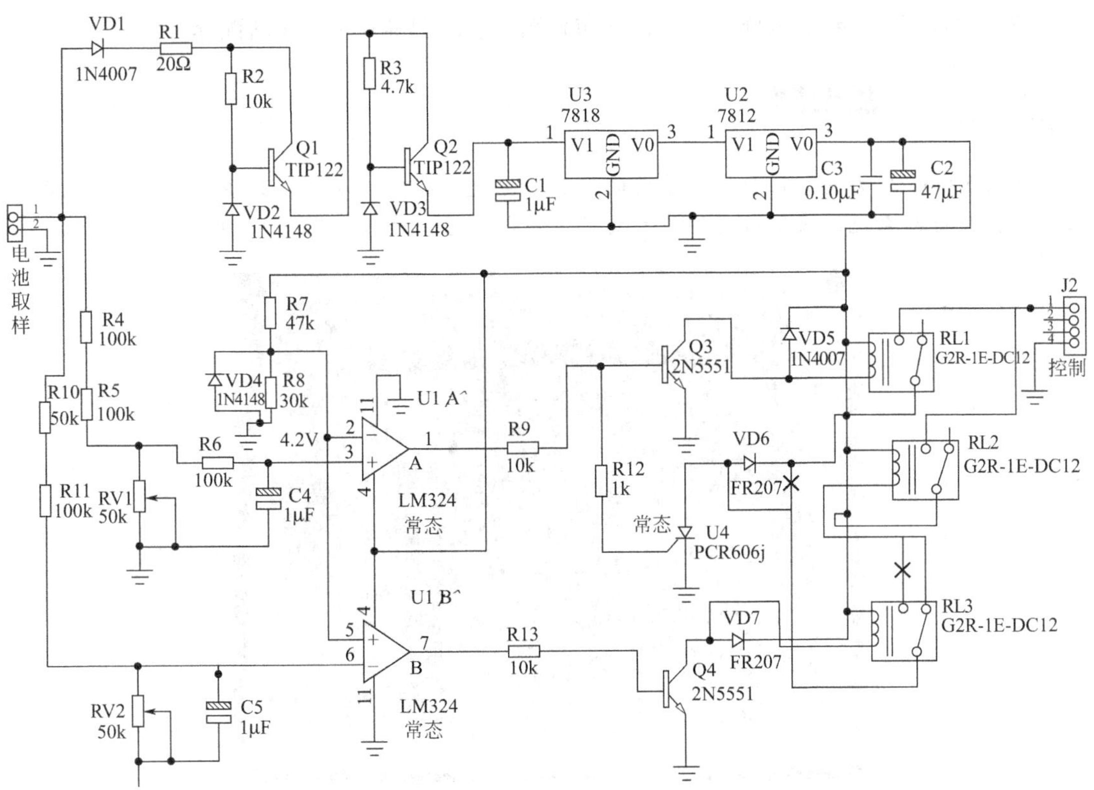

图 5-16　500W 风力发电机组控制系统装配原理图

(2) 编写控制系统装配所需的技术资料

编制的技术资料应包括：控制系统的功能说明书；控制系统内部各种传感器的安装、连接和操作说明书；维护要求的说明书；系统结构图或框图，电控系统的主电路图和控制电路图；安全防护措施及方法的说明；备用元器件清单等。

① 技术文件　接收样图后，应将技术文件装订成册，直至项目结束，要保持图样的完整性、正式性、整洁性和过程信息记录的完整性。

第一套应装订全图，包括系统图、原理图、材料表、面板布置图、地板布置图和端子图等，用于全过程，包括调试和图样的存档，由技术人员保管使用。

第二套图样包括材料表、面板布置图及地板布置图和端子图，主要用于材料核对、排版、放样、粘贴标签过程中使用。

第三套装订包括原理图和接线图，由接线人员在接线过程中使用并保管。

② 工艺文件　在原理图中每个元件旁标注明型号和附件规格，以方便工艺安排。当安排的辅料为特殊规格时，需要在布置图中显著标明，并在核实无库存情况下填写“辅料采购清单”。

在图样工艺安排过程中注意与材料表核对型号。如果发现错误，立即填写“设计人员勘误确认表”，要求设计人员确认并签字。

检查线路线号的完整性和正确性，比如重复和漏标线号都需要设计人员填写“设计人员勘误确认表”，要求设计人员确认并签字。

对主电路连接所用的接触器、开关、端子的接线柱螺纹直径和进深进行统计确认。核对库存，缺少辅料或特殊规格的辅料填写“辅料购买清单”。

按照设备配套明细表或施工用图样（布置图、装配图等）进行领料配套。

思考题

熟悉10kW风力发电机组控制系统的结构、电气连接特性及其相关参数，编制10kW风力发电机组控制系统的装配所需的技术文件。该控制系统实物如图5-17所示。

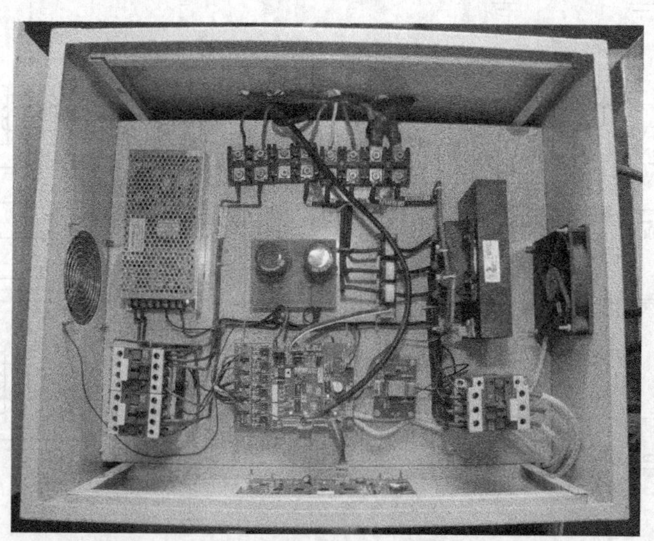

图 5-17　10kW风力发电机组控制系统实物图

任务二　控制系统的装配

风力发电机组控制系统的装配主要完成整个控制系统硬件部分的组装。风力发电机组控

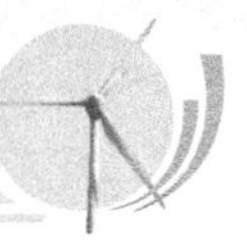

制系统的硬件部分也称为风力发电机组的控制器。控制系统的内涵非常广泛，既包括构成控制器电路的电子材料、电子元器件，又包括将它们按照既定的装配工艺程序、设计装配图和接线图组合而成的整体成品。整个风力发电机组的控制系统是按一定的精度标准、技术要求、装配顺序安装在指定的位置上，再用导线把电路的各部分相互连接起来，组成具有独立性能的整体。

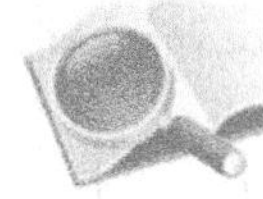

能力目标

① 理解风力发电机组控制系统的工作原理。
② 了解风力发电机组控制系统的基本功能。
③ 熟悉风力发电机组控制系统各部件装配的规范。
④ 掌握风力发电机组控制系统的装配要求与方法。
⑤ 了解风力发电机组控制系统装配注意事项。

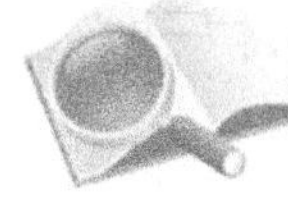

基础知识

1. 风力发电机组控制系统的工作原理

风力发电机组的控制系统是一个综合性的系统，它要监视风况和机组运行数据，根据风速和风向的变化对机组进行优化控制，提高发电机的运行效率和发电质量。

风力发电机组的运行方式主要有独立运行方式和并网运行方式两种。

(1) 独立运行风力发电机组控制系统的工作原理

独立运行风力发电机组一般都是小、中型风力发电机组，其控制系统的结构和原理都比较简单。独立运行风力发电机组控制系统是风力发电机与蓄电池、用电设备之间的桥梁，起着既保护发电机安全运行，又保护蓄电池不过充、放电的作用。

控制系统实时检测并保护整个风力发电机组正常运行，一方面用来对风力发电机运行状态进行调节和控制，根据风速仪、风向仪检测到的相关参数对风力发电机组的运行状态进行调整，保证风力发电机组安全、高效地将风能转化成电能，另一方面对风力发电机组所发的电能进行调节和控制，把调整后的能量送往直流负载或交流负载，把多余的能量按蓄电池的特性曲线对蓄电池组进行充电，当所发的电不能满足负载需要时，控制器又把蓄电池的电能送往负载。蓄电池充满电后，控制系统要控制蓄电池不被过充。当蓄电池所储存的电能放完时，控制系统要控制蓄电池不被过放电，保护蓄电池。其工作原理如图 5-18 所示。

(2) 并网运行风力发电机组控制系统的工作原理

并网运行风力发电机组一般都是大型风力发电机组，其控制系统的结构和原理比独立运行的控制系统要复杂得多。由于容量比较大，并网运行风力发电机组一般不再采用蓄电池组，而是与公共电网相连，发电机发出的电能通过电网供给用户或其他用电设备。

目前，并网型风力发电机组的主导产品为定桨距失速调节型风力发电机。它的桨叶和轮毂连接是固定的，当风速变化时，桨叶迎风角不能改变。当来流速度增大时，叶片利用翼型的失速特性，发生分离后，翼型的升力减小，阻力增加，从而限定了功率的增加。失速调节的叶片截面翼型安放角由根部向叶尖逐渐减小，因而根部先进入失速，随风速增大，失速部分向叶尖扩展，原先失速的部分失速程度加深，没有失速的部分逐渐进入失速区。失速部分

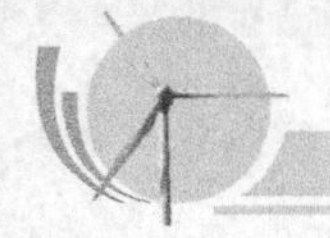

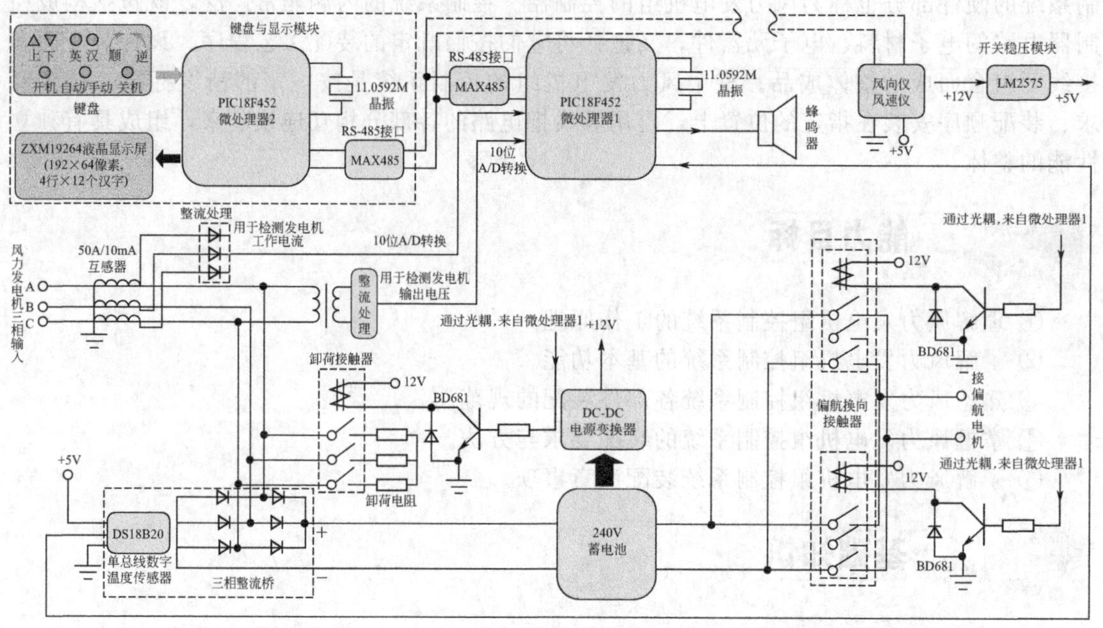

图 5-18　独立运行风力发电机组控制系统工作原理图

使功率减小，没有失速的部分继续增加功率，使风力机功率基本保持不变。这种风力机充分利用了翼型的自动失速性能来控制功率的额定输出。由于它的机构简单，性能可靠，目前一些风力发电机组常采用该设计方案。

从气动性能来考虑，通过调节桨叶的节距角（即叶片安放角），可以有效地改变风力机的气动转矩，所以从优化叶片气动性能的角度来看，发展变桨距叶片风力机是一种必然的选择。这种技术利用现代控制手段，随着风速的变化，不断对风力机的桨距角进行调整，达到风力机风能利用系数的最优值。变桨距技术可以通过改变节距角获得更小的启动风速、更好的大风制动性能，使额定点具有更高的风能利用系数，提高和确保高风速段的额定功率，具有功率输出平稳等优点。

本节主要介绍定桨距风力发电机组控制系统的工作原理及机组的基本运行过程。

① 待机状态　当风速 $v>3$m/s，但不足以将风力发电机组拖动到切入的转速，或者风力发电机组从小功率（逆功率）状态切出，没有重新并入电网，这时的风力机处于自由转动状态，称为待机状态。待机状态除了发电机没有并入电网，机组实际上已处于工作状态。这时控制系统已做好切入电网的一切准备：机械刹车已松开；叶尖阻尼板已收回；风轮处于迎风状态；液压系统的压力保持在设定值上。风况、电网和机组的所有状态参数均在控制系统检测之中，一旦风速增大，转速升高，发电机即可并入电网。

② 风力发电机组的自启动　风力发电机组的自启动是指风轮在自然风速的作用下，不依靠其他外力的协助，将发电机拖动到额定转速。早期的定桨距风力发电机组不具备自启动能力，风轮的启动是在发电机的协助下完成的，这时发电机作电动机运行，通常称为电动机启动（Motor Start）。直到现在，绝大多数定桨距风力机仍具备电动机启动的功能。由于桨叶气动性能的不断改进，目前绝大多数风力发电机组的风轮具有良好的自启动性能。一般在风速 $v>4$m/s 的条件下，即可自启动到发电机的额定转速。

③ 自启动的条件　正常启动前 10min，风力发电机组控制系统对电网、风况和机组的状态进行检测。这些状态必须满足以下条件：

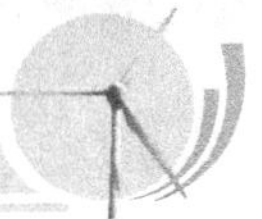

a. 电网

- 连续 10min 内电网没有出现过电压、低电压；
- 电网电压 0.1s 内跌落值均小于设定值；
- 电网频率在设定范围之内；
- 没有出现三相不平衡等现象。

b. 风况　连续 10min 风速在风力发电机组运行风速的范围内（$0.3m/s<v<25m/s$）。

c. 机组　机组本身至少应具备以下条件：

- 发电机温度、增速器油温度应在设定值范围以内；
- 液压系统所有部位的压力都在设定值；
- 液压油位和齿轮润滑油位正常；
- 制动器摩擦片正常；
- 扭缆开关复位；
- 控制系统 DC24V、AC24V、DC5V、DC±15V 电源正常；
- 非正常停机后显示的所有故障均已排除；
- 维护开关在运行位置。

上述条件满足时，按控制程序机组开始执行“风轮对风”与“制动解除”指令。

④ 风轮对风　当风速传感器测得 10min 平均风速 $v>3m/s$ 时，控制器允许风轮对风。

偏航角度通过风向仪测定。当风力机向左或右偏离风向确定时，需延迟 10s 后才执行向左或向右偏航，以避免在风向扰动情况下的频繁启动。

释放偏航刹车 1s 后，偏航电动机根据指令执行左右偏航。偏航停止时，偏航刹车投入。

⑤ 制动解除　当自启动的条件满足时，控制叶尖扰流器的电磁阀打开，压力油进入桨叶液压缸，扰流器被收回，与桨叶主体合为一体。控制器收到叶尖扰流器已回收的反馈信号后，压力油的另一路进入机械盘式制动器液压缸，松开盘式制动器。

⑥ 风力发电机组并网与脱网　当平均风速高于 3m/s 时，风轮开始逐渐启动；风速继续升高，当 $v>4m/s$，机组可自启动直到某一设定转速，此时发电机将按控制程序被自动地连入电网。一般总是小发电机先并网；当风速继续升高到 7～8m/s，发电机将被切换到大发电机运行。如果平均风速处于 8～20m/s，则直接从大发电机并网。

发电机的并网过程，是通过三相主电路上的三组晶闸管完成的。当发电机过渡到稳定的发电状态后，与晶闸管电路平行的旁路接触器合上，机组完成并网过程，进入稳定运行状态。为了避免产生火花，旁路接触器的开与关都是在晶闸管关断前进行的。

a. 大、小发电机的软并网程序　发电机转速已达到预置的切入点，该点的设定应低于发电机同步转速。

连接在发电机与电网之间的开关元件晶闸管被触发导通（这时旁路接触器处于断开状态），导通角随发电机转速与同步转速的接近而增大。随着导通角的增大，发电机转速的加速度减小。当发电机达到同步转速时，晶闸管导通角完全打开，转速超过同步转速进入发电状态。

进入发电状态后，晶闸管导通角继续完全导通，但这时绝大部分的电流是通过旁路接触器输送给电网的，因为它比晶闸管电路的电阻小得多。

并网过程中，电流一般被限制在大发电机额定电流以下，如超出额定电流时间持续 3.0s，可以断定晶闸管故障，需要安全停机。由于并网过程是在转速达到同步转速附近进行的，这时转差不大，冲击电流较小，主要是励磁涌流的存在，持续 30～40ms，因此无需根据电流反馈调整导通角。晶闸管按照 0°、15°、30°、45°、60°、75°、90°、180°导通角依次变化，可保证启动电流在额定电流以下。晶闸管导通角由 0°增大到 180°完全导通，时间一般

不超过 6s，否则被认为故障。

晶闸管完全导通 1s 后，旁路接触器吸合，发出吸合命令 1s 内应收到旁路反馈信号，否则旁路投入失败，正常停机。在此期间，晶闸管仍然完全导通，收到旁路反馈信号后，停止触发，风力发电机组进入正常运行。

b. 从小发电机向大发电机的切换　为提高发电机运行效率，风力发电机采用了双速发电机。低风速时，小发电机工作，高风速时，大发电机工作。小发电机为 6 极绕组，同步转速为 1000r/min，大发电机为 4 极绕组，同步转速 1500r/min。小发电机向大发电机切换的控制，一般以平均功率或瞬时功率参数为预置切换点。

执行小发电机向大发电机的切换时，首先断开小发电机接触器，再断开旁路接触器。此时发电机脱网，风力将带动发电机转速迅速上升，在到达同步转速 1500r/min 附近时，再次执行大、小发电机的软并网程序。

c. 大发电机向小发电机的切换　当发电机功率持续 10min 内低于预置值 P_0 时，或 10min 内平均功率低于预置值 P_1 时，将执行大发电机向小发电机的切换。

首先断开大发电机接触器，再断开旁路接触器。由于发电机在此之前仍处于出力状态，转速在 1500r/min 以上，脱网后转速将进一步上升。由于存在过速保护和计算机超速检测，因此，应迅速投入小发电机接触器，执行软并网。由电网负荷将发电机转速拖到小发电机额定转速附近，只要转速不超过超速保护的设定值，就允许执行小发电机软并网。

由于风力机是一个巨大的惯性体，当它的转速降低时要释放出巨大的能量，这些能量在过渡过程中将全部加在小发电机轴上而转换成电能，这就必然使过渡过程延长。为了使切换过程得以安全、顺利地进行，可以考虑在大发电机切出电网的同时释放叶尖扰流器，使转速下降到小发电机并网预置点以下，再由液压系统收回叶尖扰流器。稍后，发电机转速上升，重新切入电网。

d. 电动机启动　电动机启动是指风力发电机组在静止状态时，把发电机用作电动机，将机组启动到额定转速并切入电网。电动机启动目前在大型风力发电机组的设计中不再进入自动控制程序，因为气动性能良好的桨叶在风速 $v>4$m/s 的条件下即可使机组顺利地自启动到额定转速。

电动机启动一般只在调试期间无风时或某些特殊的情况下，比如气温特别低，又未安装齿轮油加热器时使用。电动机启动可使用安装在机舱内的上位控制器按钮或是通过主控制器键盘的启动按钮操作，总是作用于小发电机。发电机的运行状态分为发电机运行状态和电动机运行状态。发电机启动瞬间存在较大的冲击电流（甚至越过额定电流的 10 倍），将持续一段时间（由静止至同步转速之前），因而发电机启动时需采用软启动技术，根据电流反馈值控制启动电流，以减小对电网冲击和机组的机械振动。电动机启动时间不应超出 60s，启动电流小于小发电机额定电流的 3 倍。

2. 风力发电机组控制系统的基本功能

(1) 控制系统的控制目标

风能是一种稳定性较差的能源，风速和风向都有一定的随机性，因此，在风力发电过程中会出现各种各样的问题，如发电机发出电能的电压和频率随风速而变，从而影响电能的质量和效率；叶片的摆振、塔架的弯曲与抖振等力矩传动链中的力矩波动，影响系统运行的可靠性和使用寿命；风力机叶片攻角不断变化，使叶尖速比偏离最佳值，从而对风力发电系统的发电效率产生影响。

由于风力发电系统的特点，风力发电机组是一个复杂的多变量非线性系统，且具有不确

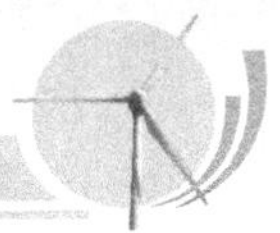

定性和多干扰性的特点。因此，风力发电机组控制系统的控制目标主要有以下几点：

① 保证系统的可靠运行，在运行的风速范围内确保系统稳定；

② 能量利用率最大，通过跟踪最佳叶尖速比，获取最大风能；

③ 电能质量高，控制系统针对检测到的不同风速，限制风能的捕获，确保机组输出电压和频率的稳定，保持风力发电机组的输出功率；

④ 机组寿命长。

根据上述内容的要求，控制系统必须根据风速信号自动进入启动状态；根据功率和风速大小自动进行转速和功率控制；根据风向信号自动对风。风机在运行过程中，能对风况、机组的运行状况进行监测和记录，对出现的异常情况能够自行判断并能采取相应的保护措施，能够对记录的数据生成各种图表，以反映风电发电机的各项性能指标。

(2) 控制系统的基本功能

① 数据采集（DAS）功能　包括采集电网、气象、机组参数，实现控制、报警、记录、曲线功能等，机组运行过程中需要采集的相关参数包括：

a. 电网参数　包括电网三相电压、三相电流、电网频率、功率因数等；

b. 电压故障检测　电网电压闪变、过电压、低电压、电压跌落、相序故障、三相不对称等；

c. 气象参数　包括风速、风向、环境温度等；

d. 机组状态参数检测　包括风轮转速、发电机转速、发电机线圈温度、发电机前后轴承温度、齿轮箱油温度、齿轮箱前后轴承温度、液压系统油温、油压、油位、机舱振动、电缆扭转、机舱温度等。

② 机组控制功能　包括自动启动机组、并网控制、转速控制、功率控制、无功补偿控制、自动对风控制、偏航控制、解缆控制、自动脱网、安全停机控制等。整机运行状态控制，即风力发电机组由一种运行状态到另一种运行状态的转换过渡过程控制。

风力发电机组的运行状态一般包括以下几种。

a. 运行状态　机械制动松开；机组自动偏航；风力发电机组处于运行状态；冷却系统自动状态；操作面板显示“运行”状态。

b. 暂停状态　机械制动松开；风机自动偏航；风力发电机空转或停止；冷却系统自动状态；操作面板显示“暂停”状态。

这个工作状态在调试时非常有用，因为调试的目的是使风力发电机组的各项功能正常，而不一定要求发电运行。

c. 停机状态　机械制动松开；偏航系统停止工作；风力发电机组停止；操作面板显示“停机”状态。

d. 紧急停机状态　机械制动与空气动力制动同时动作，紧急电路（安全链）开启；控制器所有输出信号无效；控制器仍在运行和测量所有输入信号；操作面板显示“紧急停机”状态。

当紧急停机电路动作时，所有接触器断开，计算机输出信号被旁路，使计算机没有可能去激活任何结构。

当然，为了便于控制还可以设置其他工作状态，或将上述状态进一步细分，只要确定了从一个状态向另一个状态的转换条件，整机运行状态控制器将完成所需的系统控制。

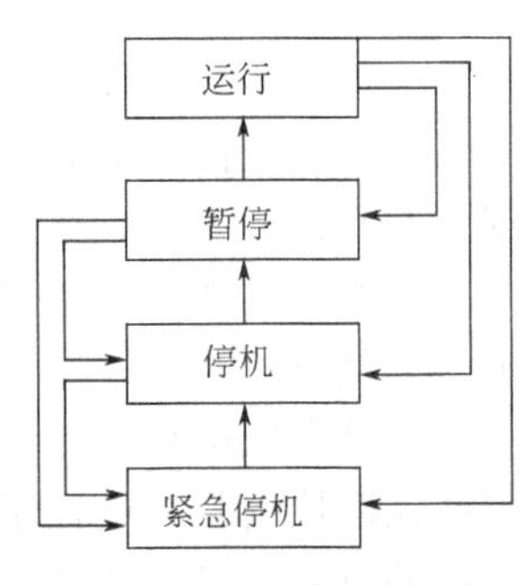

图 5-19　工作状态的转换

这些工作状态之间可以在既定的原则下进行转换。按图 5-19 所示，提高工作状态层次只能一层一层地上升，而要降低工作状态层次可以是一层或多层。这种工作状态之间的转变主要出发点是确保机组的安全运行。如果风力发电机的工作状态往高层次转化，一层一层上升的好处就在于当系统转变过程中检测到故障，就会自动进入停机状态。当系统在运行状态中检测到故障，并且这种故障是致命的，那么工作状态不得不从运行状态直接到紧急停机，这可以立即实现而不需要通过暂停和停止。

下面进一步说明工作状态的转换过程。

工作状态层次上升

a. 从紧急停机到停机　如果停机状态的条件满足，则关闭紧急停机电路，松开机械制动。

b. 从停机到暂停　如果暂停的条件满足，则启动自动偏航系统，自动冷却开启。

c. 从暂停到运行　如果运行的条件满足，则启动风力发电机组，开始运行发电。

工作状态层次下降

a. 紧急停机　紧急停机也包含三种情况，即从停止到紧急停机；从暂停到紧急停机；从运行到紧急停机。其主要控制指令为：打开紧急停机电路；置控制器所有输出信号于无效；机械制动作用；控制器中所有逻辑电路复位。

b. 停机　停机操作包含了两种情况：从暂停到停机；从运行到停机。从暂停到停机：停止自动偏航，实行空气动力制动，自动冷却停止。从运行到停机：停止自动偏航，实行空气动力制动，自动冷却停止。

c. 暂停　降低风轮转速至 0。

图 5-19 所示的工作状态转换过程实际上还包含着一个重要的内容，当故障发生时，风力发电机将自动地从较高工作状态转换到较低的工作状态。故障处理实际上是针对风力发电机从某一个工作状态转换到较低的状态层次时可能产生的问题，因此检测的范围是限定的。为了便于介绍安全措施和对发生的每个故障类型进行处理，需要对每个故障确定如下信息：故障名称；故障被检测的描述；当故障存在或没有恢复时的工作状态层次；故障复位情况(自动或手动复位)。

- 故障检测　控制系统的处理器扫描传感器信号以检测故障。故障由故障处理器分类，每次只能有一个故障通过，只有能够引起风力发电机从较高工作状态转入较低工作状态的故障才能通过。
- 故障记录　故障处理器将故障存储在运行记录表和报警表中。
- 对故障的反应　对故障的反应为以下三种情况之一：暂停状态；停机状态；紧急停机状态。
- 故障处理后的重新启动　在故障被接受之前，工作状态层不可能任意上升。

故障被接受的方式如下。

a. 如果外部条件良好，此外部原因引起的故障状态可能自动复位。

b. 一般故障，如果操作者发现该故障可接受并允许启动风力发电机，可以由操作者远程控制复位。

c. 如果故障是致命的，不允许自动复位，必须有工作人员到现场检查，然后在控制面板上得到复位。

在整个风电机组控制系统运行的过程中，由于大、中型风电机组多采用主动对风控制，因此偏航控制是机组控制过程中不可或缺的一部分。

偏航系统是一随动系统，当风向和风轮轴线偏离一个角度时，控制系统经过一段时间的确认，不管是上风向型还是下风向型的风力发电机组，通常都能通过偏航机构跟踪测量风向

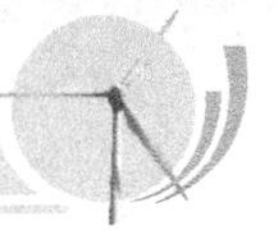

的变化，实现风向跟踪控制。风向瞬时波动频繁，但幅度一般不大，设置一定的允许偏差，如±15°，如果在此容差范围之内，就可以认为是对风状态。风机对风的测量由风向仪（或风向标）来完成。偏航控制系统框图如图 5-20 所示。

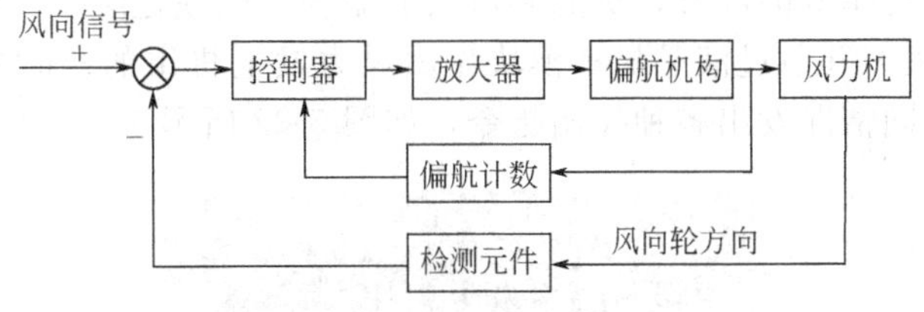

图 5-20　偏航控制系统框图

偏航控制系统主要包括自动偏航、90°侧风、自动解缆、顶部机舱控制偏航、面板控制偏航和远程控制偏航等功能。其控制工作流程如图 5-21 所示。

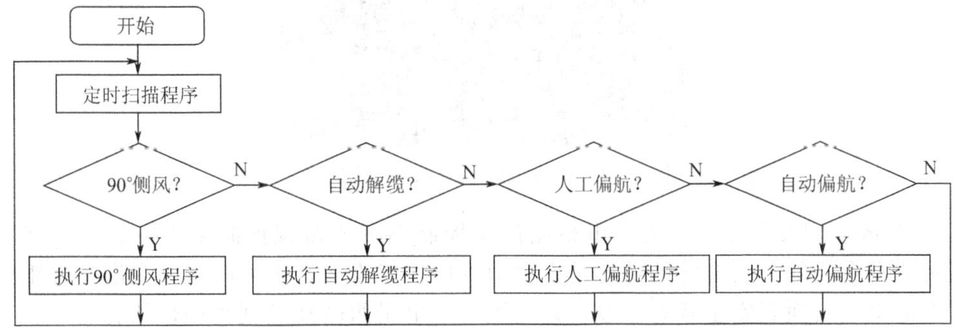

图 5-21　偏航控制系统工作流程

a. 自动偏航功能　当偏航系统收到中心控制器发出的需要自动偏航后，连续 3min 时间内检测风向情况，若风向确定，同时机舱不处于对风位置，则松开偏航制动，启动偏航电机运转，开始偏航对风程序，同时偏航计时器开始工作，根据机舱所要偏转的角度，使风轮轴线方向与风向基本一致。

b. 手动偏航功能　手动偏航控制包括顶部机舱控制、面板控制和远程控制偏航三种方式。

c. 自动解缆功能　自动解缆功能是偏航控制器通过检测偏航角度、偏航时间和偏航传感器，使发生扭转的电缆自动解开的控制过程。当偏航控制器检测到扭缆达到 2.5～3.5 圈（可根据实际情况来设置）时，若风力发电机在暂停或启动状态，则进行解缆；若正在运行，则中心控制器将不允许解缆，偏航系统继续进行正常的偏航对风跟踪。当偏航控制器检测到扭缆达到保护极限 3～4 圈时，偏航控制器请求中心控制器正常停机，此时中心控制器允许偏航系统强制进行解缆操作。在解缆完成后，偏航控制器便发出解缆完成信号。

d. 90°侧风功能　风力发电机的 90°侧风功能是在风轮过速或遭遇切除风速以上的大风时，为了保证风力发电机的安全，控制系统对机舱进行 90°侧风偏航处理。

由于 90°侧风是在外界环境对风力发电机有较大的影响下，为了保证风力发电机安全所实施的措施，所以在 90°侧风时，应当使机舱走最短路径，且屏蔽自动偏航指令。在侧风结束后，应当抱紧偏航制动盘，同时当风向变化时，继续追踪风向的变化，确保风力发电机的安全。其控制过程与自动偏航类似。

③ 远程监控系统功能　包括机组参数、相关设备状态的监控，历史和实时曲线功能、

机组运行状况的累计监测等。风电场远程监控中心的上位机和塔座触摸屏站均可实现机组的状态监视，实现相关参数的显示、记录、曲线、报警等功能。

风力发电机组的远程监控系统将风向仪、风速仪、风轮转速，发电机的电压、频率、电流，发电机和增速齿轮箱等的温升，机舱和塔架的振动，电缆过缠绕等传感器的信号，经过模/数转换输送给微机，并通过液晶显示模块显示风力发电机组的实时参数，然后由微机根据设计程序，针对不同情况发出各种控制指令，如图 5-22 所示。

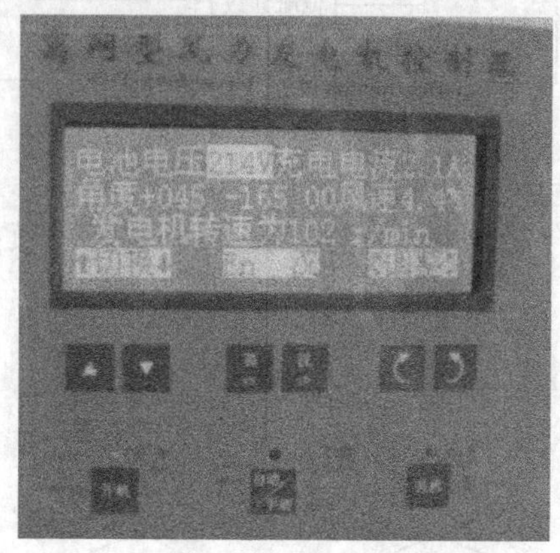

图 5-22　风力发电系统状态监控系统

④ 安全链　把安全链从风力发电机组的主控制系统或常规控制系统中独立出来，对机组控制是非常有益的。安全链的功能是在风力发电机组发生严重故障或存在潜在严重故障时将风力发电机组转换到安全状态，通常是将风力发电机组转换到刹车停机状态。

风力发电机组控制器在所有可预见的“常规”情况下，能够使风力发电机组安全启动或停机，包括遇到狂风、电网掉电以及控制器能检测出的大部分故障。安全链作为主控制系统的补充，在出现主控制系统不能处理的情况时来代替主控系统工作，也可以由操作员通过按下急停按钮启动。

因此，安全链必须独立于主控系统，而且必须设计成失效-保护并具有高可靠性的系统。不同于应用以逻辑处理为基础的计算机或微处理器的任何方式，安全链通常由一系列失效保护的继电器触点串联组成，在正常的情况下形成闭环通路。当任意一个触点断开时，安全系统就被触发，失效保护装置执行相应的操作，其中包括将所有的电气系统切断电源、叶片顺桨、抱高速刹车闸。

安全链系统可以由下列的任意一个时间触发：

a. 叶轮超速，即达到硬件的过速限制（这个速度限制值比软件设定的限定值高），机组达到软件过速设定值时控制器执行停机操作；

b. 振动限位开关，当机组出现主结构性故障时振动开关发生动作；

c. 控制系统看门狗定时器中断，控制器应该有一个看门狗定时器，它可以重新设定每个控制器的时间步长，如果在规定的时间内没有重新设置，就表明控制器出现故障，安全链就要使风力发电机组停机到安全状态；

d. 操作员按下急停按钮；

e. 发生主控制器不能控制的风力发电机组其他故障。

3. 风力发电机组控制系统的装配工艺

风力发电机组控制系统内部结构可分为控制电路部分和电气连接部分。控制电路部分属

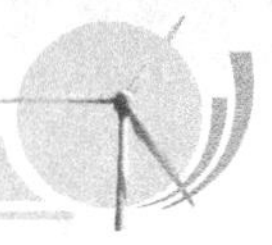

于弱电的电子技术控制，其装配过程必须按照电子产品的工艺流程。电气连接部分则属于强电的电气技术控制，主要分为控制电器和配电电器。控制电器的要求是：工作准确可靠，操作频率高，寿命长等。配电电器的要求是：在正常工作及故障情况下工作可靠，有足够的热稳定性和动稳定性。

(1) 控制电路部分的装配

控制电路部分的装配过程主要包括以下几个步骤：导线与元器件的加工、主控制电路板的装配、辅助部件的装配及整机总装。

① 导线与元器件的加工

a. 导线的加工　导线在控制系统整机中是必不可少的线材，它起在整机电路之间、分机之间进行电气连接与相互间传递信号的作用。在整机装配前必须对所使用的线材进行加工。

导线加工工艺一般包括绝缘导线加工工艺和屏蔽导线端头加工工艺。

绝缘导线加工工序：剪裁→剥头→清洁→捻头（对多股线）→浸锡。

加工完成的绝缘导线如图 5-23 所示。

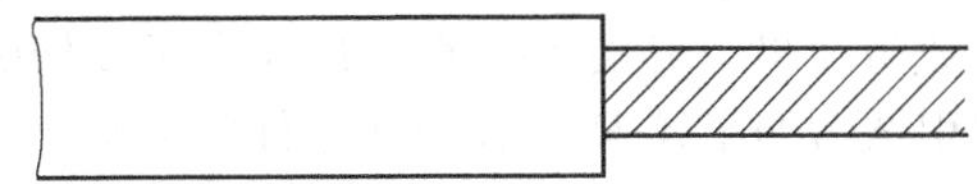

图 5-23　绝缘导线加工完成图示

屏蔽导线加工要点：为了防止导线周围的电场或磁场干扰电路正常工作而在导线外加上金属屏蔽层，就构成了屏蔽导线。在对屏蔽导线进行端头处理时，应注意去除的屏蔽层不宜太多，否则会影响屏蔽效果。线端经过加工的屏蔽导线，一般需要在线端套上绝缘套管，以保证绝缘和便于使用。给线端加绝缘套管，用热收缩套管时，可用灯泡或电烙铁烘烤，收缩套紧即可。用稀释剂软化套管时，可将套管泡在香蕉水中半个小时后取出套上，待香蕉水挥发尽后便可套紧。

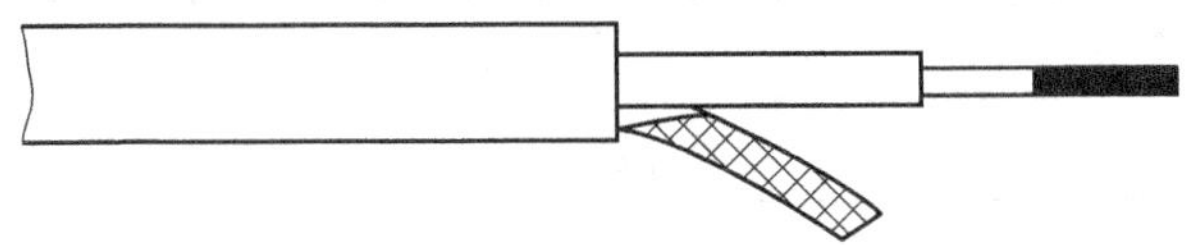

图 5-24　屏蔽导线加工完成图示

加工完成的屏蔽导线如图 5-24 所示。

b. 元器件的加工　根据工艺文件中的明细表，挑选出全部材料、零部件和各种辅助用料。准备好装配所需的元器件后，为了保证装配出来的控制系统能够长期可靠地工作，同时也为了避免给装配以后的调试、检验工作带来不必要的麻烦，必须在装配前对所使用的电子元器件进行检测。检测元器件应遵循“先看后测”的原则，也就是对元器件先进行外观质量的检查，外观质量合格再进行电气参数测量。

外观质量检查的一般标准

外形尺寸、电极引线的位置和直径应该符合产品标准外形图的规定。外形应完好无损。电极引线不应有影响焊接的氧化层和伤痕。各种型号、规格标志应清晰、牢固，对于有分挡和极性符号标志的元器件，其标志应该清晰，不能模糊不清或脱落。对于电位器、可变电容器等可调元器件，在其调节范围内应活动灵活、平滑、松紧适当，无机械杂音。开关类元器件应保证接触良好，动作迅速灵活。

参数性能检测

经过外观质量检查合格的元器件，应再进行电气参数测量。首先要根据元器件的质量标准或实际使用的要求选用合适的仪器，再使用正确的测量方法进行测量。测量结果应该符合该元器件的相关指标，误差应在标称值允许的误差范围以内。不同的元器件有不同的测量方

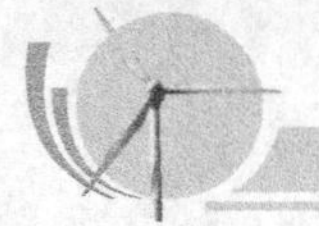

法，具体的测量方法在这里不一一介绍，但以下两点必须注意。

一是绝不能因为购买的元器件是正品就不进行测试。如果将未经检验的元器件焊到电路板上，而该元器件又恰好存在质量问题，结果就会使整机调试陷入困难，电路不能正常工作。

二是要避免因测量方法不正确而造成的不良后果。如用晶体管特性图示仪测量二极管或三极管时，要选择合适的功耗电阻。用指针式万用表测量电阻时，应使指针指在刻度盘的中央附近。

对元器件引线成型的要求

为了便于安装和焊接，提高装配质量和效率，加强控制系统的防震性和可靠性，在安装前，根据安装位置的特点及技术方面的要求，要预先把元器件引线弯曲成一定的形状，这就是元器件的引线成型。它有一定的技术要求和成型方法。

引线成型后，元器件本体不应产生破裂，表面封装不应损坏，引线弯曲部分不允许出现模印、压痕和裂纹。成型时，引线弯折处距离引线根部尺寸应大于 2mm，以防止引线折断或被拉出。引线弯曲半径 R 应大于 2 倍引线直径，以减少弯折处的机械应力。对立式安装，引线弯曲半径 R 应大于元器件的外形半径。凡有标记的元器件，引线成型后，其标志符号应在查看方便的位置。引线成型后，两引出线要平行，其间的距离应与印制电路板两焊盘孔的距离相同。对于卧式安装，两引线左右弯折要对称，以便于插装。对于自动焊接方式，可能会出现因振动使元器件歪斜或浮起等缺陷，宜采用具有弯弧形的引线；晶体管及其他在焊接过程中对热敏感的元件，其引线可加工成圆环形，以加长引线，减小热冲击。加工完成的元器件如图 5-25 所示。

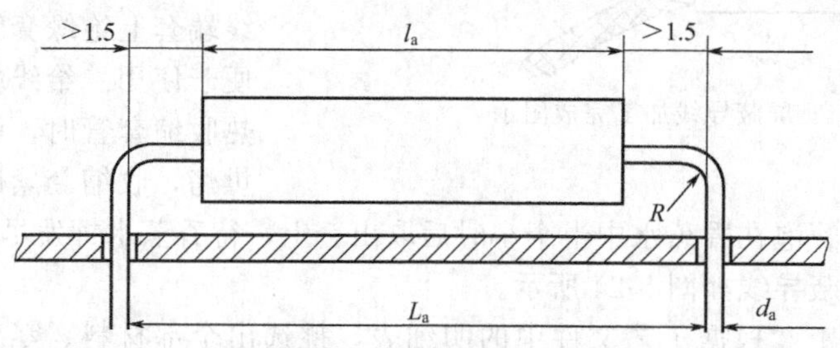

图 5-25　元器件的加工成型图示

② 主控制电路板的装配　完成导线与元器件的加工各项任务后，即可进行主控制电路板的装配（装连）。这是将电子元件按一定方向和次序装插（或贴装）到印制电路板规定的位置上，并用一定的连接工艺（紧固件或锡焊方法）把元器件固定的过程。

产品批量生产时大都采用流水线进行主控制电路板装配。生产流水线有三种形式：第一种是手工插件、手工焊接；第二种是手工插件、自动焊接；第三种是大部分元器件由机器自动插装、自动焊接。如果是产品样机试制或学生整机安装实习，则常采用手工独立插装、焊接完成印制电路板的装配。

a. 元器件的插装　元器件在实际生产时有不同的电路板插装工艺，即独立插装和流水线插装。其中独立插装方式需操作者从头插到尾，效率低，差错率高。一般在产品样机试制或学生整机实习等小批量生产时使用。而流水线插装是把印制电路板的整体装配分解为各个工位的简单装配，每个工位固定插装一定数量的元器件，使操作过程大大简化。由于元器件品种、规格趋于单一，不易插错。

一般有以下几种插装形式：悬空插装，贴板插装，垂直插装、嵌入式插装、支架固定插

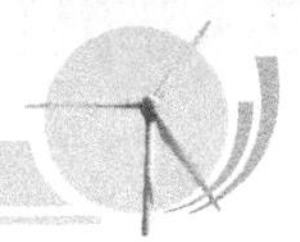

装、有高度限制时的插装等。悬空插装形式如图 5-26 所示。

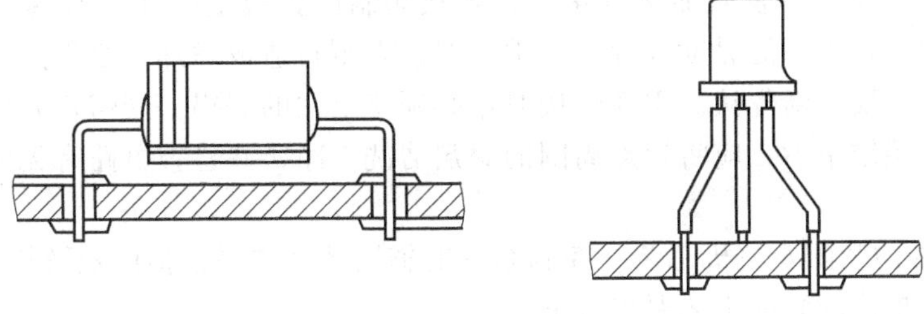

图 5-26　元器件悬空插装的形式

元器件插装的技术要求如下。

每个工位的操作人员将已检验合格的元器件按不同品种、规格装入元件盒或纸盒内，并整齐有序地放置在工位插件板的前方位置，然后严格按照工位的前上方悬挂的工艺卡片操作。按电路流向分区块插装各种规格的元器件。元器件的插装应遵循先小后大、先轻后重、先低后高、先里后外、先一般元器件后特殊元器件的基本原则。电容器、半导体三极管、晶振等立式插装组件，应保留适当长的引线。引线保留太长，会降低元器件的稳定性或者引起短路，太短会造成元器件焊接时因过热而损坏，一般要求距离电路板面 2mm。插装过程中应注意元器件的电极极性，有时还需要在不同电极上套上绝缘套管以增强电气绝缘性能、元器件的机械强度等。安装水平插装的元器件时，标记号应向上，方向一致，便于观察。功率小于 1W 的元器件可贴近印制电路板平面插装，功率较大的元器件应距离印制电路板 2mm，以利于元器件散热。为了保证整机用电安全，插件时须注意保持元器件间的最小放电距离，插装的元器件不能有严重歪斜，以防止元器件之间因接触而引起各种短路和高压放电现象。插装玻璃壳体的二极管时，最好先将引线绕 1～2 圈，形成螺旋形以增加留线长度，不宜紧靠根部弯折，以免受力破裂损坏。插装元器件要戴手套，尤其对易氧化、易生锈的金属元器件，以防止汗渍对元器件的腐蚀作用。印制电路板插装元器件后，元器件的引线穿过焊盘应保留一定长度，一般应多于 2mm。为使元器件在焊接过程中不浮起和脱落，同时又便于拆焊，引线弯的角度最好是在 45°～60°之间。插件流水线上装插元器件后，要注意印制电路板和元器件的保护，在卸板时要轻拿轻放，不宜多层叠放，应单层平放在专用的运输车上。

b. 电路板的连接（焊接）　将元器件插装完毕后，即可进行焊接操作。根据具体情况，焊接也可有两种方式，一是手工焊接，二是自动化焊接。

手工烙铁焊接应按以下五个步骤进行操作（简称五步焊接操作法）。

- 准备：将被焊件、电烙铁、焊锡丝、烙铁架等放置在便于操作的地方。
- 放烙铁：将烙铁头放置在被焊件的焊接点上，使接点升温。
- 放焊锡：将焊接点加热到一定温度后，用焊锡丝触到焊接处，熔化适量的焊料。焊锡丝应从烙铁头的对称侧加入，而不是直接加在烙铁头上。
- 移焊锡：当焊锡丝适量熔化后，迅速移开焊锡丝。
- 移烙铁：当焊接点上的焊料流散接近饱满，助焊剂尚未完全挥发，也就是焊接点上的温度最适当、焊锡最光亮、流动性最强的时刻，迅速拿开烙铁头。移开烙铁头的时机、方向和速度，决定着焊接点的焊接质量。正确的方法是先慢后快，烙铁头沿 45°角方向移动，并在将要离开焊接点时快速往回一带，然后迅速离开焊接点。

手工焊接的操作要领如下。

保持被焊件的清洁。焊剂的用量要合适，用量过少，影响焊接质量；用料过多，焊剂残渣将会腐蚀零件，并使线路的绝缘性能变差。焊接的温度和时间要掌握好，温度过低，焊锡

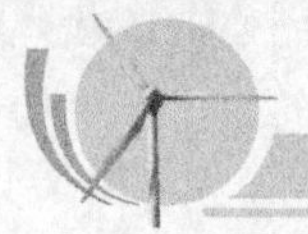

流动性差，很容易凝固，形成虚焊；如果锡焊温度过高，将使焊锡流淌，焊点不易存锡，焊剂分解速度加快，使金属表面加速氧化，并导致印制电路板上的焊盘脱落。焊接时手要扶稳，在焊锡凝固过程中不能晃动被焊元器件引线，否则将造成虚焊。当焊点一次焊接不成功或上锡量不够时，要重新焊接。重新焊接时，必须待上次的焊锡一同熔化并熔为一体时才能把烙铁移开。焊接结束后，应将焊点周围的焊剂清洗干净，并检查电路有无漏焊、错焊、虚焊等现象。

③ 辅助部件的装配及整机总装　控制系统的辅助部件主要包括面板及控制柜体等。

面板及控制柜体的装配工艺要求如下。

装配前应进行面板、机壳质量检查，将外观检查不合格的工件隔离存放，做好记录。在生产流水线工位上，凡是面板、机壳接触的工作台面上，均应放置塑料泡沫垫或橡胶软垫，防止装配过程中划损工件外表面。面板、机壳的内部注塑有各种凸台和预留孔，用来装配机芯、印制电路板及其部件。装配面板、机壳时，一般是先里后外，先小后大。搬运面板、机壳要轻拿轻放，不能碰压。面板、机壳上使用风动旋具紧固自攻螺钉时，风动旋具与工件应互相垂直，不能发生偏斜。扭力矩大小要合适，力度太大时，容易产生滑牙，甚至出现穿透现象，将损坏面板。在面板上贴铭牌、装饰、控制指示片等，应按要求贴在指定位置，并要端正牢固。面板与外壳合拢装配时，用自攻螺钉紧固，应无偏斜、松动并准确装配到位。装配完毕，用“风枪”清洁面板、机壳表面，然后装塑料袋封口，并加塑料泡沫衬垫后装箱。

总装是控制系统装配过程中一个重要的工艺过程。总装包括机械和电气两大部分的工作。具体地说，总装的内容包括将各零件、部件、整件（如各机电元件、印制电路板、底座、面板以及装在它们上面的元件）按照设计要求，安装在不同的位置上，组成一个整体，再用导线将元件、部件之间进行电气连接，完成一个具有一定功能的完整的系统。

控制系统总装的基本原则：先轻后重、先小后大、先铆后装、先里后外、先低后高、易碎后装、上道工序不得影响下道工序的安装、下道工序不改变上道工序。装配过程中应注意前后工序的衔接，使操作者感到方便、省力和省时。产品总装工艺过程中的先后程序有时可根据物流的经济性等做适当变动，但必须符合两条：一是使上、下道工序装配顺序合理或更加方便；二是使总装过程中的元器件磨损应最小。

控制系统总装的基本要求如下。

未经检验合格的装配件（零、部、整件）不得安装；已检验合格的装配件必须保持清洁。要认真阅读安装工艺文件和设计文件，严格遵守工艺规程。总装完成后的整机应符合图纸和工艺文件的要求，严格遵守电子整机总装的基本原则，防止前后顺序颠倒，注意前后工序的衔接。总装过程中不要损伤元器件和零部件，避免碰伤机壳及元器件和零部件的表面涂覆层，以免损害整机的绝缘性能。应熟练掌握操作技能，保证质量。

(2) 电气连接部分的装配

① 常用的电气元件及装配要求　风力发电机组控制系统中常用的电气元件有接触器、各种主令开关、控制继电器、电磁铁等。

a. 交流接触器的原理、选择和接法　交流接触器广泛用于电力的开断和控制电路。它利用主接点来开闭电路，用辅助接点来执行控制指令。主接点一般只有常开接点，而辅助接点常有两对具有常开和常闭功能的接点。小型的接触器也经常作为中间继电器配合主电路使用。

交流接触器的接点由银钨合金制成，具有良好的导电性和耐高温烧蚀性。

交流接触器主要由四部分组成：电磁系统，包括吸引线圈、动铁芯和静铁芯；触头系统，

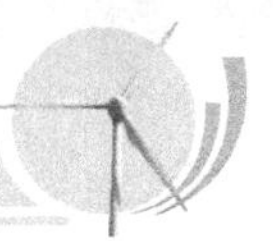

包括三副主触头和两个常开、两个常闭辅助触头，它和动铁芯是连在一起互相联动的；灭弧装置，一般容量较大的交流接触器都设有灭弧装置，以便迅速切断电弧，免于烧坏主触头；绝缘外壳及附件，各种弹簧、传动机构、短路环、接线柱等。交流接触器结构如图 5-27 所示。

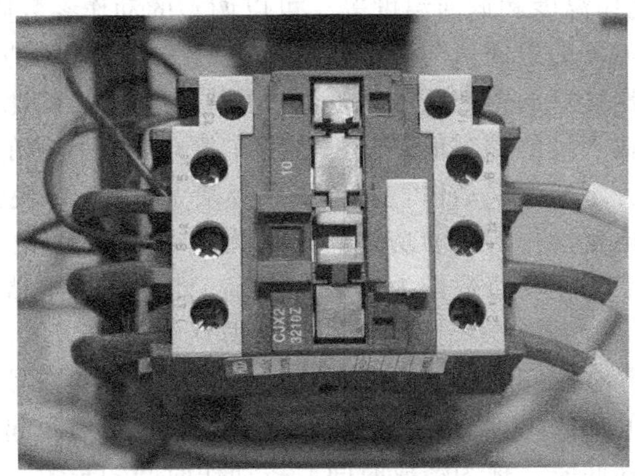

图 5-27　交流接触器的结构

交流接触器工作原理

当线圈通电时，静铁芯产生电磁吸力，将动铁芯吸合。由于触头系统是与动铁芯联动的，因此动铁芯带动三条动触片同时运行，触点闭合，从而接通电源。当线圈断电时，吸力消失，动铁芯联动部分依靠弹簧的反作用力而分离，使主触头断开，切断电源。

交流接触器的选择

持续运行的设备，接触器按 67%～75%算，即 100A 的交流接触器，只能控制最大额定电流是 67～75A 以下的设备。间断运行的设备，接触器按 80%算，即 100A 的交流接触器，只能控制最大额定电流是 80A 以下的设备。反复短时工作的设备，接触器按 116%～120%算，即 100A 的交流接触器，只能控制最大额定电流是 116～120A 以下的设备。还要考虑工作环境和接触器的结构型式。

交流接触器的接法

首先应该知道交流接触器的原理。它是用外界电源加在线圈上，产生电磁场。加电吸合，断电后接触点就断开。线圈的两个接点一般在接触器的下部，并且各在一边。其他的几路输入和输出一般在上部。还要注意外加电源的电压是多少（220V 或 380V），一般都标出。并且注意接触点是常闭还是常开。如果有自锁控制，可根据原理清理一下线路。

一般三相接触器一共有 8 个点：3 路输入，3 路输出，还有 2 个是控制点。输出和输入是对应的。如果要加自锁，则还需要从输出点的一个端子将线接到控制点上面。

b. 控制继电器　控制继电器是一种自动电器，适用于远距离接通和分断交、直流小容量控制电路，并在电力驱动系统中供控制、保护及信号转换用。继电器的输入量通常是电流、电压等电量，也可以是温度、压力、速度等非电量，输出量则是触点动作时发出的电信号或输出电路的参数变化。继电器的特点是当其输入量的变化达到一定程度时，输出量才会发生阶跃性的变化。控制继电器结构如图 5-28 所示。

图 5-28　控制继电器的结构

控制继电器主要参数如下。

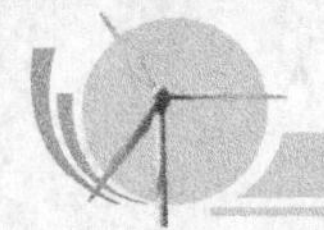

额定参数，是指输入量的额定值及触点的额定电压和额定电流、额定工作制、触头的通断能力、继电器的机械和电气寿命等。

动作参数与整定参数。输入量的动作值和返回值，统称动作参数，如吸合电压（电流）和释放电压（电流）、动作温度和返回温度等。可以调整的动作参数则称为整定参数。

返回系数，是指继电器的返回值与动作值的比值。按电流计算的返回系数为返回电流与动作电流的比值；按电压计算的返回系数为返回电压与动作电压的比值。

储备系数，继电器输入量的额定值（或正常工作值）与动作值的比值，亦称安全系数。为保证继电器运行可靠，不发生误动作，储备系数必须大于1，一般为1.5～4。

灵敏度，是指使继电器动作所需的功率（或线圈磁动势）。为便于比较，有时以每对常开触头所需的动作功率或动作安匝数作为灵敏度指标。电磁式继电器灵敏度较低，动作功率达0.01W。半导体继电器灵敏度较高，动作功率只需0.000001W。

动作时间，是指其吸合时间和释放时间。从继电器接受控制信号起到所有触头均达到工作状态为止所经历的时间间隔，称为吸合时间；而从接受控制信号起到所有触头均恢复到释放状态为止所经历的时间间隔，称为释放时间。按动作时间的长短，继电器可以分为瞬时动作型和延时动作型两大类。

电气元件的装配应符合以下要求。

- 所有电气元件在装配前应进行检查，例如电气元件的型号、规格是否与配套明细表及图样相符；外观是否完好；低压电气元件的绝缘电阻值是否正常；熔断器的容量是否符合设计要求等。
- 所有低压电气元件必须有检验合格证，经检查后方可进行安装，并应符合该电气安装使用说明书的有关安装规定。
- 控制系统内所装的电气元件，带电体之间和带电体与金属骨架间的电气间隙和爬电距离应不小于国家标准的规定。
- 电气元件在安装时应能单独拆卸更换，而不影响其他电器及导线束的固定。

② 控制系统常用电气元件的装配工艺

电气元件的装配规范：

a. 所有电气器件应按制造厂规定的安装条件进行安装；

b. 组装前首先看明白图纸及技术要求，检查产品型号、元器件型号、规格、数量等与图纸是否相符；

c. 检查元器件有无损坏，元器件组装顺序应从板前视，由左至右，由上至下，必须按图安装（如果有图）；

d. 同一型号产品应保证组装的一致性，所有电气元件及附件均应固定安装在支架或底板上，不得悬吊在电器及连线上；

e. 面板、门板上的电气元件中心线的高度应符合规定，具体规定如表5-2所示；

表5-2 面板、门板上的电气元件中心线的规定高度

序号	元件名称	安装高度/m	序号	元件名称	安装高度/m
1	指示仪表、指示灯	0.6～2.0	3	控制开关、按钮	0.6～2.0
2	电能计量仪表	0.6～1.8	4	紧急操作件	0.8～1.6

f. 主回路上面的元器件、一般电抗器、变压器需要接地，断路器不需要接地，如图5-29所示；

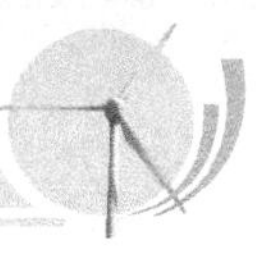

图 5-29 电抗器接地示意图

g. 对于发热元件（例如纹波电阻、散热片等）的安装，应考虑其散热情况，安装距离应符合元件规定。额定功率为 75W 及以上的纹波电阻器应横装，不得垂直地面竖向安装。图 5-30 为控制系统纹波电阻的正确接法。

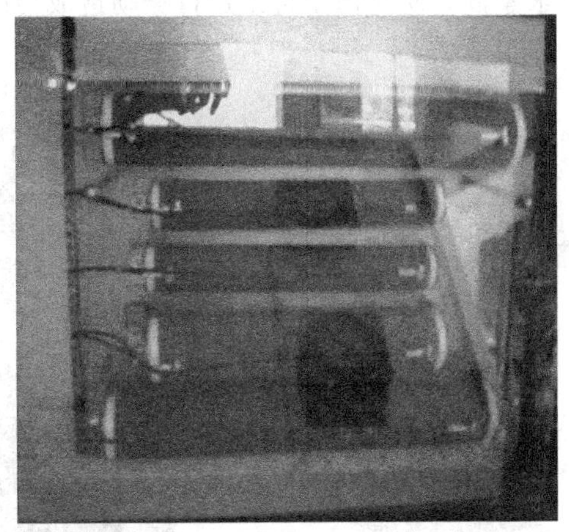

图 5-30 纹波电阻的接法示意图

③ 控制系统所用传感器的装配工艺　风力发电机组控制系统需要用到多个传感器来实时检测风速、风向、电压、电流、发电机转速、发电机绕组温度、环境温度、电缆扭绞、机头位置及振动等参数，并网运行的风力发电机组还需要检测电网频率、功率因数等相关参数。

风力发电机组控制系统所用传感器主要包括风速仪、风向标、温度传感器、物位传感器、接近开关等。

a. 风速仪、风向标的安装　风速仪主要用来检测实时的风速大小，主要原理是基于把风杯的转动转换成电信号，先经过一个临近感应开关，对转轮的转动进行“计数”并产生一个脉冲系列，再经检测仪转换处理，即可得到转速值。其内部采用了先进的微处理器作为控制核心，外围采用了先进的数字通信技术。系统稳定性高，抗干扰能力强，检测精度高，风杯采用特殊材料制成，机械强度高，抗风能力强。

风向标基本上是一个不对称形状的物体，重心点固定于垂直轴上。当风吹过，对空气流动产生较大阻力的一端便会顺风转动，显示风向。其内部采用微处理器作为控制核心，通过光电码盘采集风向信号。

风速仪、风向标的结构如图 5-31 所示。

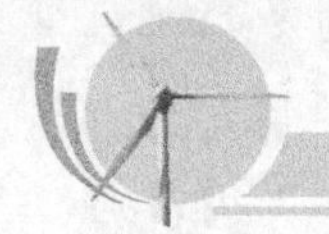

图 5-31　风速仪、风向标的结构

将风向标、风速仪分别固定在护座上，将传递风速风向信号的电缆穿过钢管进入机头，护座用螺栓固定在钢管上。由于风向标、风速仪的输出信号是 4～20mA，而控制系统需要 0～10V 电压信号输入，因此在连接电路上需要并上一个高精度金属模电阻（500Ω±1%Ω，1/4W）。现场接线时要注意检查电阻是否安装。风向标外壳上有一道竖线，竖线下写着 N，如图 5-32 所示。这道线是风向标的 0°位置，安装时注意该竖线要垂直指向机尾。为方便安装，安装前用记号笔在 0°位置的正对面标好 180°位置，将此位置对正发电机中心点。

安装风速仪、风向标要求紧固，防止由于机组运行振动造成传感器松动。风速仪、风向标的安装位置如图 5-33 所示。

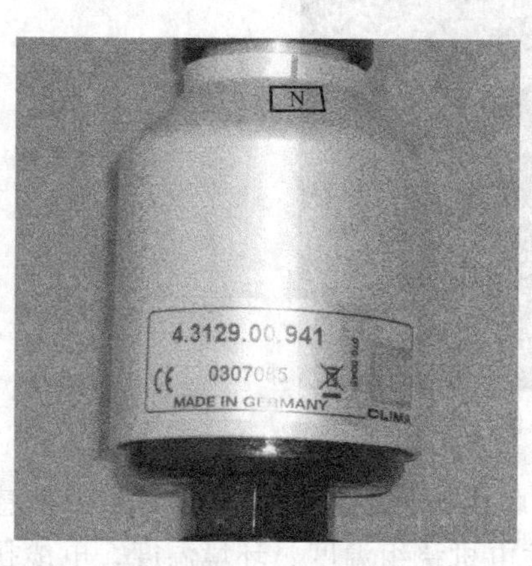

图 5-32　风向标 0°位置指示

图 5-33　风速仪、风向标的安装位置

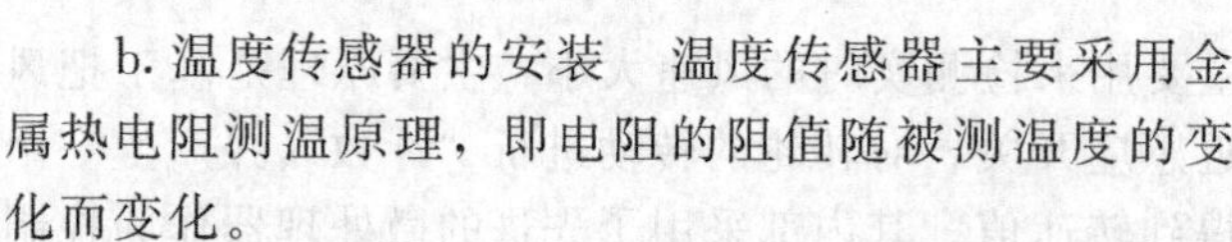

b. 温度传感器的安装　温度传感器主要采用金属热电阻测温原理，即电阻的阻值随被测温度的变化而变化。

温度传感器采用三线制 Pt100，其结构如图 5-34 所示。

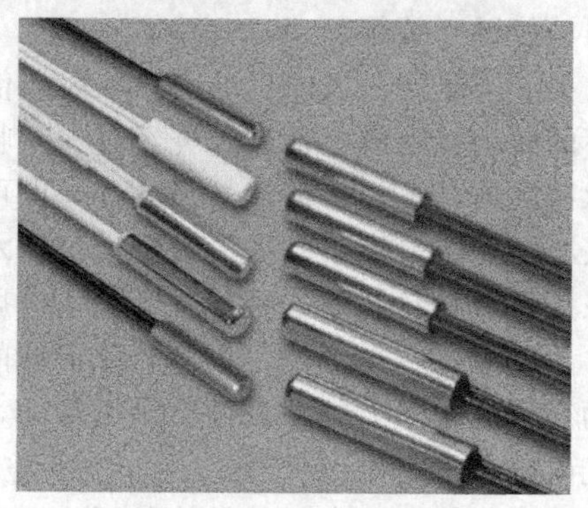

图 5-34　温度传感器的结构

该温度传感器其中有两根线是连通的，用万用表测量为 0Ω。一般这两根线是红色的。接到控制系统时需要将两根红色电缆并在一起套入同一个 0.5mm^2 管形预绝缘端子接线。连接前需要测量温

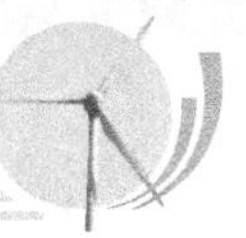

度传感器的电阻，如阻值偏差超过 1Ω，则需更换传感器。温度传感器的温度与阻值关系见表 5-3。

表 5-3 温度传感器温度与阻值的关系

温度/℃	传感器阻值/Ω	温度/℃	传感器阻值/Ω	温度/℃	传感器阻值/Ω
−10	96.03	10	103.96	30	111.85
−5	98.01	15	105.94	35	113.82
0	100.00	20	107.91	40	115.78
5	101.98	25	109.88	45	117.74

由于有的发电机温度传感器电缆的长度不够连接到机舱柜，需要把电缆延长，延长的长度根据现场具体情况而定。延长电缆接头处采用焊接或压接。焊接时注意焊点要均匀、光滑；压接采用 0.75mm^2 管形预绝缘端头，把绝缘部分去掉，只用金属管压接。单根线芯连接处以及屏蔽层连接处套 $\phi 2$ 热缩管。最后在整个电缆外面用绝缘胶布包扎。

温度传感器在安装走线时尽量远离动力电缆。

温度传感器屏蔽层必须可靠接地，各温度传感器屏蔽层接到控制系统下方的接地排上。

温度传感器在控制系统中的安装位置如图 5-35 所示。

图 5-35 温度传感器的安装位置

c. 机头位置检测传感器的安装 机头位置的检测主要是利用一个多圈电位器来进行测量。该传感器的结构如图 5-36 所示。

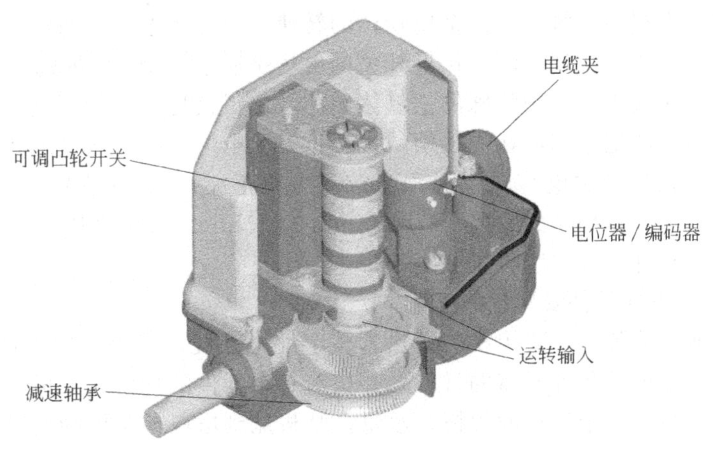

图 5-36 机头位置检测传感器结构

机头位置检测传感器固定在机舱的底座上，靠近偏航轴承的外齿圈。在机头位置传感器的内部有一个电位器，电位器内的滑线触头随凸轮的位置进行相应的移动，电阻值也随之发生变化。电阻值的变化引起电压的变化。电压信号被输送到模拟量采集模块中进行变换，就得到了机头位置。该传感器在机头中的安装位置如图 5-37 所示。

图 5-37　机头位置传感器的安装位置

d. 接近开关的安装　接近开关主要用来检测风力发电机转速，其结构如图 5-38 所示。

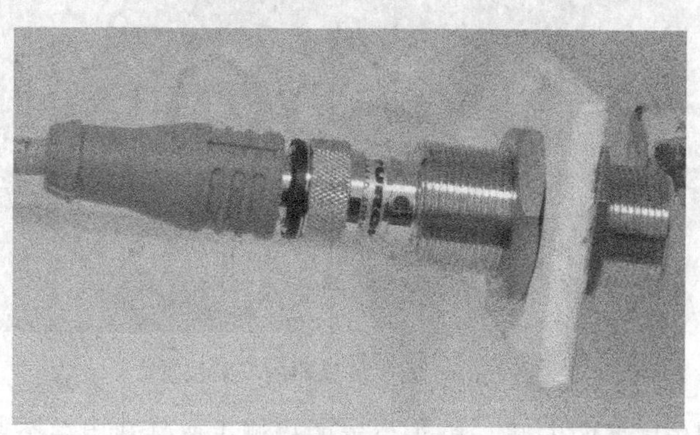

图 5-38　接近开关的结构

接近开关可以无损不接触地检测金属物体的转速、位移等参数。通过一个高频的交流电磁场和目标体相互作用，实现检测。接近开关的磁场是通过一个 LC 振荡电路产生的，其中的线圈为铁氧体磁芯线圈。采用特殊的铁氧体磁芯，使得接近开关能够抗交流磁场和直流磁场的干扰，因此有可能把它们用在焊接领域。接近开关电缆走线时尽量远离动力电缆，屏蔽层必须可靠接地。接近开关电缆颜色标示为棕（电源正极）、黑（信号）、蓝（电源负极）。接近开关安装时，与金属部分的距离 L 为 2.5mm±0.5mm。安装完毕后应测试接近开关是否能正常工作。接近开关的安装位置如图 5-39 所示。

④ 控制系统的电气元件安装接线工艺

a. 安装接线前的准备　安装接线前先熟悉整个配电系统，了解机组各部分之间的连接。按照图纸，根据工序要求备齐所需的材料，并核对每个器件的规格、数量。根据工序要求备齐所需的工具，并核对每个工具的规格、数量。从机舱到塔底控制柜的电缆敷设应符合有关要求。

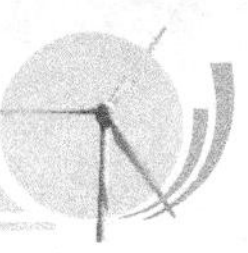

图 5-39　接近开关的安装位置

b. 电缆接头及接线端头的处理　剥切多芯电缆外层橡套时，应在适当长度处用电工刀（或美工刀）顺着电缆壁圆周划圆，然后剥去电缆外层橡套。**注意**切割时用力要均匀、适当，不可损伤内部线缆绝缘。单芯 1.0～2.5mm^2 的线缆应用剥线钳剥去绝缘层。**注意**按绝缘线直径不同，放在剥线钳相应的齿槽中，以防导线受损。剥切长度根据选用的接线端头长度加长 1mm。**注意**剥线时不可损伤线芯。管式预绝缘端头须选用专用压线钳压接，**注意**压线钳选口要正确，线缆头穿入前先绞紧，防止穿入时线芯分岔，如图 5-40 所示。线缆绝缘层需完全穿入绝缘套管，线芯需与针管平齐，如有多余，需用斜口钳去除。压接完成后需用力拉拔端头，检查是否牢固。管式预绝缘端头用压线钳压好后，会出现一面平整而另一面有凹槽。端头与弹簧端子连接时，必须将管式预绝缘端头的平整面与弹簧端子的金属平面相连（端头平整面需正对端子中心后插入），如果用有凹槽的一面与弹簧端子的金属平面相连，会造成接触不良，烧毁端子。铜接线端头压接前，应先将热缩管套入电缆。压接时应将缆芯铜丝撸直再穿进端头内，**注意**要将所有缆芯内的铜丝都放入端头内，不能截掉铜丝。根据铜接线端头的长短选择压接道数，尾部较短的端头用液压钳压接 2 道，尾部较长的端头用液压钳压接 3 道。

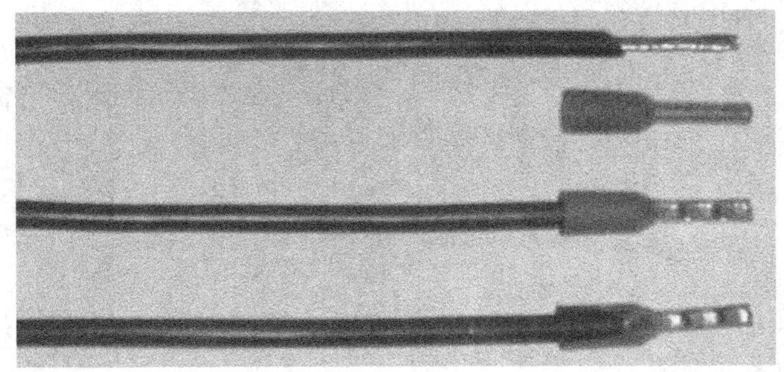

图 5-40　电缆接线端头的处理

c. 一次回路布线注意事项　一次配线应尽量选用矩形铜母线。当用矩形母线难以加工时或电流≤100A，可选用绝缘导线：

$$接地铜母排的截面面积=电柜进线母排单相截面面积\times 1/2$$

电缆与柜体金属有摩擦时，需加橡胶垫圈以保护电缆。汇流母线应按设计要求选取，主

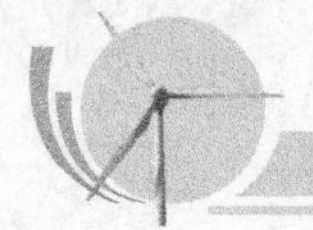

进线柜和联络柜母线按汇流选取，分支母线的选择应以自动空气开关的脱扣器额定工作电流为准，如自动空气开关不带脱扣器，则以其开关的额定电流值为准。对自动空气开关以下有数个分支回路的，如分支回路也装有自动空气开关，仍按上述原则选择分支母线截面。如没有自动空气开关，比如只有刀开关、熔断器、低压电流互感器等，则以低压电流互感器的一侧额定电流值选取分支母线截面。如果这些都没有，还可按接触器额定电流选取。如接触器也没有，最后才是按熔断器熔芯额定电流值选取。一次回路的布线如图 5-41 所示。

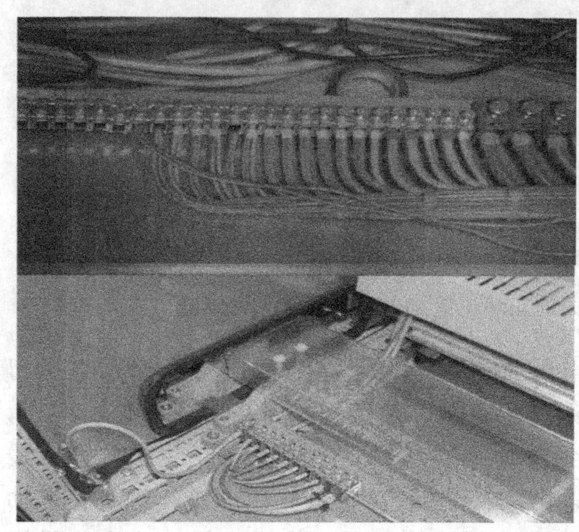
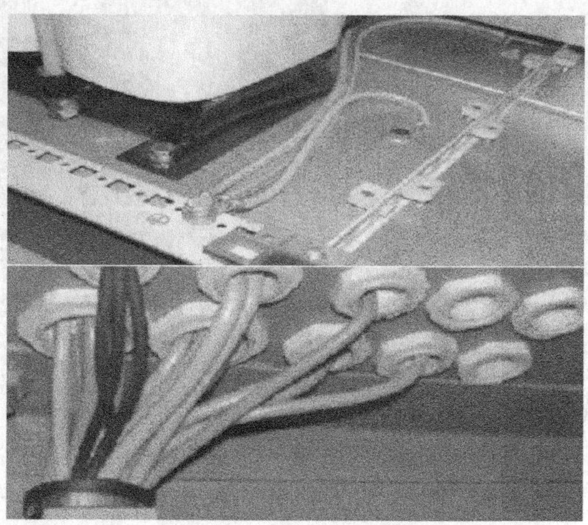

图 5-41　一次回路布线示意图

d. 二次回路布线注意事项　二次线的连接（包括螺栓连接、插接、焊接等）均应牢固可靠，线束应横平竖直，配置坚牢，层次分明，整齐美观。相同元件走线方式应一致。单股导线不小于 1.5mm^2，多股导线不小于 1.0mm^2，弱电回路不小于 0.5mm^2，电流回路不小于 2.5mm^2，保护接地线不小于 2.5mm^2。所有连接导线中间不应有接头。每个电气元件的接点最多允许接 2 根线。每个端子的接线点一般不宜接 2 根导线，特殊情况时如果必须接 2 根导线，则连接必须可靠。电流表与分流器的连线之间不得经过端子，其线长不得超过 3m，电流表与电流互感器之间的连线必须经过试验端子，二次线不得从母线相间穿过。二次回路布线如图 5-42 所示。

图 5-42　二次回路布线示意图

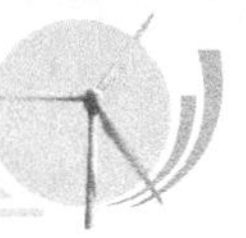

e. 保护接地连续性注意事项　保护接地连续性利用有效接线来保证。柜内任意两个金属部件通过螺钉连接时，如有绝缘层，均应采用相应规格的接地垫圈，并注意将垫圈齿面接触零部件表面，或者破坏绝缘层。如图 5-43 所示。

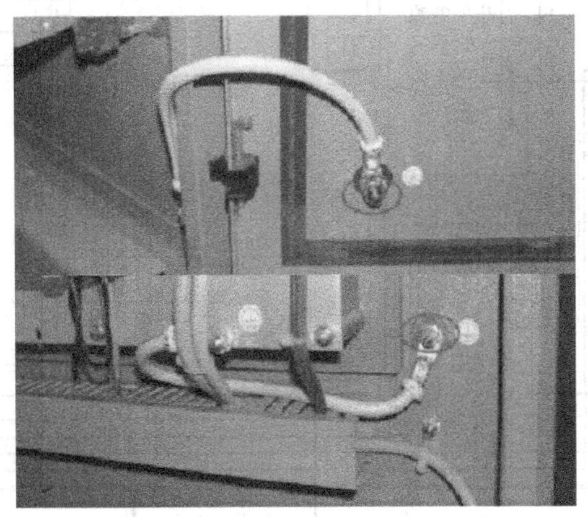

图 5-43　保护接地的接线示意图

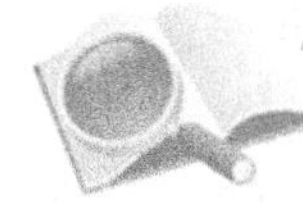

操作指导

1. 任务布置

一台 10kW 风力发电机组控制系统的内部结构图如图 5-44 所示，分析控制系统功能及其电路工作原理，阐述控制系统的整机装配工艺过程及注意事项。

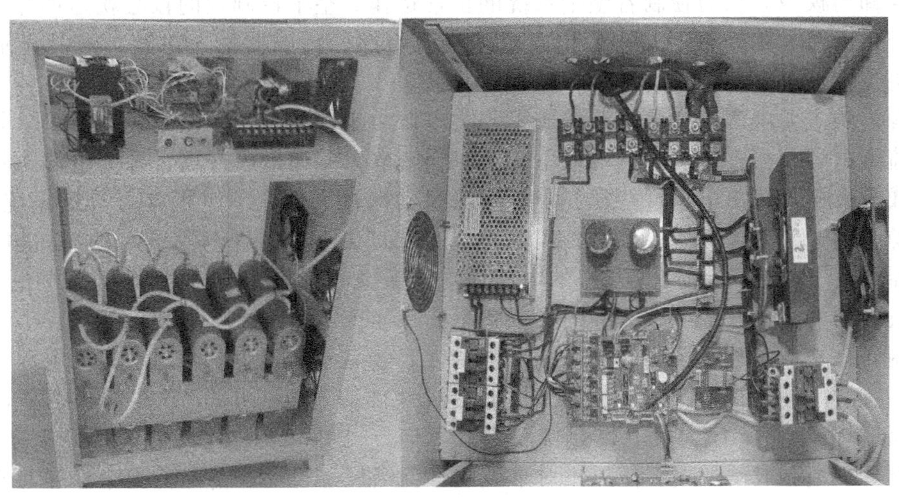

图 5-44　10kW 风力发电机组控制系统的内部结构

2. 操作指导

(1) 10kW 风力发电机组控制系统工作原理分析

① 画出控制系统的电气连接图，如图 5-45 所示。

② 控制系统功能描述　控制系统通过微处理器设计、编程调试，利用风速、风向传感

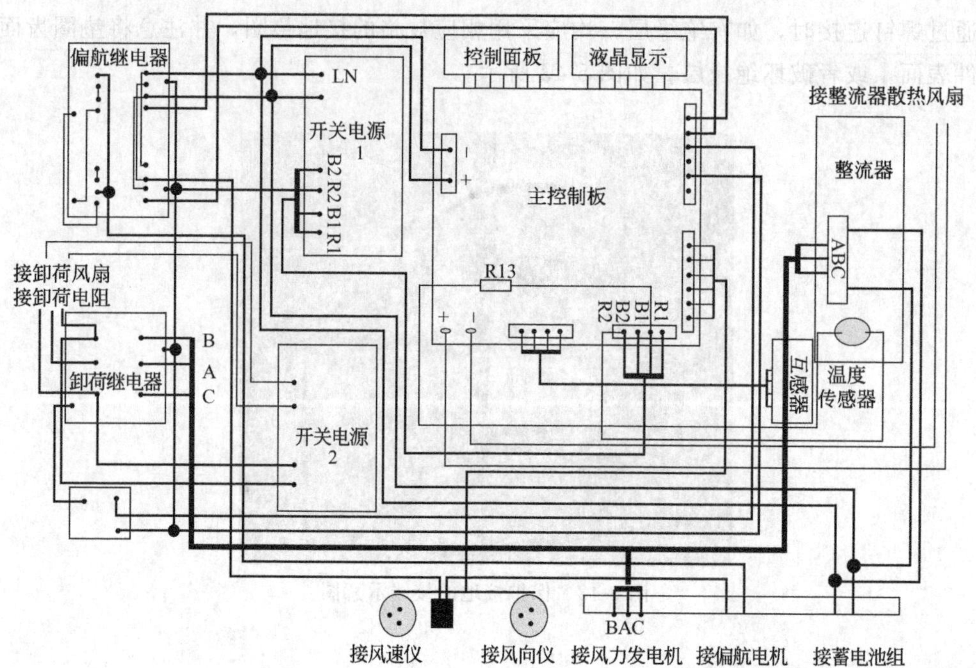

图 5-45　10kW 风力发电机组控制系统的电气连接图

器实行风向跟踪、自动偏航。当电池充足或风速过大时实行自动偏航停机，也就是在无人看守及突发大风的情况下自动控制发电机转速、输出电压和电流。开关电源 2 为主控板提供工作电源，传感器模块输入进来的电压模拟值、霍尔传感器输入进来的电流模拟值是主控板的输入信号，经模数转换后，由单片机分析处理，输出控制数据分别传送给液晶显示模块和过压报警与卸荷模块，从而控制着整个系统的正常运作。整个控制板的核心就是单片机芯片以及一些外设电路。其外设电路主要包含电源输入电路、传感器输入电路、液晶显示驱动电路、继电器控制电路等。

电源模块主要由两个开关电源构成。开关电源 1 用于为系统散热的风扇供电，其输入端通过直流继电器 1 与整流后的风机电压相接。当继电器 1 通电吸合后，开关电源 1 将风机电压转换成＋12V 的输出电压，接在 5 个并联的风扇两端，这在一定程度上节约系统的成本。开关电源 2 用于为主控板模块供电，其输入端通过直流继电器 2 与整流后的风机电压相接，当继电器 2 通电吸合后，输出＋5V 的电压为主控板供电，＋/－12V 的电压接继电器 2，通过单片机输出的变化改变继电器 2 的吸合状态，从而控制控制风机的正反偏转。

控制面板与液晶显示模块主要用于人机结合。液晶显示模块主要用来显示电池电压、充电电流、实时风速。初始状态下控制面板上指示“自动”与“开机”。在此状态下，当风速达到或超过 2m/s 时，风力发电机会自动跟踪风向。也可以设定迎风方式为“手动”，此时通过按动“正偏”或“逆偏”使风机对准风向，但当风速过大或蓄电池充电饱和时不会自动停机。控制面板主要包括工作指示灯、功能键、数字键、移位键。系统正常运行时，绿灯闪烁；当风速过低时，欠速指示灯（黄色）亮，同时报警，按任意键报警声消失；当风速过高时，过风速指示灯（红色）亮，同时报警，按任意键报警声消失。

过压报警与卸荷模块用于保护风机设备。在正常发电状态下系统会不断地检测蓄电池电压，当过压时系统会自动报警，同时发出停机指令。该模块主要由 12V 直流继电器和多组用于卸荷的大功率纹波电阻构成。正常工作状态下，继电器处于断开状态，风机产生的电流

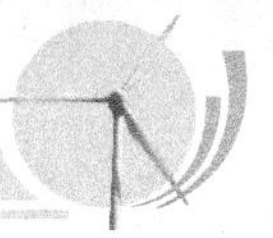

经整流器整流后源源不断地给蓄电池充电。当电池充电饱和时，单片机通过分析检测到的数据，经过分析处理，然后下达指令使得继电器吸合，此时风机产生的电流则通过卸荷电阻释放出来。

传感检测模块主要用于检测实时的风速，送往单片机进行计算分析，以确认系统是否处于工作状态。在工作状态下，系统将自动进入迎风发电，而在非工作状态下又分为“无风状态”与“过风速状态”。在“无风状态”下，系统进入睡眠状态，在“过风速状态”下系统将立即发出偏航指令，直到进入停机状态。风向控制模块主要用于实现风机的偏航，当风速达到12m/s时，风机偏航30°；当风速达到15m/s时，风机偏航60°；而当风速达到18m/s时，风机偏航90°，此时风机处于停机状态。

(2) 控制系统的装配工艺过程

① 整个控制系统的装配参考顺序如下：导线的加工；主控制板电路的装配；控制面板与液晶显示模块的装配；传感检测模块的装配；电源模块的装配；过压报警与卸荷模块的装配；整机电气连接。

② 导线加工注意事项

a. 线材的选用　线材的选用要从电路条件、环境条件和机械强度等多方面综合考虑。

(a) 电路条件

允许电流：是指常温下工作的电流值，导线在电路中工作时的电流要小于该值。

电线电阻的压降：导线很长时，要考虑导线电阻对电压的影响。

额定电压与绝缘性：不同粗细、不同绝缘层的线材有不同的额定电压。使用时，电路的最大电压应小于额定电压，以保证安全。

使用频率与高频特性：对不同的频率选用不同的线材，要考虑高频信号的趋肤效应。

特性阻抗：一般是指在射频电路中选用线材时应注意阻抗匹配，以防止信号的反射波。特性阻抗有50Ω和75Ω两种。

(b) 环境条件

温度：温度会使电线的敷层变软或变硬，容易造成短路。因此，所选线材应能适应环境温度的要求。

耐老化性：一般情况下线材不要与化学物质及日光直接接触，以防止线材老化、变质。

(c) 机械强度。所选择的电线应具有良好的拉伸、耐磨损和柔软性，质量要轻，以适应环境的机械振动等条件。同时，易燃材料不能作为导线的敷层，以防止火灾和人身事故的发生。

b. 线材的加工应符合工艺规范的标准。

③ 主控制板电路的装配注意事项

a. 元器件的检测　在焊接之前，应用万用表进行校验，检查每个元器件插放是否正确、整齐，二极管、电解电容极性是否正确，电阻读数的方向是否一致，全部合格后方可进行元器件的焊接。

b. 焊接的要求　焊接时先将电烙铁在线路板上加热，大约2s后送焊锡丝，观察焊锡量的多少，不能太多，造成堆焊；也不能太少，造成虚焊。当焊锡熔化，发出光泽时，焊接温度最佳，应立即将焊锡丝移开，再将电烙铁移开。为了在加热中使加热面积最大，要将烙铁头的斜面靠在元件引脚上，烙铁头的顶尖抵在线路板的焊盘上。焊点高度一般在2mm左右，直径应与焊盘相一致，引脚应高出焊点大约0.5mm。焊接效果如图5-46所示。

④ 控制面板与液晶显示模块的装配　控制面板与液晶显示模块主要用于人机结合，一

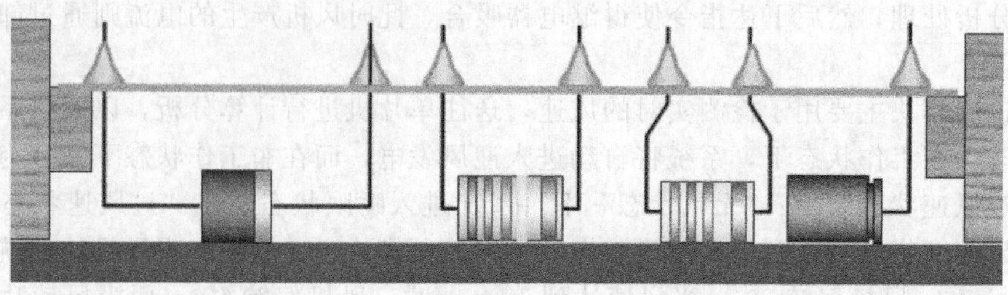

图 5-46 主控制板电路的焊接效果

方面控制系统通过液晶显示模块来显示蓄电池电压、充电电流、实时风速风向、机头位置、系统内温度、累计发电量等参数；另一方面通过控制面板来实现手动状态下的相关操作功能。

控制面板与液晶显示模块电路结构比较简单，其装配效果如图 5-47 所示。

⑤ 电源模块的装配　控制系统的电源模块主要采用开关电源电路来实现。开关电源直接将风力发电机发出的不稳定的电能信号转换成稳定的直流电压，用来为整个控制系统供电，主要包括主控制板的电压、液晶显示模块的工作电压、报警电路的电压以及卸荷时散热风扇的工作电压等。

该模块的电路原理较复杂，系统在装配时选择了开关电源成品模块，因此该模块只需要完成开关电源的输入输出接线操作。其装配效果如图 5-48 所示。

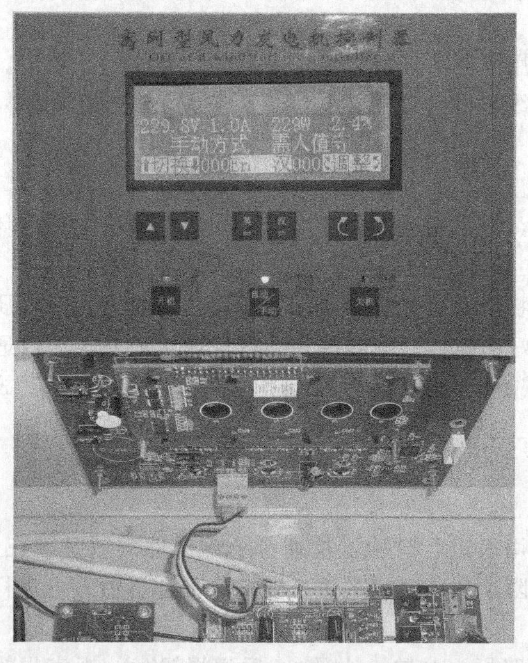

图 5-47 控制面板与液晶显示模块电路的装配效果

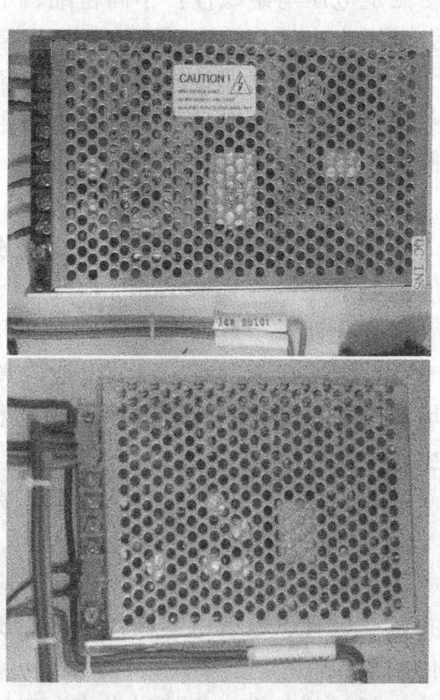

图 5-48 电源模块装配效果

⑥ 过压报警与卸荷模块的装配　在正常状态下，控制系统会将风力发电机产生的电能经整流器整流后源源不断地给蓄电池充电，并不断地检测蓄电池电压。当蓄电池的电压达到设定过压值时，控制系统会自动报警，同时启动卸荷模块。

该模块主要由 12V 直流继电器和多组用于卸荷的大功率纹波电阻构成。正常工作状态

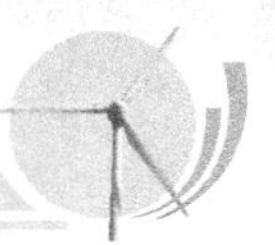

下，继电器处于断开状态。当电池充电饱和时，单片机通过分析检测到的数据，经过分析处理，然后下达指令使得继电器吸合，此时风力发电机产生的电能则通过卸荷电阻释放出来。卸荷电阻的装配效果如图 5-49 所示。

图 5-49　卸荷电阻的装配效果

⑦ 传感检测模块的装配　该模块主要包括风力发电机组控制系统所用的各种传感器，主要有风速仪、风向标、温度传感器、机头位置传感器、接近开关等。有关传感器的装配要求在前面已经介绍过，这里就不再详细阐述。

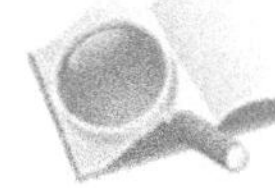

思考题

一台 20kW 风力发电机组控制系统的内部结构如图 5-50 所示，分析控制系统功能及其电路工作原理，阐述控制系统的整机装配工艺过程及注意事项。

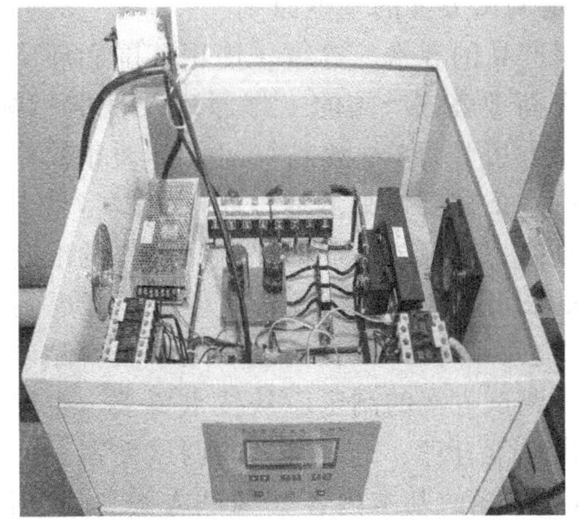

图 5-50　20kW 风力发电机组控制系统的内部结构

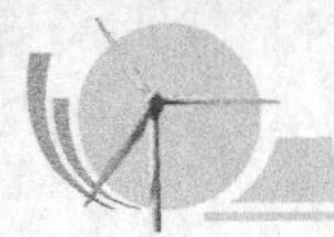

任务三　控制系统的检查与调试

控制系统装配完成后，必须进行系统性能的检验与调试。控制系统调试的目的是为了验证风力发电机组控制系统及安全系统是否满足相关技术条件规定或设计规范要求，以保证风力发电机组运行时的稳定、可靠和安全。

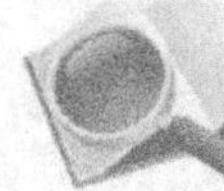

能力目标

① 了解风力发电机组控制系统调试的含义。
② 熟悉风力发电机组控制系统调试的基本内容。
③ 掌握风力发电机组控制系统调试的步骤与方法。
④ 熟悉风力发电机组控制系统调试的报告写法。
⑤ 了解风力发电机组控制系统调试的安全措施。

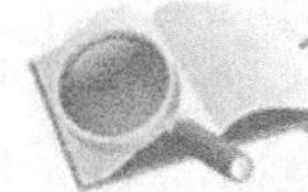

基础知识

1. 调试的相关概念

(1) 调试的定义

调试是用测量仪表和一定的操作方法按照调试工艺规定，对单元电路板和整机的各个可调元器件或零部件进行调整与测试，使产品达到技术文件所规定的技术性能指标。

(2) 调试的作用

① 实现产品功能、保证质量的重要工序。
② 发现产品设计、工艺缺陷和不足的重要环节。
③ 为不断提高产品的性能和品质积累可靠的技术性能参数。

(3) 调试方案的制定

① 制定调试方案的基本原则

a. 根据产品的规格、等级、使用范围和环境，确定调试的项目及主要性能指标。

b. 在全面理解该产品的工作原理及性能指标的基础上，确定调试的重点、具体方法和步骤。调试方法要简单、经济、可行和便于操作；调试内容要具体、细致；调试步骤应具有条理性；测试条件要详细清楚；测试数据尽量表格化，便于查看和综合分析；安全操作规程的内容要具体、明确，从而确保调试工作的准确性和高效率。

c. 尽量采用新技术、新设备，但也要考虑到现有的设备条件，使调试方法、步骤合理可行，操作安全、方便，以提高生产效率及产品质量，降低成本。

总之，调试方案的制定应从技术要求、生产效率要求和经济要求等三个方面综合考虑，才能制定出科学合理、行之有效的调试方案。

② 调试方案的基本内容　调试方案是工艺设计人员为某一产品的生产而制定的一套调试内容和做法，它是调试人员着手工作的技术依据。它应包括以下基本内容：

a. 测试所需的各种测量仪器、工具、专用测试设备等；

b. 调试工序的安排及所需人数、工时；

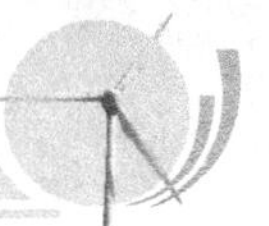

c. 调试方法、具体步骤及调试用相关图纸；

d. 调试安全操作规程；

e. 测试条件与有关注意事项；

f. 调试所需的数据资料及记录表格；

g. 调试责任者的签署及交接手续。

以上所有内容都应在调试工艺指导卡中反映出来。

（4）调试工作的基本内容

① 正确合理地选择和使用测试仪器仪表。

② 严格按照调试工艺文件的规定，对单元电路板或整机进行调整和测试。

③ 排除调试中出现的故障，并做好记录。

④ 认真对调试数据进行分析与处理，编写调试工作总结，提出改进措施。

（5）调试前的准备工作

① 调试人员的培训　技术部门应结合产品的质量要求，组织调试、测试人员熟悉整机工作原理、技术条件及有关指标，仔细阅读调试工艺指导卡，使调试人员明确本工序的调试内容、方法、步骤、设备条件及注意事项。

② 技术文件的准备　产品调试之前，调试人员应准备好产品技术条件、技术说明书、电气原理图、检修图和调试工艺指导卡等技术文件。

③ 仪器、仪表的准备　按照技术条件的规定，准备好测试所需的各类仪器设备。要求所用仪器、仪表应经过计量部门检验合格并在有效期之内，符合技术文件的规定，满足测试精度范围的需要，并按要求放置好。

④ 被测物件的准备　调试、测试前，对送交调试的单元电路板、部件、整机严格检查是否有工序遗漏或签署不完整、无检验合格章等现象。通电前，应检查设备各电源输入端有无短路现象。

⑤ 场地的准备　调试场地应整齐、清洁，按要求布置，要避免高频、高压、强电磁场的干扰。调试高频电路应在屏蔽间进行。调试大型整机的高压部分，应在调试工位周围铺设合乎规定的地板或绝缘胶垫，挂上“高压危险”的警告牌，备好放电棒。

⑥ 个人准备　调试人员应按安全操作规程做好上岗准备，调试用图纸、文件、工具、备件等都应放在适当的位置上。

（6）故障的查找与排除

在调试过程中，往往会遇到在调节工艺文件指定的调整元件或调谐部件时，被调部件或整机的指标达不到规定值，或者调整这些元件时根本不起作用，这时可按以下步骤进行故障查找与排除。

① 了解故障现象　被调部件、整机出现故障后，首先要进行初检，了解故障现象、故障发生的经过，并做好记录。

② 故障分析　根据产品的工作原理、整机结构以及维修经验，正确分析故障，查找故障的部位和原因。查找要有一个科学的逻辑程序，按照程序逐次检查。一般程序是：先外后内，先粗后细，先易后难，先常见现象后罕见现象。在查找过程中尤其要重视供电电路的检查，因为正常的电源电压是任何电路工作的基础。

③ 处理故障　对于线头脱落、虚焊等简单故障可直接处理。而对有些需拆卸部件才能修复的故障，必须做好处理前的准备工作，如做好必要的标记或记录，准备好需要的工具和仪器等，避免拆卸后不能恢复或恢复出错，造成新的故障。在故障处理过

程中，对于需要更换的元器件，应使用原规格、原型号的器件或者性能指标优于原损坏的同类型元器件。

④ 部件、整机的复测　修复后的部件、整机应进行重新调试，如修复后影响到前一道工序的测试指标，则应将修复件从前道工序起按调试工艺流程重新调试，使其各项技术指标均符合规定要求。

⑤ 修理资料的整理归档　部件、整机修理结束后，应将故障原因、修理措施等做好台账记录，并对修理的台账资料及时进行整理归档，以不断积累经验。同时，还可为所用元器件的质量分析、装配工艺的改进提供依据。

(7) 调试时应注意的安全措施

① 测试场地内所有的电源线、插头、插座、保险丝、电源开关等都不允许有裸露的带电导体，所用电气材料的工作电压和电流均不能超过额定值。

② 当调试设备需使用调压变压器时，应注意其接法。因调压器的输入端与输出端不隔离，因此接入电网时必须使公共端接零线，以确保后面所接电路不带电。若在调压器前面再接入1∶1隔离变压器，则输入线无论如何连接，均可确保安全。

③ 测试仪器的安全措施

a. 仪器及附件的金属外壳都应接地，尤其是高压电源及带有MOS电路的仪器更要良好接地。

b. 测试仪器外壳易接触的部分不应带电。非带电不可时，应加绝缘覆盖层防护。仪器外部超过安全电压的接线柱及其他端口不应裸露，以防使用者接触。

c. 仪器电源线应采用三芯插头，地线必须与机壳相连。

④ 操作安全措施

a. 在接通被测整机的电源前，应检查其电路及连线有无短路等不正常现象。接通电源后，应观察机内有无冒烟、高压打火、异常发热等情况。如有异常现象，应立即切断电源，查找故障原因，以免扩大故障范围成不可修复的故障。

b. 禁止调试人员带电操作。如必须与带电部分接触时，应使用带有绝缘保护的工具。

c. 在进行高压测试调整前，应做好绝缘安全准备，如穿戴好绝缘工作鞋、绝缘工作手套等。在接线之前，应先切断电源，待连线及其他准备工作完毕后，再接通电源进行测试与调整。

d. 使用和调试MOS电路时，必须佩戴防静电腕套。在更换元器件或改变连接线之前，应关掉电源，待滤波电容放电完毕后再进行相应的操作。

e. 调试时至少应有两人在场，以防不测。其他无关人员不得进入工作场所，任何人不得随意拨动总闸、仪器设备的电源开关及各种旋钮，以免造成事故。

f. 调试工作结束或离开工作场所前，应关掉调试用仪器设备等电器的电源，并拉开总闸。

2. 风力发电机组控制系统的调试内容和方法

(1) 一般检验

一般检验主要检查电气零件、辅助装置的安装、接线以及柜体质量是否符合相关标准和图纸的规定。

电气安全检验主要包括控制柜和机舱控制箱等电气设备的绝缘水平检验、接地系统检查和耐压试验。

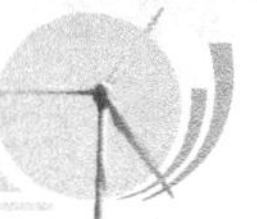

（2）控制功能试验

① 面板监控功能试验　依照试验机组“操作说明书”的要求和步骤，进行下列试验。

a. 机组运行状态参数的显示、查询、设置及修改，通过面板显示屏查询或修改机组的运行状态参数。

b. 人工启动

启动：通过面板相应的功能键命令试验机组启动，观察发电机并网过程是否平稳。

立即启动：通过面板相应的功能键命令试验机组立即启动，观察发电机并网过程是否平稳。

c. 人工停机　在试验机组正常运行时，通过面板相应的功能键命令机组正常停机，观察风轮叶片是否甩出，机械制动闸动作是否有效。

d. 面板控制的偏航　在试验机组正常运行时，通过相应的功能键命令试验机组执行偏航动作，观察偏组运行是否平稳。

e. 面板控制的解缆　通过面板相应的功能键，进行人工扭缆及解缆操作。

② 自动监控功能试验　依据试验机组“操作说明书”的要求和步骤，进行下列试验：

a. 自动启动　在适合的风况下，观察机组启动时发电机并网过程是否平稳；

b. 自动停机　在适合的风况下，观察机组停机时发电机脱网过程是否平稳；

c. 自动解缆　在出现扭缆故障的情况下，观察机组自动解缆过程是否正常；

d. 自动偏航　在适合的风向变化情况下，观察机组自动偏航过程是否正常。

③ 机舱控制功能试验　依照试验机组“操作说明书”的要求和步骤，进行下列试验：

a. 人工启动　通过机舱内设置的相应功能键命令试验机组启动，观察发电机并网过程是否平稳；

通过机舱内设置的相应功能键命令试验机组立即启动，观察发电机并网过程是否平稳；

b. 人工停机　在试验机组正常运行时，通过机舱内设置的相应功能键命令机组正常停机，观察风轮叶片扰流板是否甩出，机械制动闸动作是否有效；

c. 人工偏航　在试验机组正常运行时，通过机舱内设置的偏航按钮命令试验机组执行偏航动作，观察偏航过程机组运行是否平稳；

d. 人工解缆　在出现扭缆故障的情况下，通过机舱相应的功能按钮进行人工解缆操作。

④ 远程监控功能试验

a. 远程通信　在试验机组正常运行时，通过远程监控系统与试验机组的通信过程，检查上位机收到的机组运行数据是否与下位机显示的数据一致。

b. 远程启动　将试验机组设置为待机状态，通过远程监控系统对试验机组发出启动命令，观察试验机组启动的过程是否满足人工启动要求。

c. 远程停机　在试验机组正常运行时，通过远程监控系统对试验机组发出启动命令，观察试验机组是否执行了与面板人工停机相同的停机程序。

d. 远程偏航　在试验机组正常运行时，通过远程监控系统对试验机组发出偏航命令，观察试验机组是否执行了与面板人工偏航相同的偏航动作。

（3）安全保护试验

① 风轮转速超临界值　模拟方法：启动小电机，拨动叶轮过速模拟开关，使其从常闭状态断开，观察停机过程和故障报警状态。

② 机舱振动超极限值　模拟方法：分别拨动摆锤振动开关常开、常闭触点的模拟开关，

观察停机过程和故障报警状态。

③ 过度扭缆（模拟试验法） 模拟方法：分别拨动扭缆开关常开、常闭触点的模拟开关，观察停机过程和故障报警状态。

④ 紧急停机 模拟方法：按下控制柜上的紧急停机开关或机舱里的紧急停机开关，观察停机过程和故障报状态。

⑤ 二次电源失效 模拟方法：断开二次电源，观察停机过程和故障报警状态。

⑥ 电网失效 模拟方法：在机组并网运行时，在发电机输出功率低于额定值的 20%的情况下，断开主回路空气开关，观察停机过程和故障报警状态。

⑦ 制动器磨损 模拟方法：拨动制动器磨损传感器限位开关，观察停机过程和故障报警状态。

⑧ 风速信号丢失 模拟方法：在机组并网运行时，断开风速传感器的风速信号，观察停机过程和故障报警状态。

⑨ 风向信号丢失 模拟方法：在机组并网运行时，断开风速传感器的风向信号，观察停机过程和故障报警状态。

⑩ 大电机并网信号丢失 模拟方法：大电机并网接触器吸合后，将接触器的反馈信号线断开，观察停机过程和故障报警状态。

⑪ 小电机并网信号丢失 模拟方法：小电机并网接触器吸合后，将接触器的反馈信号线断开，观察停机过程和故障报警状态。

⑫ 晶闸管旁路信号丢失 模拟方法：晶闸管旁路接触器吸合后，将接触器的反馈信号线断开，观察停机过程和故障报警状态。

⑬ 解缆故障 模拟方法：分别拨动左偏和右偏扭缆开关，持续数秒（具体时间见机组“操作说明书”），观察停机过程和故障报警状态。

⑭ 发电机功率超临界值 模拟方法：调低功率传感器变比或动作条件设置点，观察机组动作结果及自复位情况。

⑮ 发电机过热 模拟方法：调低温度传感器动作条件设置点，观察机组动作结果及自复位情况。

⑯ 风轮转速超临界值 使机组主轴升速至临界转速，观察叶轮超速模拟开关动作结果、机组停机过程和故障报警状态。

⑰ 过度扭缆（台架试验法） 控制机舱转动，使之产生过度扭缆效果。当扭缆开关常开、常闭触点模拟开关动作时，观察停机过程和故障报警状态。

⑱ 轻度扭缆（CCW 顺时针） 控制机舱转动，使之产生轻度扭缆效果。当扭缆开关常开、常闭触点模拟开关动作时，观察停机过程和故障报警状态。

⑲ 轻度扭缆（CCW 反时针） 控制机舱转动，使之产生轻度扭缆效果。当扭缆开关常开、常闭触点模拟开关动作时，观察停机过程和故障报警状态。

⑳ 风速测量值失真（偏高） 在机组并网运行时，使发电机负载功率低于 1kW，使风速传感器产生持续数秒（具体时间依机组“操作说明书”的规定）高于 8m/s 的等效风速信号，观察停机过程和故障报警状态。

㉑ 风速测量值失真（偏低） 在机组并网运行时，使发电机负载功率高于 150kW，使风速传感器产生持续数秒（具体时间依机组“操作说明书”的规定）低于 3m/s 的等效风速信号，观察停机过程和故障报警状态。

㉒ 风轮转速传感器失效 在机组并网运行时，使发电机转速高于 100r/min。断开风轮转速传感器信号后，观察停机过程和故障报警状态。

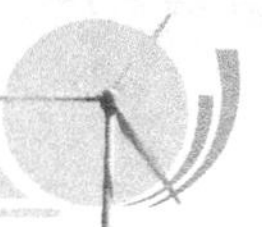

㉓ 发电机转速传感器失效　在机组并网运行时，使风轮转速高于 2r/min。断开发电机转速传感器信号后，观察停机过程和故障报警状态。

3. 风力发电机组控制系统常见的电气故障及排除

（1）关于电压的故障

① 风速达到额定风速以上，但风轮达不到额定转速，发电机不能输出额定电压。

故障原因：控制系统调速装置失灵。

故障排除方法：检查微机输出信号，排除控制系统故障；微机可能受干扰而误发指令，排除干扰接受部位，屏蔽好；或速度传感器坏，更换速度传感器。

② 风轮转动而发电机不发电（无电压）。

故障原因：发电机不励磁；励磁线路断或接触不良；电刷与滑环接触不良或碳刷烧坏；晶闸管不起励或烧毁；励磁发电机转子绕组短路、断路；发电机定子绕组断、短路。

故障排除方法：停机检修，励磁回路断线或接触不良，查出接好；有刷励磁应检查电刷、滑环，接触不良应调整刷握弹簧；碳刷表面烧坏应更换；检查并修理触发线路；晶闸管击穿或断路的需更换；重新用直流电源励磁，待发电机正常发电再切除直流电源；拆下发电机，再从发电机上拆下励磁机，修理好再安装上；更换新发电机或修理定子、转子，重新下线、焊接铜头（换向器）。

③ 发电机组正常运转，输出电压低。

故障原因：励磁电流不足；无刷励磁的整流器处在半击穿状态；负荷太重。

故障排除方法：调整励磁电流，使发电机达到额定输出电压；停机，拆下励磁机，检查或更换整流器；减轻负荷。

④ 并网运行电压测量主要检测以下故障：

- 电网冲击，相电压超过 450V、0.2s；
- 过电压，电压超过 433V、50s；
- 低电压，相电压低于 329V、50s；
- 电网电压跌落，相电压低于 260V、0.1s；
- 相序故障。

对电压故障要求反应较快。在主电路中设有过电压保护，其动作设定值可参考冲击电压整定保护值。发生电压故障时，风力发电机组必须退出电网，一般采取正常停机，而后根据情况进行处理。

（2）关于电流的故障

① 电流跌落，0.1s 内一相电流跌落 80%。

② 三相不对称，三相中有一相电流与其他两相相差过大，相电流相差 25%，或在平均电流低于 50A 时，相电流相差 50%。

③ 电流过大，软启动期间，某相电流大于额定电流或者触发脉冲发出后电流连续 0.1s 为 0。

对电流故障同样要求反应迅速。通常控制系统带有两个电流保护，即电流短路保护和过电流保护。电流短路保护采用断路器，动作电流按照发电机内部相间短路电流整定，动作时间 0～0.05s。过电流保护由软件控制，动作电流按照额定电流的 2 倍整定，动作时间为 1～3s。

（3）其他类型故障

调向不灵或不能调向

故障原因：调向电机失控或带病运转或其轴承坏；风速计或测速发电机有误；控制系统

程序指令有误，调向失灵。

故障排除方法：检查调向电机相关结构，清洗或更换电机轴承，重新安装调向电机；调向电机定子部分短路或开路，拆下检查，重新布线，修好后再重新安装；检查风速仪是否正常，坏者更换；检查控制系统各芯片，检查程序，检查控制用磁力启动器或放大器，若芯片坏则更换，若程序有误则重新输入正确程序；若启动器坏或放大器坏则更换；若有屏蔽坏则重新屏蔽好；传感器失效则更换。

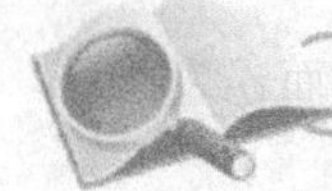

操作指导

1. 任务布置

利用现有调试设备和技术条件，对 500W 风力发电机组控制系统的性能进行检查与调试，分析相关参数，排除相关故障，对系统进行不断的完善，并完成调试报告。相关测试平台与风力发电机组控制系统如图 5-51 所示。

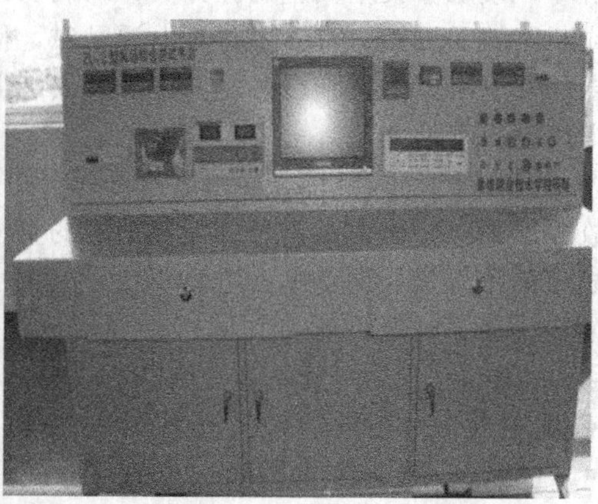

图 5-51　风力发电机组控制系统调试平台

2. 操作指导

(1) 调试步骤与方法

① 准备调试工具与仪器仪表　常用的调试仪器有万用表、钳形电流表、绝缘电阻表、双踪数字存储示波器、耐压试验设备、电磁兼容测试仪等。

② 调试场地的布置　调试场地应整齐干净，并在地面铺上绝缘胶垫。设置屏蔽场地，避免调试过程中的高频高压电磁场干扰。

③ 技术文件的准备　技术文件是产品调试的依据，调试前应准备好调试用的文件、图纸、技术说明书、调试工具、测试卡、记录本等相关的技术文件。

④ 调试的步骤与方法

a. 调试前的检查　检查系统装配的牢固可靠性及机械传动部分的调节灵活性，控制系统的接地装置是否连接可靠，接地电阻测量应符合被测机组的设计要求，并做好记录。

检查调试系统的接线是否正确，固定是否牢固，连接是否紧密等。

b. 系统的启动与自检。

c. 设定控制系统的参数，保证风力发电机组的正常运行。

d. 读取风力发电机组相关输出数据，并做好记录。

e. 风速、风向信号的实时检测。

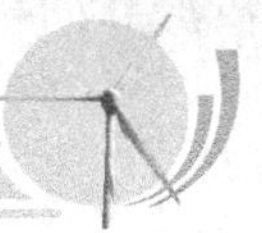

f. 调节测试平台，改变风速、风向参数，并做好记录。

g. 观察控制系统相应的输出变化，并做好记录。

h. 依次按调试要求进行参数设定，直到调试项目完成。

i. 系统的关闭。

(2) 调试报告的格式要求

① 调试报告的格式

a. 封面　封面应包括试验报告名称、编写报告单位和日期等。编写报告单位应署全称，与日期一起位于封面正下方。

b. 封二　封二应包括以下内容：报告名称、报告编号、试验地点、试验负责人、试验日期、主要参试人员、报告编写日期、报告编写人（职务或职称）、校对人（职务或职称）、审核人（职务或职称）、批准人（职务或职称）等。

② 调试报告的内容

a. 前言　任务来源、试验目的、试验时间等。

b. 试验机组　依据设计或制造厂商说明书列出主要的技术参数和特点。

c. 试验设备　试验台简介，主要仪器、仪表、装置的名称、型号、规格、精度等级及检验日期等。

d. 试验项目　试验项目名称、试验条件。

e. 试验方法　试验方法及有关标准代号、名称。

f. 试验结果　分别列出必要的原始数据和经整理得出的结果，对试验结果进行必要的分析和讨论。

g. 结论　结论要科学、真实、可靠。对机组性能、指标和技术参数，按有关技术文件进行认真评价，并对试验过程中所发生的问题进行分析，提出改进意见和建议。

h. 其他　报告中一般应附有试验照片。试验发生中断或重要故障时，应在报告中明确中断原因、继续试验的时间和情况。重要故障应较详细地说明情况和处理办法。

思考题

利用现有调试设备和技术条件对10kW风力发电机组控制系统的性能进行检查与调试，分析相关参数，排除相关故障，对系统进行不断的完善，并完成调试报告。

模块六 塔架的安装与调试

叶轮要在一定的高度上才能获得较大、较稳定的风力，在空中的风轮与机舱的整个重量要靠塔架支撑。塔架除了具有支撑作用外，还需要抵御风的推力对塔架形成的弯矩、机舱和风轮的偏心重量对塔架形成的弯矩、风轮转动时对塔架形成的反转力矩、风不稳定时对塔架形成的弯矩、风力发电机的振动等载荷。

塔架是风力发电机组的主要承载部件。塔架的重量在风力发电机组中占总重量的 1/2 左右，其成本占风力发电机组制造成本的 15%～20%，随着风力发电机的容量和高度的增加，塔架在风力发电机组设计和制造中的重要性越来越明显。由于近年来风力发电机组的容量已达到 3MW 以上，风轮直径达到 80～100m，塔架高度达 100m。在德国，风力发电机组塔架的设计必须经过建筑部门的批准和安全证明。

除此之外，塔架还影响着风机的发电量，确切地说，与塔架的高度密切相关，因为风速随着离地高度的增加而增加，轮毂高出地表湍流层，将会增加发电量。因此，对于每一个风场来说，合适的塔架高度都需要单独选择。为使塔架的选择简化，风机制造商应提供若干级轮毂高度的塔架，以便达到最大的投入产出比。

在海岸，地面粗糙度小，湍流强度低，风速随高度的增加变化很快，故塔架的高度低。在内陆地区，地面粗糙度大，地面湍流层高，故用较高的塔架。轮毂高度与叶轮直径之比，对于海岸风机在 1.0～1.4 之间，对于内陆风机则在 1.2～1.8 之间。功率越小的风机，该比值越大。兆瓦级的风机的轮毂高度与叶轮直径之比取值较小。

任务一 了解地基基础的设计原则及注意事项

塔架的安装需要地基，就像建筑物需要打地基一样，地基的好坏，直接影响着塔架的安装质量，乃至整个风力发电机组的安装质量。因此，地基基础的设计也是风力发电机组安装中必不可少的一个重要环节。

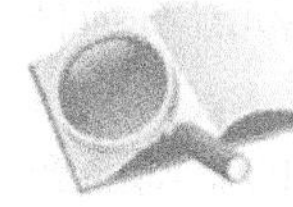

能力目标

① 了解地基基础的发展历程。
② 掌握地基基础的种类及结构。
③ 掌握地基基础的设计原则及注意事项。

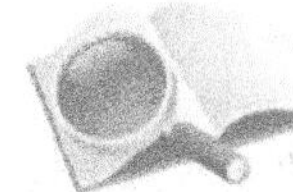

基础知识

1. 风电机组地基基础设计

根据风电机组的单机容量、轮毂高度和地基复杂程度，地基基础分为三个设计级别，设计时应根据具体情况，按表 6-1 选用。

表 6-1　地基基础设计级别

设计级别	单机容量,轮毂高度,地基类型
1	单机容量大于 1.5MW 轮毂高度大于 80m 复杂地质条件或软土地基
2	介于 1 级、3 级之间的地基基础
3	单机容量小于 0.75MW 轮毂高度小于 60m 地质条件简单的岩土地基

注：1. 地基基础设计级别按表中指标划分分属不同级别时，按最高级别确定。
2. 对 1 级地基基础，地基条件较好时，经论证基础设计级别可降低一级。

(1) 地基基础设计应符合的规定

① 所有风电机组地基基础，均应满足承载力、变形和稳定性的要求。

② 1 级、2 级风电机组地基基础，均应进行地基变形计算。

③ 3 级风电机组地基基础，一般可不做变形验算。如有下列情况之一时，仍应做变形验算：

a. 地基承载力特征值小于 130kPa 或压缩模量小于 8MPa；

b. 软土等特殊性的岩土。

(2) 地基基础设计应进行的计算和验算

① 地基承载力计算。
② 地基受力层范围内有软弱下卧层时应验算其承载力。
③ 基础的抗滑稳定、抗倾覆稳定等计算。
④ 基础沉降和倾斜变形计算。
⑤ 基础的裂缝宽度验算。
⑥ 基础（桩）内力、配筋和材料强度验算。
⑦ 有关基础安全的其他计算（如基础动态刚度和抗浮稳定等）。

(3) 地基的类型及选用

风力发电机基础均为现浇钢筋混凝土独立基础。根据风电场场址工程地质条件和地基承

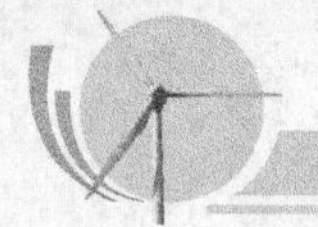

载力的力矩、尺寸大小的不同，从结构形式看，常用的可分为扩展基础、桩基础和岩石锚杆基础。

扩展基础又称为块状基础，应用较为广泛。对基础进行动力分析时，可以忽略基础的变形，并将基础作为刚体来处理，而仅考虑地基的变形。

桩基础包括混凝土预制桩和混凝土灌注桩。桩基础应为 4 根及以上基桩组成的群桩基础。按桩的形状和竖向受力情况可分为摩擦型桩和端承型桩。摩擦型桩的桩顶竖向荷载主要由桩侧阻力承受，端承型桩的桩顶竖向荷载主要由桩端阻力承受。

岩石锚杆基础应置于较完整的岩体上，且与基岩连成整体。

具体采用哪种基础，应根据建设场地地基条件和风电机组上部结构对基础的要求确定，必要时需进行试算或技术经济比较。当地基土为软弱土层或高压缩性土层时，宜优先采用桩基础。

2. 检验与监测

(1) 检验

① 基坑开挖后，应及时进行基坑检验。当发现与勘察报告和设计文件不一致，或遇到异常情况时，应结合地质条件提出处理意见。

② 对于压实填土基础，施工中应分层取样，检验土的干密度和含水量。按 20～50m^2 内布置一个检验点，根据检验结果求得的压实系数不得低于表 6-2 中关于压实填土质量控制的规定。

表 6-2　压实填土质量控制表

填 土 部 位	压实系数 λ_c	控制含水量/%
在地基主要受力层范围内	≥0.97	$\omega_{op}\pm2$
在地基主要受力层范围以外	≥0.94	

注：压实系数 λ_c 为压实填土的控制干密度与最大干密度的比值，ω_{op} 为含水量（%）。

③ 复合地基应进行静载荷试验。对于相同的地质条件，应选取有代表性的基础进行静载荷试验，每个基础不宜少于 3 个点。必要时应进行竖向增强体及周边土的质量检验。

④ 对预制打入桩、静力压桩，应提供经确认的施工过程有关参数。施工完成后尚应进行桩顶标高、桩位偏差等检验。

⑤ 对混凝土灌注桩，应提供经确认的施工过程的有关参数，包括原材料的力学性能检验报告、试件留置数量及制作养护方法、混凝土抗压强度试验报告、钢筋笼制作质量检查报告。施工完成后，尚应进行桩顶标高、桩位偏差等检验。

⑥ 人工挖孔桩应进行桩端持力层检验。嵌岩桩应根据岩性检验桩底 $3d$ 或 5m 深度范围内有无空洞、破碎带、软弱夹层等不良地质条件，并评价作为持力层的适宜性。

⑦ 施工完成后的基桩应进行桩身质量检验。混凝土桩应采用钻孔抽芯法、声波透射法或可靠的动测法进行检测，检测桩数不得少于总桩数的 30%，且每个桩基础的抽检桩数不得少于 3 根。

⑧ 施工完成后的基桩应进行承载力检验。一般情况下，基桩承载力的检验宜采用静载荷试验。在相同地质条件下，抗压检验桩数不宜少于同条件下总桩数的 2%，且不得少于 3 根；抗拔、水平检验桩数不宜少于同条件下总桩数的 1%。

⑨ 基础锚杆施工完成后应进行抗拔力检验，检验数量每个基础不得少于锚杆总数的 3%，且不得小于 6 根。

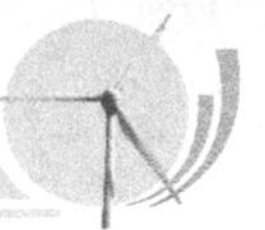

⑩ 基础混凝土应检验原材料质量、混凝土配合比、坍落度、混凝土抗压强度、钢筋质量等。基础环安装和混凝土浇筑过程中应进行水平度检测。

(2) 监测

下列地基基础应在施工期及运行期进行沉降观测：

① 1 级、2 级的地基基础；

② 3 级的复合地基或软弱地基上的桩基础；

③ 受地面洪水、海边潮水或地下水等水环境变化影响的基础。

对于实验性风电场、需要积累建设经验或需进行设计反演分析的工程，宜对基础位移和混凝土、钢筋应力应变进行监测。

操作指导

1. 任务布置

根据产品说明书编制 10kW 风力发电机组基础施工组织及施工方案。

2. 操作指导

(1) 风力发电机组施工组织

① 施工组织的主要任务

a. 从施工的全局出发，做好施工部署，选择施工方法及机具。

b. 合理安排施工顺序和交叉作业，从而确定进度计划。

c. 合理确定各种物资资源和劳动资源的需要量，以便组织供应。

d. 合理布置施工现场的平面和空间。

e. 提出组织、技术、质量、安全、节约等措施。

f. 规划作业条件方面的施工准备工作。

② 编制施工组织的依据　编制施工组织应具备以下资料：

a. 技术文件；

b. 设备技术文件；

c. 中央或地方主管部门批准的文件；

d. 气象、地质、水文、交通条件、环境评价等调查资料；

e. 技术标准、技术规程、建筑法规及规章制度；

f. 工程用地的核定范围及征地面积。

③ 施工组织的编制原则

a. 严格执行基本建设程序和施工程序。

b. 应进行多方案的技术经济比较，选择最佳方案。

c. 应尽量利用永久性设施，减少临时搭建。

d. 重点研究和优化关键路径，合理安排施工方案，落实季节性施工措施，确保工期。

e. 积极采用新技术、新材料、新工艺，推动技术进步。

f. 合理组织人力、物力，降低工程成本。

g. 合理布置施工现场，节约用地，文明施工。

h. 制定环境保护措施，减少对生态环境的影响。

④ 施工组织编制的几点说明

a. 土建工程应收集的资料

• 收集与风力发电机组基础相关的水文、地质、地震、气象资料，风电场区地下水位及土壤渗透系数；场区地质柱状图及各层土的物理力学性能；不同时间的江湖水位、汛期及枯水期的起讫和规律；雨季及年降雨日数；寒冷及严寒地区施工期的气温及土壤冻结深度；有关防洪、防雷及其他对研究施工方案、确定施工部署有关的各种资料；与基础相关的配套工程。

• 施工地区情况及现场情况，如水陆交通运输条件及地方运输能力；基础所用材料的产地、产量、质量及其供应方式；当地施工企业和制造加工企业可能提供服务的能力；施工地区的地形；水工水源、电源、通信可能的供取方式、供给量及其质量情况；地方生活物资的供应情况。

• 类似工程的施工方案及工程总结材料。

b. 质量措施　特殊工程及采用新结构、新工艺的工程，必须根据国家施工及验收规范，针对工程特点编制保证质量的措施。在审查工程样图和编制施工方案时，就应该考虑保证质量的办法。一般来说，其保证质量的措施包括以下几个方面。

• 确保放线定位正确无误的措施。

• 确保地基基础，特别是软弱基础、坑穴上的基础及复杂基础施工质量的技术措施。

• 确保主体结构中关键部位施工质量的措施。

• 保证质量的组织措施，如人员培训、编制操作工艺卡、质量检查验收制度等。

c. 安全措施

• 根据基坑、地下室深度和地质资料，保证土石方边坡稳定的措施。

• 脚手架、吊篮、安全网、各类洞口防止人员坠落的技术措施。

• 外用电梯、井架及塔吊等垂直运输机具有拉结要求及防倒塌的措施。

• 安全用电和机电设备防短路、防触电的措施。

• 易燃易爆、有毒作业场所的防火、防爆、防毒技术措施。

• 季节性安全措施，如雨季防洪、防潮、防台风、防雨、防滑、防冻、防雷、防火技术措施。

• 现场周围通行道路及居民防护隔离网等措施。

(2) 风力发电机组基础施工方案的编制

确定风力发电机组基础施工过程的施工方法是编制施工方案的核心，直接影响施工方案的先进性和可行性。施工方法的选择要根据设计图样的要求和施工单位的实际状况进行。将工程划分为几个施工阶段，确定各个阶段的流水分段。

有了施工图样、工程量、单位工程的分部分项工程的施工方法及分段流水方式后，再根据工期的要求考虑主要的施工机具、劳动力配备、预制构件加工方案，以及土建、设备安装的协作方案等，制定出各个主要施工阶段的控制日期，形成一个完整的施工方案。

① 单位工程的分部分项工程（主导施工过程）施工方法的选择

a. 主导施工过程包括土石方工程，钢筋混凝土和混凝土工程，厂区房屋基础土石方、基础混凝土、房屋结构主体工程，现场垂直、水平运输和装修工程等。

b. 单位工程的分部分项工程的施工方法，要根据不同类型工程的特点及具体条件拟定。其内容要简单扼要，突出重点。对于新技术、新工艺和影响工程质量的关键项目，以及工人还不够熟练的项目，要编制得更加详细具体，必要时应在施工组织计划以外单独编制技术措施。对于常规做法和工人熟练的项目不必详细拟定，只要提出在工程上的一些特殊要求即可。

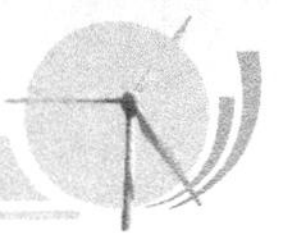

② 编制风力发电机组基础施工方法　由于风力发电机组的基础布置面较分散，基础点位多，所以基础施工可采取流水作业的方法进行施工。采用流水作业的基础方法主要有以下几个方面。

a. 由于每个风力发电机组基础的工程量相同，将整个基础工程划分为若干个基础工段。

b. 将整个施工段分解为若干个施工过程（或工序）。

c. 每一个施工过程（或工序）都由相应的专业队负责施工。

d. 各专业队按照一定的施工顺序，依次先后进入同一施工段，重复进行同样的施工内容。

③ 风力发电机组基础施工的划分　合理划分施工段是组织流水作业施工的关键。施工段的数目必须根据工作面的大小，设备、材料的供应及能够投入的劳动力数量等具体条件来确定。一般来说，流水段的划分应保证各专业队有足够的工作面，同时又利于其他后续工种早日插入。施工中不允许留设施工缝的位置不能作为施工段的边界。

a. 对风力发电机组基础土石方工程量进行计算，并确定施工方法，算出施工工期。

b. 确定风力发电机组基础坑采用人工开挖或机械开挖的放坡要求。

c. 选择石方爆破方法及所需机具和材料。

d. 选择排除地表水和地下水的方法，确定排水沟、集水井和井点布置及所需设备。

c. 绘制土石方平衡图。

f. 风力发电机基础混凝土和钢筋混凝土工程的重点是搞好模板设计及混凝土和钢筋混凝土的机械化施工方法。

g. 对于重要的、复杂工程的混凝土模板，要认真设计。对于房屋建筑预制构件用的模板和工具式钢模、木模、反转模板及支模方法，要认真选择。

h. 风力发电机组基础所用的钢筋加工，尽量在加工厂或现场钢筋加工棚内完成，这样可以发挥除锈、冷拉、调直、切断、弯曲、预应力、焊接的机械效率，保证质量，节约材料。

i. 风力发电机组基础现场钢筋采用绑扎及焊接的方法进行组装。钢筋应有防偏位的固定措施。焊接应采用竖向钢筋压力埋弧焊及钢筋气压焊等新的焊接技术，这样可以节约大量钢材。

j. 对于风力发电机组基础混凝土的搅拌，不论采用集中搅拌还是采用分散搅拌，其搅拌站的上料方式和计量方法，一般应尽量采用机械搅拌或半机械搅拌及自动称量的方法，以确保配合比的准确。由于施工现场的环境影响，搅拌混凝土过程中的防风措施要考虑周到。

k. 对于风力发电机组基础混凝土浇筑，应根据现场条件及混凝土的浇铸顺序、施工缝的位置、分层高度、振捣方法和养护制度等技术措施要求，一并综合考虑选择。

思考题

了解各类风力发电机组基础施工的技术文件的编写及施工步骤。

任务二　塔架的制造、检测、安装与验收

塔架是风力发电机组中尺寸最大的部件，是支撑风轮和发电机的基础。研究塔架的结构、类型及安装，对风力发电机组的选型以及风电场的施工有着重要的意义。研究塔架的制造工艺，可以为节省材料、降低成本、提高生产效率及产品质量打下基础。

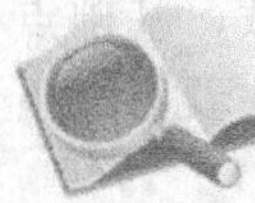

能力目标

① 了解塔架的结构及类型。
② 掌握圆筒形塔架的制造工艺。
③ 掌握塔架的检测方法。
④ 掌握塔架的安装与验收步骤及注意事项。

基础知识

1. 塔架的结构与类型

按照其结构型式，塔架一般分为桁架型、管状钢制型和钢筋混凝土型。

(1) 桁架型塔架

桁架型塔架如图 6-1 所示。桁架型塔架在早期风力发电机组中大量使用，其主要优点为制造简单、成本低、运输方面，缺点为不美观，通向塔顶的上下梯子不好安排，上下时安全性差。

图 6-1　桁架型塔架

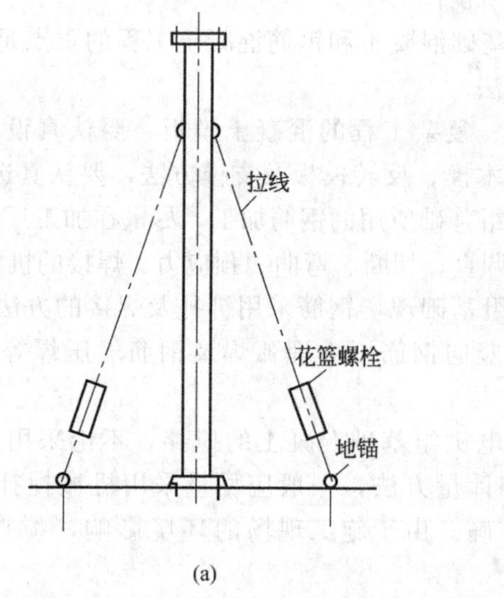

图 6-2　管状钢制塔架的形式

(2) 管状钢制塔架

管状钢制塔架又可分为拉索式［图 6-2(a)］、单柱式［图 6-2(b)］、斜倾式等。

管状钢制塔架在当前风力发电机中大量使用，其优点是美观大方，上下塔架安全可靠。管状钢制塔架一般是圆锥筒形的（也就是它的直径向根部方向越来越大），是为了增加力量，同时节省材料，如图 6-3 所示。

拉索式塔架是最经济的塔架，一般在中、小型风力发电机组中使用。它有效地使用材料，对安装地点的要求也比较灵活。对于较小的系统（＜10kW），很容易用专用的塔架安装工具（如起重杆等）进行现场安装。拉索式塔架对地基的要求简单、经济。

倾斜式塔架起吊方面无需起重机，用手动葫芦（绞车）就能起吊。倾斜式塔架必须有 4

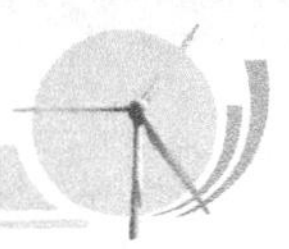

图 6-3　圆锥筒形塔架

根拉索，对地基的要求较高，尤其是起落方向左右两侧的地基高度必须一致。对台风多发地区，倾斜式塔架是较好的选择。但倾斜式的造价要比拉索式多出 30%左右。

大型的风力发力发电机一般是单柱式，是在制造厂整体焊接成型，但可能会存在超长和超高的运输困难问题。考虑整体塔架表面防护处理和运输的困难，可采用分段的结构设计，分段制造后分段运输，到风力发电场再进行组装。如果订货合同没有明确规定，则塔架分段一般考虑以下因素：生产条件、制造成本、生产效率、运输能力。目前我国主要公路、桥梁、涵洞的限高为 4.5m，考虑运输车辆的底盘还有一定的高度，一般塔筒的最大直径不能超过 4.2m。塔筒越长，运输时转弯需要的道路宽度越大。为了解决这一问题，目前 100m 以下的塔架，塔筒一般至少都设计成三段制造，以便于运输。

除了上述这几种管状钢制塔架外，还有液压塔架（图 6-4）。

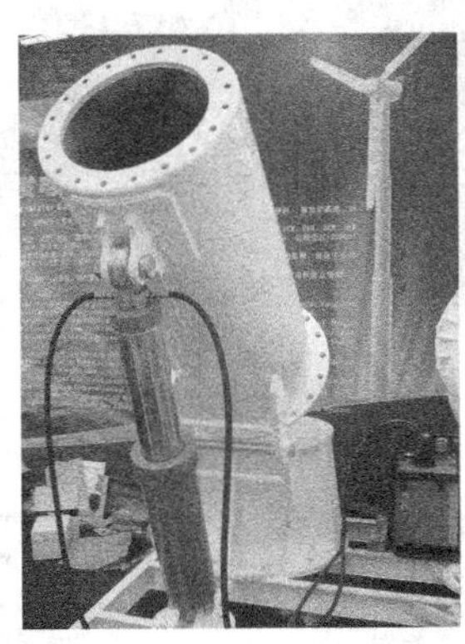

图 6-4　液压塔架

2. 塔架的制造

圆锥筒形塔架是目前我国生产的风力发电机组的主流塔架形式，这里较详细地介绍其生产技术。

(1) 制造塔架所使用的材料

钢制圆锥筒形塔架是目前塔架的主要形式，所选材料除应满足设计使用要求之外，还应适应加工制造的方便性，且经济性好。以下就是针对钢制圆锥筒形塔架的使用材料提出的要求。

① 选择金属结构件的材料时应依据环境温度而定，可根据 GB/T 700—2006 选择使用 Q235B、Q235C 及 Q235D 结构钢，或根据 GB/T 1591—2008 选择使用 Q345B、Q345C 及 Q345D 低合金高强度结构钢。在高风沙磨蚀、高盐碱腐蚀的环境下，也可以考虑使用不锈钢。

② 钢板的尺寸、外形及允许偏差应符合 GB/T 709—2006 的规定。钢板的平面度不大于 10mm/m。

③ 采用 Q345 低合金高强度结构钢时，用超声波探伤方法评定质量，质量分级应符合 GB/T 19072—2003 附录 A 的规定。最低环境温度时冲击吸收功不大于 27J（纵向试样），在钢厂订货时提出或补做试验。

④ 焊接构件用的焊条、焊丝和焊剂应与被焊接件的材料相适应。

⑤ 所选材料应随附制造厂的合格证和检验单，主要材料和用于主要零部件的材料应进行理化性能试验。

⑥ 代用材料性能指标及质量等级应与原使用材料相当。

(2) 塔架生产的工艺流程及装备

塔架生产中包括塔筒、连接法兰、平台、内部爬梯、外部旋梯、电缆固定支架等部分。塔筒体积大、笨重，是生产中的重点和难点。

① 塔筒生产的工艺流程　钢板喷丸→火焰或等离子切割钢板→坡口加工→筒体卷制（图 6-5）→内纵缝焊接→外纵缝焊接（图 6-6）→矫圆→法兰组对→法兰焊接→筒体组对→内环缝焊接→外环缝焊接→焊缝探伤→门框及小件焊接→喷砂处理→喷锌处理→喷漆处理（图 6-7）→小件组装→检验→成品储放。

(a) 四芯辊卷板机

(b) 三芯辊卷板机

图 6-5　塔筒筒体卷制

图 6-6　塔筒的焊接

② 塔架生产的工艺装备　小批量生产所用的工艺装备较少。而作为大批量生产的塔架制造企业，如果没有大量的专用工艺装备支撑，组成流水生产线，是不可能稳定、高质量、高效率地进行塔架生产的。

图 6-7　塔架的涂装

塔架生产流水线的工艺装备主要有钢板预处理使用的钢板抛丸清理机、下料切割使用的数控火焰（等离子）钢板切割机（图 6-8）、单节筒体纵缝焊接使用的内纵缝焊接机和外纵缝焊接机、法兰组对使用的法兰组对平台、法兰焊接使用的法兰焊接机、筒体组对使用的组对滚轮架和鳄鱼嘴组对中心、塔筒环缝焊接使用的立柱式和龙门式焊接操作机、喷砂处理使用的喷砂专用滚轮架等设备。

(a) 火焰切割机

(b) 等离子切割机

图 6-8　切割机

塔架生产使用的滚轮架(俗称轱辘马)为了适应多品种生产，其轮距、高度和轮面倾斜角度都应该是可调的。调整方法可以采用丝杠、液压、滑槽等结构，调整方式可以是分挡调节，也可以是连续调节。为了使用方便，一些滚轮架应该具有自动行走功能，用于转换工位。驱动装置采用电动机和减速器驱动脚轮。为了使滚轮具有较长的使用寿命，滚轮的轮面使用聚氨酯包覆。

(3) 典型塔架零部件的加工

① 塔筒加工的工艺方法　一个塔架通常由一系列成对的金属板卷成两个竖直焊缝连接的半锥台制造，如此制成的每个锥台由于滚弯设备的能力有限，高度被限制在 3～5m 的范围之内，大型的塔架需分段制造，然后拼接。

锥形结构的塔架需要确定的重要参数是塔架的直径和壁厚。试验数据表明：塔顶合理壁厚的最小值约为塔顶半径的 1%，在塔架内部中等高度，其壁厚通常为塔基值和塔顶值的平均值，这种情况下塔架消耗的材料最少。塔架的顶部直径由偏航轴承尺寸决定。塔架底部的最大直径受公路运输限高制约，最大不能超过 4.5m。塔基直径的限制导致材料消耗量增加。

兆瓦级风力发电机组的塔筒壁厚在 30mm 左右，使用的材料属于中厚钢板。当前中厚钢板的最大宽度为 6m，但订货难度大，一般宽度为 3m。下料时合理套裁是降低成本的关键。下料的切割一般使用数控切割机，以保证切割尺寸的准确性和切口质量。下料后使用刨边机加工出双 V 形焊接坡口，然后在滚弯机上弯出半圆锥形。

两个半锥形的对焊应使用自动气体保护焊机，以保证焊接质量和效率。焊接完成后，需进行二次滚圆以保证圆度。在专用设备上加工出上下端面的焊接坡口，接着进行各锥台段的拼焊。在此需要注意的是，上下段的纵焊缝应当错开90°，以避免焊缝集中所造成的应力集中。各锥台段的拼焊应在旋转变位机或者高精度辊轮架上进行。

焊接过程中应采用分段焊接的方式减小焊接应力，有条件的地方应使用去应力设备消除焊接应力。

塔架的底部开有门洞，门洞的大小以方便维修人员及塔底的并网变压器和控制柜的出入为准。由于塔筒被切割下去一部分，塔筒的结构强度被削弱，为此塔门的一周必须焊接上一圈补强支撑。补强焊接一般使用厚钢板焊接，焊接工艺与下面介绍的法兰加工方法相同。

② 法兰的加工方法　法兰是塔架的结构中最关键的部件，直径一般在3～5m，厚度一般为60～170mm，采用低合金钢Q345或Q345E。目前法兰制作主要有两种方法：一种是整体铸造，这种方法成本高，周期长，不利于批量生产；另一种是用钢板切割拼焊，将整体法兰分为4～6块，采用合理的拼焊工艺及焊后热处理，解决整体法兰的制作难题。

法兰按圆周分为四等分或六等分，每两片之间对接焊缝，拼缝开双V形坡口，多层多道焊。焊后热处理要求：焊后600℃保温6h，然后以37℃/h的速度炉冷降温到300℃出炉空冷。

风力发电机的塔筒与法兰的焊接工装采用可移动的龙门吊，可实现x、y、z轴的位移。使用旋转变位机或精度高的辊轮架，配上跟踪系统，可实现全自动焊接。

焊接工艺应采用双丝自动气体保护焊技术，拥有较高的熔敷效率（30kg/h），焊接3mm的板材时，焊接速度最高可达6m/min；焊接35mm以上的厚板时，平均速度可达1m/min。这种高效的焊接速度使热输入非常小，平均热输入小于单丝气体保护焊的热输入。

(4) 焊接工艺

① 焊前准备工作的要求

a. 下料应按有关的工艺要求进行，坡口形式、尺寸、公差及表面质量应符合有关标准或技术条件的规定。

b. 材料或焊接坡口的加工必须使用热切割或机加工的方法。对于钢板切割边缘的不平滑处和渣屑，应使用机加工或打磨的方法去除，不得使用其他方法。

c. 不允许在接头表面出现不合要求的裂纹。

d. 接头表面和连接表面应经过清理，做到不潮湿，无锈皮、油污、油漆以及其他杂质。

焊接前准备工作的具体步骤和要求如下。

a. 备料

• 制造塔筒所用的材料必须按照图样要求选用。

• 钢材表面不允许有重皮、结疤、气孔、夹渣及钢材边缘分层等局部缺陷，且表面腐蚀、麻坑、划痕不得超过钢材负偏差的一半。

• 材料的代用必须按规定程序进行审批，批准后方可代用。

• 原材料的规格、标识要清晰、醒目，并与材质证明书的内容一致。

• 原材料的采购严格按照技术工艺部门提供的备料定额和板材定尺单进行购料。

b. 排料

• 下料前要认真研究设计图样的各项要求，做好材料的工艺性排料等技术准备工作。

• 筒体按图样进行展开，并根据来料规格和相关标准规定进行排料接料。最小接料长度≥1m。

• 相邻筒节的纵焊缝应尽量相错180°。若因板材规格不能满足全部要求时，其相错量不得小于90°。

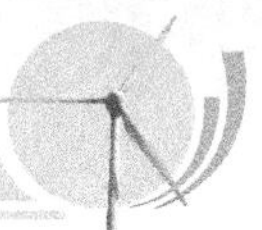

c. 号料

- 首先确认材料材质、规格是否符合图样要求。
- 必须按排料图、下料单进行下料。
- 划线时要预留切剖量、刨边量、焊接收缩量及二次去头量。
- 炉批号、构件号、材质等标识要清晰、醒目地用钢印打在距端头300mm的中心位置上，字号不小于10#。
- 用涂料划出一定数量的引弧板和引出板，规格尺寸按标准执行。
- 余料应做好标记移植。
- 在下料过程中，发现钢板有夹渣、夹层和气孔等缺陷时，应对钢板进行超声波探伤，严禁使用有质量问题的钢板。
- 号料并自检合格后记录，交专业检验部门。

d. 下料

- 塔筒板材一律采用机械热切割，不允许进行手工切割。
- 切割前，应将钢材切割区域表面的铁锈、污物等清除干净。
- 切割前，调整好多嘴切割、半自动切割机，把工件垫平。
- 按切割线要求切口垂直光滑，割纹深度<0.2mm，局部缺口深度<1mm。对于超过此规定的缺陷，应进行修补磨平。
- 清除毛刺、熔渣、氧化皮等。
- 自检、互检合格后做好记录。

e. 刨边及坡口　根据刨边图用刨边机刨边及坡口，宽度允许偏差$B\pm10\%$，加工直线度小于$L/3000$且不大于2mm，坡口角度$\alpha\pm5°$，坡口钝边$P\pm1$mm。

f. 接料

- 按排版图、接料单接料，对接接头应仔细对中。
- 拼装前必须检查各工件是否合格，标识是否清晰、准确，连接部位焊缝两侧30～50mm范围内去除锈蚀、油污及杂质。
- 拼装要求：对口错边$\Delta\leqslant2$mm，间隙±1.0mm。
- 按要求进行定位焊，确保点焊质量。
- 自检、互检后做好记录，然后交专业检验部门。

② 焊接

a. 焊接工艺规范　焊接作业的质量保证应根据GB/T 12467.1—1998～GB/T 12446.4—1998进行制定和执行。另外，应由制造厂的技术主管部门依据JB 4708—2000的规定编制并确定焊接工艺规程文件（即焊接工艺指导书），最终确定的工艺规程是钢结构焊接过程中应遵循的法则。

焊接工艺规程应按有关标准和试验数据进行评定，并根据JB 4708—2000的规定编制焊接工艺评定报告。

参与焊接的人员必须具有该工种的资格证书或能够证明具有相当的焊接操作能力。

b. 组焊及焊后处理　钢结构的组焊应严格遵循焊接工艺规程。焊接构件用的焊条、焊丝与焊剂都应与被焊接的材料相适应，并符合焊条相关标准的规定。在生产现场，应有必要的技术资料。在不利的气候条件下，应采用特殊的措施。应仔细地按技术要求焊接或拆除装配定位板。

当钢结构技术条件中要求进行焊后处理（如消除应力处理）时，应按钢结构的去应力工艺进行。

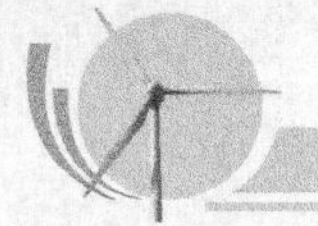

进行焊件修复时，应根据有关标准、法规，认真制定修复程序和修复工艺，并严格遵照执行。焊接修复的质量控制和其他焊接作业的质量控制一样，同一处的焊接修复不应使用两次以上相同的焊接修复工艺。

3. 塔架的检测

(1) 塔架的样件试组装

塔架的样件试组装是塔架设计、制造过程中必不可少的环节，其目的是验证塔架设计的正确性、塔架加工工艺的正确性及质量保证体系运转的可靠性，将发现的问题解决在批量生产前，为用户提供满意的塔架产品。

① 塔架的样件试组装的要求

a. 在进行表面处理前，应对不同类型的第一台塔架的各段、基础段和内部布置进行试组装。

b. 连接所有的法兰接头，拧紧螺栓直到结合面紧贴，但仅限于在额定拧紧力力矩之下。试组装时拧紧至额定力矩的高强度螺栓，在正式安装塔架时不准再使用。

c. 试组装时，所有扶梯、平台等也应试装，并按塔架运输分段进行试装。

d. 钢结构在表面处理前，纠正所有不符合要求之处。

e. 编写出试组装报告。

② 塔架的试组装过程

a. 符合塔架吊装要求的起重机到位。

b. 清理干净基础连接法兰。

c. 清理干净底层塔筒底面法兰，在底面法兰上安装两个定位螺栓，其相对位置应大于1/3 圆周。对定位螺栓的要求是螺栓根部尺寸与法兰孔尺寸为过渡配合，螺栓前部尺寸有一段 30°的倒角。定位螺栓配有一个很薄的螺母。

d. 按照塔架吊装要求，将底层塔筒吊至基础法兰上方，借助定位螺栓将底层塔筒与基础法兰对正，然后分布均匀地插入安装螺栓并带上螺母。在此过程中检查螺栓是否能全部顺利插入，若顺利表明法兰孔的加工位置精度符合要求，否则应找出难以插入安装螺栓孔的位置，孔位置偏差记录在案。拆除两个定位螺栓并更换成安装螺栓，最后按照塔架安装要求，将全部连接螺栓紧固。其余塔段也按照上述方法安装。

e. 安装完一段塔筒后，应马上试装其上部的平台，看试装中是否出现问题。如出现问题应记录在案。

f. 塔筒安装结束之后，开始试装每段爬梯及接头，使其平直地连接起来。看连接过程中是否出现问题，如出现问题应记录在案。

g. 接着试装塔筒外的进入塔架门的扶梯，看试装中是否出现问题。若出现问题应记录在案。

h. 下一步试装电缆固定支架，看试装中是否出现问题。若出现问题应记录在案。

i. 最后根据记录的问题对其进行深入的分析和研究，应找出制造加工过程中造成这些问题的原因，以便进行技术攻关，从工艺、工装、设备等方面予以解决。问题全部解决后，修订图样及工艺文件，使产品质量得到保证，并使批量生产顺利进行。

(2) 塔架的检测要求

① 对钢结构的检测　对钢结构焊缝应进行无损检测。

a. 射线探伤执行 GB/T 3323—2005 标准。

b. 超声波探伤执行 GB/T 11345—1989 标准。

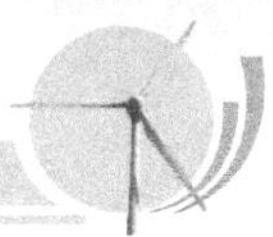

c. 磁粉探伤执行 JB/T 6061—2007 标准。

d. 渗透探伤执行 JB/T 6062—2007 标准。

e. 目视检测、外观检测及断口宏观检验，使用放大镜的放大倍数应以 5 倍为限。焊件与母材之间在 25mm 范围内应无污渍、油迹、焊皮、焊迹和其他影响检测的杂质。

对钢结构等级要求及采用何种无损检测方法，应在设计施工图上详细注明，并对所有焊缝进行 100%的外观测试。施工样图上没有注明时，无损检测方法的选择按以下原则：

a. 对接焊缝，钢板厚度小于 8mm 时，采用射线探伤；

b. 对接焊接，钢板厚度大于 8mm 时，采用射线探伤或渗透检测；

c. T 形对接焊缝，采用渗透检测；

d. 角焊接，采用磁粉探伤。

② 对金属喷涂层的检验　对塔架外部表面和内部表面热喷涂锌及锌合金涂层的检验，应符合 GB/T 9793—1997 的规定。应做如下试验和检查：涂层厚度试验、结合性能试验、耐腐蚀性能试验、外观质量检查。

对塔架其他钢质部件热镀锌层的检验，应符合 GB/T 13912—2002 的规定，同时对测定锌层均匀性和锌层黏附力试验，应根据 DL/T 768. 7—2002 中的锌层检验方法进行。

③ 对漆层的检验　漆层的厚度检验应符合 ISO 19840—2004 的规定。漆层黏附力的检验应在测试板上进行，应根据 GB/T 1720—1979 的规定进行测定并评级。应 100%地进行漆层外观检验，应无漆挂流、漆膜过厚、漏涂、缝隙、气泡以及处理工艺上的破坏。

④ 对塔架形位偏差的检验项目

a. 塔架的圆度、锥度、中心轴线的直线度。

b. 各塔筒段的底面和顶面的平面度、平行度。

c. 中心轴线与底面和顶面的垂直度。

d. 各处法兰上孔的尺寸和位置精度。

与塔架配套的其他零部件应符合图纸要求。

塔架除另有规定外，检验项目和检验方法一般如表 6-3 所示。

表 6-3　塔架的检验项目和方法

序号	检验项目	型式试验	过程验收	出厂检验	检验方法
1	材料	○	■	*	GB/T 1591
2	焊接材料	○	□	*	JB/T 56102.1 JB/T 56102.2 JB/T 50076 JB/T 56097
3	高强度螺栓力学性能	○	■	*	GB/T 3098.1
4	焊接工艺评定	○	■	—	JB 4708
5	任意截面圆度公差	○	○	*	GB/T 19072
6	表面凸凹度	○	○	*	GB/T 19072
7	错边量	○	○	*	GB/T 19072
8	棱角度	○	○	*	GB/T 19072
9	平行度、同轴度	○	○	*	GB/T 19072
10	孔的位置度	○	○	*	GB/T 1958

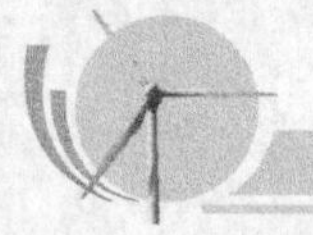

续表

序号	检验项目	型式试验	过程验收	出厂检验	检验方法
11	法兰平面度	○	○	*	GB/T 1958
12	产品焊接试板	○	▲10	*	JB 4744
13	焊缝外观检测	○	▲10	*	目测、MT、焊缝检查尺
14	无损检测	○	▲10	*	JB/T 4730.1 JB/T 4730.2 JB/T 4730.3 JB/T 4730.4 JB/T 4730.5
15	喷砂防锈	○	△20	*	GB 8923
16	锌层厚度的测量	○	—	△20	GB/T 9793
17	锌层结合强度	○	—	△20	GB/T 9793
18	漆涂层厚度的测量	○	—	△20	GB/T 13452.2
19	漆涂层结合强度	○	—	△20	GB/T 9286
20	铭牌标志	○	—	○	GB/T 13306
21	基础检验	○	○	—	GB/T 19072
22	法兰间隙测量	○	○	—	GB/T 19072
23	法兰螺栓扭矩测量	○	○	—	GB/T 19072
24	防雷接地连接检查	○	○	—	GB/T 19072

注：标有“*”为文件检验（厂家提供的检验文件）；标有“○”为全检；标有“—”为不做规定的检验项目；标有“△20”为抽检比例为20%；标有“□”为抽检；标有“■”为第三方检验；标有“▲10”为抽检比例为10%（第三方检验）。

4. 塔架的安装

(1) 基础验收

① 检查混凝土基础强度试块报告、混凝土基础浇灌和养护记录、基础水平检测报告，应符合设计要求。

② 塔架基础验收前应清除基础环内、平面及螺栓上的灰浆、砂子和灰尘等。

③ 清洁法兰表面，检查孔数并检查与塔筒底部法兰是否吻合。

④ 塔架安装前，应校验、复测基础环水平度，检查基础混凝土浇筑的验收资料，检查基础是否符合施工图纸的规定。

⑤ 基础环防腐层不应有损伤。如有损伤，应使用与筒体同色号的聚氨酯漆进行修补。

(2) 卸车

① 塔架卸车时，应使用带有柔性保护套的钢丝绳或吊带进行吊装，以免损坏塔架防腐层。

② 用V形枕木垫在塔架法兰处，使塔架水平放置，下表面离地≥150mm。

③ 塔架防腐层不应有损伤。如有损伤，应使用与筒体同色号的聚氨酯漆进行修补。

④ 检查塔筒是否有变形，在法兰45°和135°处测量两个方向的直径，$D_{max}-D_{min}\leqslant 3mm$。

(3) 吊装

① 塔架下段吊装

a. 塔架吊装前，清理法兰上的油脂和灰尘。

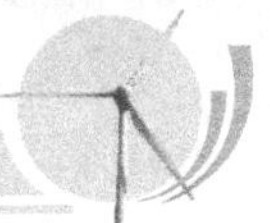

b. 检查塔筒内部的连接件是否有松动，如有松动必须紧固。

c. 检查塔筒内照明系统电源插座是否有松动、丢失或缺件，必要时拧紧、更换或补件。

d. 塔架下段吊装前，用 MoS_2 或与其相当的润滑剂润滑所有螺栓的螺纹。

e. 吊装前在基础环法兰面上涂抹密封胶。

f. 塔架吊装时，要将起吊装置装在塔架两端的法兰上。

g. 在塔架吊装前应确认塔架各段的最大重量和长度。

h. 塔架吊装要严格监测风速，风速超过 12m/s 时不允许吊装。

i. 将所有连接螺栓穿入螺栓孔，垫片、螺母拧在螺栓上。用电动扳手或气动扳手预紧，最终以星形模式紧固螺栓。螺栓力矩的紧固，应分 2～3 次终紧到位，严禁一次终紧。每次紧固应使用不同颜色油漆笔做记号，避免漏紧或重复紧固。紧固结束要有责任人签字，并保存紧固记录。紧固扭矩值按照设计要求执行。

② 塔架其他各段的吊装与以上方法类同。

(4) 附件连接及装配

① 塔内梯子安装前已布置于每段塔筒内，每段塔筒吊装完毕后及时将两端塔筒的爬梯及防坠落导轨依次进行连接，将所有塔筒梯子连接为一个整体。

② 对于使用母线排的机组，塔筒安装完成后，应严格按厂家要求连接各段母线排，确保直线度和间隙要求。

③ 及时装配各段塔筒间的防雷接地导线和基础环内的接地装置。

5. 塔架的验收

(1) 塔架验收所需要的技术工艺文件

① 塔架的设计计算结果应包括以下内容：塔架的强度计算、固有频率计算、钢结构用高强度螺栓副拧紧力矩。

② 塔架验收还应提供的文件有：

a. 钢材、连接材料和涂装材料的质量证明书或试验报告；

b. 焊接工艺评定报告，包括无损检测报告；

c. 表面处理报告，对锌层和漆层的检测结果报告；

d. 试组装报告；

e. 塔架发运和包装清单。

(2) 评定和复检规则

单件生产的塔架应逐个验收，批量生产的塔架按 5 件为一批次，每批次抽检 1～2 件。检验结果与塔架技术条件和要求不符时，则塔架判定为不合格。复检时，对同一批次的另外几件做该项目的复检，若仍不合格，应找出原因并排除。不合格的塔架应有明显的标记，或被拆除。

塔架完成规定的验收后，应填写产品合格证书、检验单，并交付所需的文件。

操作指导

1. 任务布置

3kW 液压管状独立塔架的安装与调试。

2. 操作指导

(1) 液压管状独立塔架的简介

目前液压塔架一般用于中、小型风力发电机组。相对于传统拉索式塔架而言，液压塔架外形美观，省去了累赘的钢丝绳，占地面积更小；相对于传统锥度式塔架而言，更方便运输。液压塔架最大的优点是安装和维护时可以使用液压系统实现自动升降，无需吊车配合，极大地节省了安装维护费用和人工成本。

液压塔架由3节不同直径的钢管组成，并配套有底座、油缸、液压站，钢管两端焊接有连接法兰，用于彼此连接，底座则固定塔架在基座上。

(2) 3kW 液压管状独立塔架的参数

总高度		12m
节数		3节
上节参数	高度/m	4
	直径/mm	325
	壁厚/mm	6
中节参数	高度/m	4
	直径/mm	480
	壁厚/mm	8
下节参数	高度/m	2.4
	直径/mm	630
	壁厚/mm	8
底座参数	高度/m	0.6
示意图		上法兰 上节 中节 下节 底座 下法兰

续表

重量/kg		1408
上法兰(连接发电机)	C_1/mm	310
	C_2/mm	200
	C_3/mm	160
	T_1/mm	M16
	N_1	12
下法兰(固定在基座上)	C_4/mm	940
	C_5/mm	770
	C_6/mm	635
	T_2/mm	ϕ40
	N_2	10

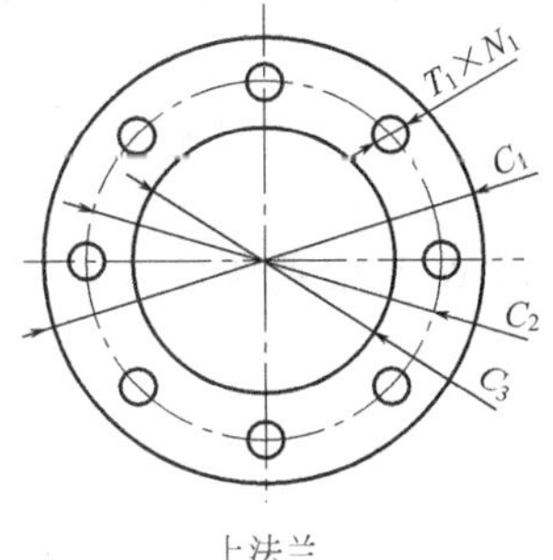

上法兰

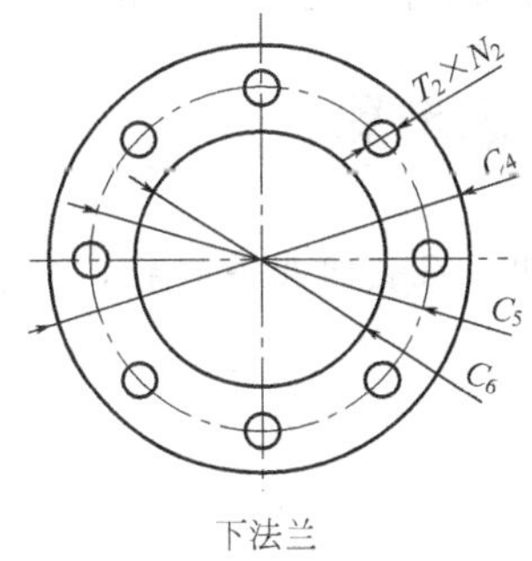

下法兰

(3) 塔架的组装

① 液压塔架除底座外有 3 节，每段两端均有法兰，按照直径大小依次将各节用螺栓连接起来，如图 6-9 所示。

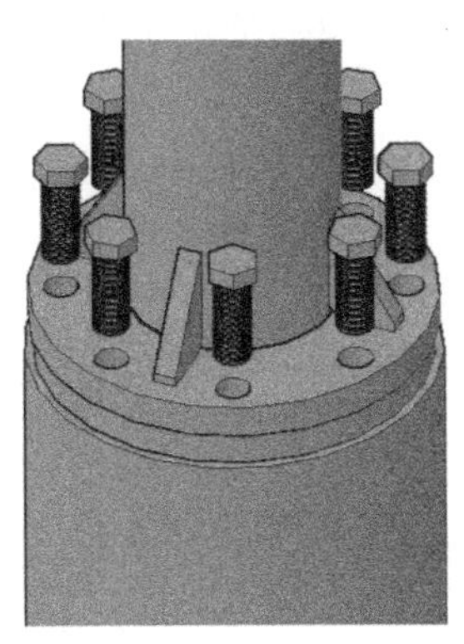

图 6-9　法兰的连接

图 6-10　油缸的安装

② 安装好塔架后，将塔架底座和油缸底座安装在地基上，用水平尺校准法兰平面，拧紧螺母。

③ 用人工或手拉葫芦、吊架等工具将组装好的底座用销轴装配在一起。销轴务必安装到位，以免脱落。

④ 调整塔架放置的高度。将油缸用销轴安装到塔架和油缸底座之间，如图 6-10 所示。

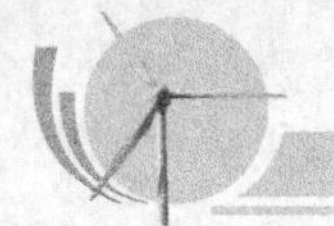

⑤ 塔架和底座组装完毕后，开始连接液压系统。

（4）液压系统的连接步骤及注意事项

3kW 风力发电机的液压塔架一般用电动液压系统，其安装步骤如下：

① 连接液压站的油管到油缸上，如图 6-11 所示；

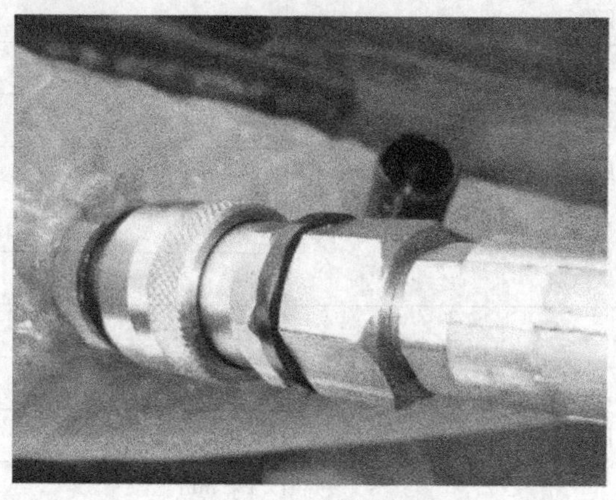

图 6-11　连接油管

② 为液压站注油，注油时应按照液压站说明事项操作；

③ 确认液压站换向手柄处于空挡位置，连接三相电线路或发动汽油机为液压站供电；

④ 向正向挡位扳动换向手柄，液压站即开始工作，油缸缓慢伸长将塔架升起；

⑤ 塔架竖起后用螺栓连接塔架和底座，在螺栓、螺母上加适量黄油防腐。

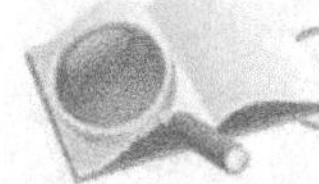

思考题

根据产品说明书及查阅相关资料，安装和调试 3kW 拉索式塔架。

模块七

风力发电机组部件及系统的运行、维护与检修

在风力发电机组中，齿轮箱、偏航系统、液压系统是其主要的组成部分，也是故障发生概率最高的区域。因此，做好齿轮箱、偏航系统和液压系统的运行、维护与检修，对保障机组的安全稳定运行有着重大的意义。通过本模块的学习，可以了解齿轮箱、偏航系统、液压系统维护与检修的要求，熟悉其各自的故障现象以及形成原因，掌握其安全运行的条件、维护和检修的方法。

任务一　齿轮箱的维护与检修

在风力发电机组中，齿轮箱是重要的部件之一。近年来，随着风力发电机组单机容量的不断增大，以及风力发电机组投入运行时间的逐渐积累，齿轮箱故障或损坏引起的机组停运事件时有发生，由此带来的损失也越来越大，维修人员投入的维修工作量也有上升趋势。因此，齿轮箱必须正确地使用和维护，才能延长其使用寿命。

能力目标

① 了解齿轮箱的类型及特点。

② 熟悉齿轮箱的结构。

③ 掌握齿轮箱的使用、维护与检修。

基础知识

1. 齿轮箱的类型及特点

风力发电机组齿轮箱的种类很多，按照传统类型可分为圆柱齿轮箱、行星齿轮箱以及它

们互相组合起来的齿轮箱；按照传动的级数可分为单级和多级齿轮箱；按照传动的布置形式又可分为展开式、分流式和同轴式以及混合式等。常见齿轮箱形式、特点和应用如表 7-1 所示。

表 7-1　常见齿轮箱形式、其特点和应用

传动形式		传动简图	特点和应用
两级圆柱齿轮传动	展开式	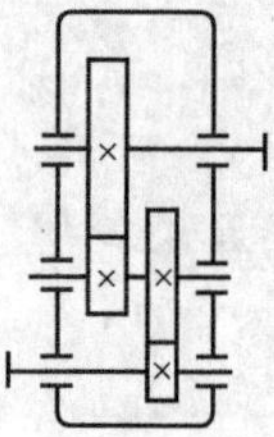	结构简单，但齿轮相对于轴承的位置不对称，因此要求轴有很大的刚度。用于载荷比较平稳的场合。高速级一般做成斜齿，低速级可做成直齿
	分流式	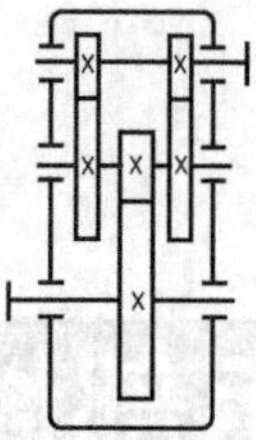	结构复杂，但由于齿轮相对轴承对称布置，与展开式相比载荷沿齿宽分布均匀，轴承受载分布均匀。中间轴危险截面上的转矩只相当于轴所传递转矩的一半。适用于变载荷的场合。高速级一般做成斜齿，低速级可做成直齿或人字齿
	同轴式	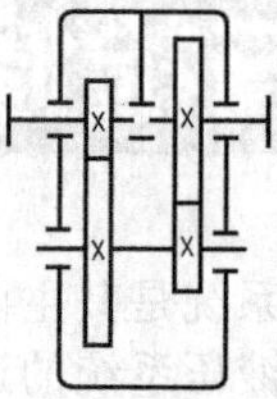	齿轮箱横向尺寸小，两对齿轮浸入油中的深度大致相同。但轴向尺寸和重量较大，且中间轴较长，刚度较差，使沿齿宽载荷分布不均匀
	同轴分流式	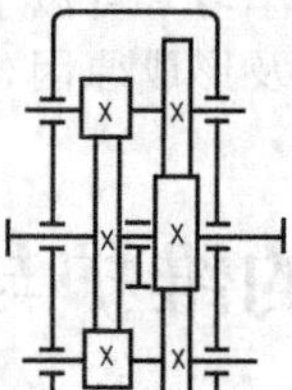	每对啮合齿轮仅传递全部载荷的一半，输入轴和输出轴只承受转矩，中间轴只承受载荷的一半，故与传递同样功率的其他增速器相比，轴颈尺寸可以缩小
三级圆柱齿轮传动	展开式	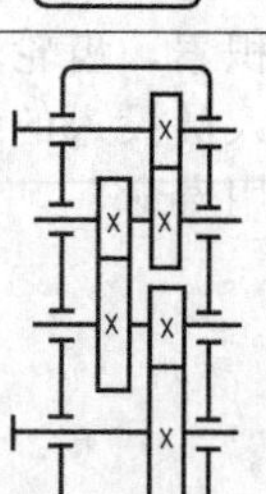	同两级展开式
	分流式	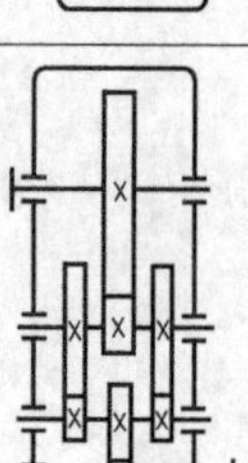	同两级分流式

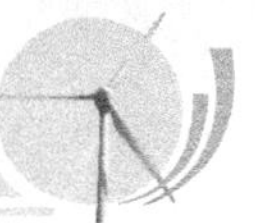

续表

传动形式		传动简图	特点和应用
行星齿轮传动	单级 NGW		与普通圆柱齿轮增速器相比，增速比高，尺寸小，重量轻，但制造精度要求较高，结构较复杂
	两级 NGW		同单级 NGW
混合式传动	一级行星两级圆柱齿轮传动		低速轴为行星传动，使功率分流，同时合理运用了内啮合。末两级为平行轴圆柱齿轮传动，可合理分配增速比，提高传动效率
	两级行星一级圆柱齿轮传动		头两级为行星传动，末级为平行轴圆柱齿轮传动，增速比高

2. 齿轮箱的结构

(1) 箱体

齿轮传动件置于箱体之中，它承受来自风轮的作用力和齿轮传动时产生的反作用力。箱体必须具有足够的刚性去承受力和力矩的作用，防止变形，保证传动质量。箱体的设计应按照风力发电机组动力传动的布局、加工、装配、检查以及维护等要求来进行。应注意轴承支撑和机座支撑的不同方向的反作用力及其相对值，选取合适的支撑结构和壁厚，增设必要的加强筋。筋的位置须与引起箱体变形的作用力的方向相一致。大批量生产一般采用铸铁箱体，以发挥其减振性、易于切削加工等特点。常用的材料有球墨铸铁和其他高强度铸铁。单件、小批量生产时，常采用焊接或焊接与铸造相结合的箱体。为减小机械加工过程和使用中的变形，防止出现裂纹，无论铸造或是焊接箱体均应进行退火、时效处理，以消除内应力。为了便于装配与定期检查齿轮的啮合情况，在箱体上设有观察窗。机座旁一般设有连体吊钩，提供吊整台齿轮箱用。为了减小齿轮箱传到机舱、机座的振动，齿轮箱可安装在弹性减振器上。最简单的弹性减振器是用高强度橡胶和钢垫做成的弹性支座块。箱盖上还设有透气罩，在相应部位设有油位指示器、注油器和放油孔。采用强制润滑和冷却的齿轮箱，在箱体上设有进出油口和相关液压件的安装位置。齿轮箱上常采用的轴承有圆柱滚子轴承、圆锥滚子轴承、调心滚子轴承等。在所有的滚动轴承中，调心滚子轴承的承载能力最大，且能够广

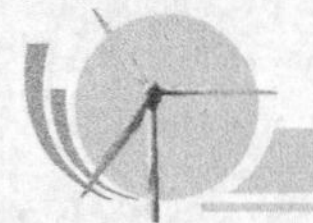

泛应用在承受较大负载或者难以避免同轴误差和挠曲较大的支撑部位。

（2）齿轮和轴

风力发电机组运转环境非常恶劣，受力情况复杂，要求所有的材料除了满足机械强度条件外，还应满足极端温差条件下所具有的材料特性，如抗低温冷脆性、冷热温差影响下的尺寸稳定性等。

对齿轮和轴类零件而言，由于其传递动力的作用而要求极为严格的选材和结构设计。齿轮毛坯只要在锻造条件允许的范围内，都采用轮辐、轮缘整体锻件的形式。当齿轮顶圆直径在2倍轴颈以下时，由于齿轮与轴之间的连接有限，常制成轴齿轮的形式。为了提高承载能力，齿轮一般都采用优质合金钢制造。外齿轮推荐采用20CrMnMo、15CrNi6、17CrNi2MoA、17CrNiMo6、17Cr2Ni2MoA等材料。采用锻造方法制取毛坯，可获得良好的锻造组织纤维和相应的力学特征。合理的预热处理以及中间和最终热处理工艺，保证了材料的综合力学性能达到设计要求。

（3）密封装置

齿轮箱要防止润滑油外泄，同时也必须防止杂质进入箱体内。常用的密封分为非接触式密封和接触式密封两种。

① 非接触式密封　非接触式密封种类很多，所有的非接触式密封都不会产生磨损，使用时间长。轴与端盖孔间的间隙形成的密封，是一种简单的密封，间隙大小取决于轴的径向跳动大小和端盖孔相对于轴承孔的不同轴度。在端盖孔或轴颈上加工出一些沟槽，一般2～4个，形成所谓的迷宫，沟槽底部开有回油槽，使外泄的油液遇到沟槽改变方向，输回箱体中。也可以在密封的内侧设置甩油盘，阻挡飞溅的油液，增强密封效果。

② 接触式密封　接触式密封是使用密封件的密封。密封件应可靠、耐久、摩擦阻力小、容易装拆，应能随压力的升高而提高密封能力，有利于自动补偿磨损。旋转轴常用唇形密封圈。

（4）润滑与温控系统

风力发电机齿轮箱的润滑是齿轮箱持续稳定运行的保证。为此，必须高度重视齿轮箱的润滑问题，严格按照规范保持润滑系统长期处于最佳状态。齿轮箱常采用飞溅润滑或强制润滑，一般常为强制润滑。

齿轮箱润滑系统如果工作不正常，由于齿面润滑油膜减少而热量增加，将造成齿面和轴承的磨损。特别是在我国北方，冬季温度过低，如果齿轮箱润滑部位不能得到充分润滑，长期运行将会导致啮合齿面以及轴承滚动体和座圈发生点蚀、胶合和磨损现象；夏季温度过高，如果齿轮箱散热不好，当风力发电机组在额定功率下运行时，齿轮箱内油的温度上升较快，由于润滑油黏度下降，对啮合齿面油膜的形成不利，也容易出现点蚀、胶合现象，因此，对润滑油进行温度控制也是保证齿轮箱稳定运行的条件。

大功率风机的齿轮箱设有温控系统，一般可以自动控制。当环境温度较低时，例如小于10℃，须先接通电热器加热机油，达到预定温度后才投入运行。若油温高于设定温度，如65℃时，机组控制系统将使润滑油进入系统的冷却管路，经冷却器冷却降温后再进入齿轮箱。润滑油温控制系统还装有压力和油位传感器，以监测其正常供应情况。如发生故障，监控系统将立即发出报警信号，使操作者能迅速判定故障并加以排除。

3. 齿轮箱的维护与检修

（1）齿轮箱的安装要求

齿轮箱主动轴与叶片轮毂的连接必须可靠、紧固。输出轴若直接与电机连接时，应采用

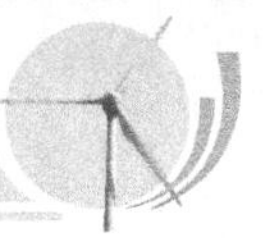

合适的联轴器，最好是弹性联轴器。齿轮箱轴线和与之相连接的部件的轴线应保证同心，其误差不得大于所选用联轴器和齿轮箱的允许值，齿轮箱体上也不允许承受附加的扭转力。齿轮箱安装后人工盘动应灵活，无卡滞现象。打开观察窗盖检查箱体内部机件，应无锈蚀现象。用涂色法检验，齿面接触斑点应达到技术要求的要求。

(2) 齿轮箱的日常保养

风力发电机组齿轮箱的日常保养内容主要包括设备外观检查、润滑油位检查、电气接线检查等。

运行人员登机工作时，应对齿轮箱箱体表面进行清洁，检查箱体、润滑管路及冷却管路有无渗漏现象，外敷的润滑、冷却管路有无松动。由于风力发电机组振动较大，如果外敷管路固定不良，将导致管路磨损、管路接头密封损坏，甚至管路断裂。还应注意箱底放油阀有无松动和渗漏，避免齿轮油大量外泄。

通过油位标尺或油位窗检查油位及油色是否正常，发现油位偏低应及时补充。若发现油色明显变深发黑时，应考虑进行油质检验，并加强机组的运行监视。遇有滤清器堵塞报警时应及时检查处理。在更换滤芯时，应彻底清洗滤清器内部，有条件最好将滤清器总成拆下，在车间清洗、检查。安装滤清器外壳时，应注意对正螺纹，用力均匀，避免损伤螺纹和密封圈。

检查齿轮箱油位、温度、压力、压差、轴承温度等传感器和加热器、散热器的接线是否正常，导线有无磨损。在日常巡查时还应当注意机组的声响有无异常，及时发现故障隐患。

(3) 定期保养维护

风力发电机组齿轮箱的定期保养维护主要有：齿轮箱连接螺栓的力矩的检查，齿轮啮合及齿面磨损情况的检查，传感器功能测试，润滑及散热系统功能检查，定期更换齿轮油滤油器，油样采集等。有条件时，可借助有关工业检测设备对齿轮箱运行状态的振动及噪声等指标进行检测分析，以便全面地掌握齿轮箱的工作状态。

不同厂家对齿轮箱润滑油的采样周期要求不同，一般要求每年采样一次，或者使用2年后采样一次。对于发现运行状态异常的齿轮箱，根据需要，随时采集油样。齿轮箱润滑油的使用年限一般为3～4年。由于齿轮箱运行温度、年运行小时以及峰值出力等运行情况不完全相同，在不同的运行环境下笼统地以时间为限作为齿轮箱润滑油更换的条件，不一定能够保证齿轮箱经济、安全地运行，这就要求运行人员平时注意收集、整理机组的各项运行数据，对比分析油品化验结果的各项参数指标，找出更加符合自己电场运行特点的油品更换周期。

在油品采样时，考虑到样品份数的限制，一般选取运行状态恶劣的机组（如故障率较高、出力峰值较高、齿轮箱运行温度较高、滤清器更换较频繁的机组）作为采样对象。根据油品检验结果，分析齿轮箱的工作状态是否正常，润滑油性能是否满足设备正常运行需要，并参照风力发电机组维护手册规定的油品更换周期，综合分析决定是否需要更换齿轮箱润滑油。油品更换前，可根据实际情况选用专用清洗添加剂，更换时应将旧油彻底排干，清除油污，并用新油清洗齿轮箱。加油时按用户使用手册要求的油量加注，避免油位过高，导致输出轴油封因回油不畅而发生渗漏。

(4) 齿轮箱的常见故障及维修

齿轮箱的常见故障有齿轮损坏、轴承损坏、断轴、油温高、润滑油油位低、润滑油压力低、润滑油泵过载等。

① 齿轮损坏　影响齿轮损坏的因素很多，包括选材、设计计算、加工、热处理、安装、调试、润滑、使用维护等。常见的齿轮损坏有齿面损伤和轮齿折断两大类。

a. 齿面疲劳　齿面疲劳是在过大的接触切应力和应力循环次数作用下，轮齿表面或其表层下面产生疲劳裂纹，并进一步扩展而造成的齿面损伤，其表现形式有早期点蚀、破坏性点蚀、齿面剥落和表面压碎等。特别是破坏性点蚀，常在齿轮啮合线部位出现，并且不断扩展，使齿面严重损伤，磨损加大，最终导致断齿失效。正确进行齿轮强度设计，选择好材质并保证热处理质量，选择合适的配合精度，提高安装精度，改善润滑条件等，是解决齿面疲劳的根本措施。

b. 胶合　胶合是相啮合的齿面在啮合处的边界润滑膜受到破坏，导致接触齿面金属熔焊而撕落齿面上金属的现象，一般是由于润滑条件不好或齿侧间隙太小有干涉引起。适当改善润滑条件，及时排除干涉起因，调整传动件的参数，清除局部载荷集中，可减轻或消除胶合现象。

c. 轮齿折断　轮齿折断又叫断齿，是由细微裂纹逐步扩展而成。根据裂纹扩展的情况和断齿原因，断齿可分为过载折断（包括冲击折断）、疲劳折断以及随机折断。

过载折断是由于作用在轮齿上的应力超过其极限应力，导致裂纹迅速扩展。常见的原因有冲击载荷、轴承损坏、轴弯曲或较大硬物挤入啮合区等。断齿断口有呈放射状花样的裂纹扩展区，有时断口处有平整的塑性变形，断口副常可拼合。仔细检查可看到材质的缺陷，齿面精度太差，轮齿根部未做精细处理等。在设计中应采用必要的措施，充分考虑过载因素。安装时防止箱体变形，防止硬质异物进入箱体内等。

疲劳折断发生的根本原因是轮齿在过高的交变应力重复作用下，从危险截面（如齿根）的疲劳源开始产生疲劳裂纹并不断扩展，使齿轮剩余截面上的应力超过其极限应力，造成瞬时折断。在疲劳折断的起始处，是贝状纹扩展的出发点并向外辐射。产生的原因是设计载荷估计不足，材料使用不当，齿轮精度过低，热处理裂纹，磨削烧伤，齿根应力集中等。所以在设计时要充分考虑传动的动载荷，优选齿轮参数，正确选用材料和齿轮精度，充分保证齿轮加工精度，消除应力集中等。

随机断裂通常是材料缺陷、点蚀、剥落或其他应力集中造成的局部应力过大，或较大的硬质异物落入啮合区引起。

② 轴承损坏　轴承是齿轮箱中最为重要的零件，其失效常常会引起齿轮箱灾难性的破坏。在运转过程中，轴承套圈与滚动体表面之间受交变载荷的反复作用，由于安装、润滑、维护等方面的原因，而产生点蚀、裂纹、表面剥落等缺陷，使轴承失效，从而使齿轮副和箱体产生损坏。据统计数据表明，在影响轴承失效的众多因素中，属于安装方面的原因占16%，污染方面占16%，润滑方面占34%，疲劳方面占34%。在实际使用当中，70%的轴承达不到预定寿命。

因此，一定要重视轴承型号的选择，充分保证润滑条件，按照规范进行安装调试，加强对轴承运转的监控。一般情况下，齿轮箱上都设置了轴承温度传感器，对轴承异常高温现象进行监控，同一箱体内轴承之间的温差一般不应超过15℃，并要随时随地检查润滑油的变化，发现异常立即停机处理。

③ 断轴　断轴也是齿轮箱常见的重大故障，其原因是轴在制造的过程中没有消除产生应力集中的因素，在过载或交变应力作用下超出了材料的疲劳极限所致。因此，对轴上易产生应力集中的因素应高度重视，特别是在不同轴径过渡区，要有圆滑的圆弧连接，此处的光洁度要求较高，不允许有切削刀具刀尖的痕迹。设计时，轴的强度应足够，轴上的键槽、花键等结构不能过分降低轴的强度。保证相关零件的刚度，防止轴的变形，也是提高轴的可靠性必要措施。

④ 齿轮箱油温高　齿轮箱油温最高不应超过80℃，不同轴承间的温差不得超过15℃。

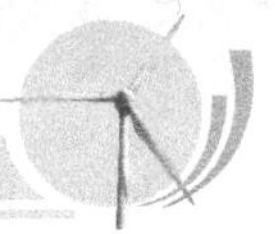

一般的齿轮箱都设置有冷却器和加热器，当油温低于10℃时，加热器会自动对油池进行加热；当油温高于65℃时，油会自动进入冷却器管路，经冷却降温后再进入润滑管路。油温高极易造成齿轮和轴承的损坏，必须加以高度重视。

常见故障原因　齿轮箱油温度过高一般是由于风力发电机长时间处于满发状态，润滑油因齿轮箱发热而温度上升，超过正常值。测量观察机组满发运行状态时，机舱内的温度与外界环境温度最高可相差25℃左右。若温差太大，可能是温度传感器出现故障，也可能是油冷却系统的问题。

检修方法　出现接近齿轮箱工作温度上限的现象时，应敞开塔架大门，增强通风，降低机舱温度，改善齿轮箱工作环境温度。若发生温度过高导致的停机，不应进行人工干预，应使机组自行循环散热至正常值后启动。有条件时应观察齿轮箱温度变化过程是否正常，以判断温度传感器工作是否正常。若齿轮箱出现异常高温现象，则要仔细观察，判断发生故障的原因。首先要检查润滑油供应是否充分，特别是各主要润滑点处必须要有足够的油液润滑和冷却；其次要检查各传动部件有无卡滞现象，还要检查机组的振动情况，传动连接是否松动等，同时还要检查油冷却系统工作是否正常。

正常情况下很少发生润滑油温度过高的故障。若发生了油温过高，应引起运行人员的足够重视，在未找到温度异常原因之前，避免盲目开机，使故障范围扩大，造成不必要的经济损失。在风力发电机组的日常运行中，对齿轮箱的运行温度观察比较，对维护人员及时准确地掌握齿轮箱的运行状态的改变有着较为重要的意义。若排除一切故障后，齿轮箱油温仍无法降下来，可进行如下改装。

a. 增加齿轮箱的散热片数，加快齿轮油热交换速度。改造后可使机组在满发状态下齿轮箱油温降低5℃左右。

b. 改善机舱通风条件，加速气流的流动，降低齿轮箱运行环境温度。可以在机舱正面加装两扇通风窗。改进后，外界空气直接由机舱正面吹入，进入机舱后将齿轮箱附近的热空气推向后方，通过机舱后部的通风口排出，不但直接对齿轮箱箱体进行冷却，而且加强了机舱内的空气流动，降低了齿轮箱工作的环境温度。

c. 采用制冷循环冷却系统。该系统可以最有效地解决齿轮箱油温高的问题，因此，现在很多风力发电机组本身就设计有制冷循环冷却系统。

⑤ 润滑油油位低

常见故障原因　润滑油油位低故障是由于齿轮箱或润滑油管路出现渗漏，使润滑油位下降，浮子开关动作停机，或因为油位传感器电路故障。

检修方法　风力发电机组发生该故障后，运行人员应及时到现场检查润滑油油位，必要时测试传感器功能。不允许盲目地复位开机，避免润滑不良时损坏齿轮箱或齿轮箱有明显泄漏点后导致更多的齿轮油外泄。

在冬季低温工况下，油位开关可能会因油黏度太高而动作迟缓，产生误报故障，所以有些型号的风力发电机组在温度较低时将油位低信号降级为报警信号，而不是停机信号。这种情况也应认真对待，根据实际情况做出正确的判断，以免造成不必要的经济损失。解决的办法是给齿轮箱加装加热装置。

⑥ 润滑油压力低

常见故障原因　润滑油压力低故障是由于齿轮箱强制润滑系统工作压力低于正常值而导致压力开关动作；也有可能是由油管或过滤器不通畅或油压传感器电路故障及油泵磨损严重导致的。

检修方法　故障多是由油泵本身工作异常，或者润滑管路或过滤器堵塞引起，但若油泵

排量选择不准且油位偏低，在油温较高、润滑油黏度较低的条件也会出现该故障。有些使用年限较长的风力发电机机组因为压力开关老化，整定值发生偏移，同样会导致该故障，这时就需要在压力实验台上重新调定压力开关动作值。油压传感器电路故障应先排除；油泵磨损严重，必须更换新油泵；找出不通畅油管或过滤器进行清洗。

⑦ 润滑油泵过载

常见故障原因 润滑油泵过载多发生在冬季低温气象条件下，当风力发电机组故障长期停机后，齿轮箱温度下降较多，润滑油黏度增加，造成油泵启动时负载较重，导致油泵电动机过载，可能使油温传感器或电加热器电路出现故障。

检修方法 出现该故障后，首先要排除油温传感器或电加热器电路出现的故障，再使机组处于待机状态下，逐步加热润滑油升至正常油温后再启动风力发电机组。

严禁强制启动风力发电机组，以免因齿轮油黏度过大而造成润滑不良，损坏齿面或轴承，烧毁油泵电动机以及润滑系统的其他部件（如滤清器密封圈等）。

润滑油泵过载的另一常见原因是部分使用年限较长的机组，其油泵电动机输出轴油封老化，导致润滑油进入接线端子盒，造成端子接触不良，三相电流不平衡，出现油泵过载故障。更严重的情况是润滑油甚至会大量进入油泵电动机绕组，破坏绕组气隙，造成油泵过载。出现上述情况后应更换油封，清洗接线端子盒及电动机绕组，并加温干燥后重新恢复运行。

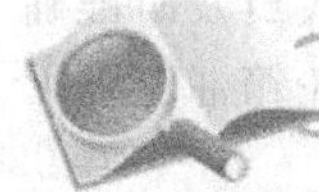

操作指导

1. 任务布置

风力发电机增速箱的检修与验收。

2. 操作指导

（1）齿轮箱的检修周期与检修内容

① 检修周期　检修周期见表 7-2，同时也可随主机检修周期而变更。

表 7-2　齿轮箱的检修周期

设备类型 / 周期/月 / 检修类别	单斜齿	双斜齿	行星齿
中修	12	12	12
大修	48～60	48～60	24～36

② 检修内容

a. 圆柱齿轮增速箱的检修内容

（a）中修

- 开盖检查齿轮啮合情况，测量齿轮啮合间隙。
- 清除机件及齿轮箱内油垢。
- 清洗油泵及油过滤器，消除漏油。
- 检查、紧固各连接螺栓。
- 清洗、检查联轴器。
- 复查对中情况。

(b) 大修

- 包括中修内容。
- 修复或更换损坏齿轮。
- 检查轴颈与滑动轴承的磨损情况，测量径向间隙，修复或更换轴承。
- 检查止推轴承轴向间隙及磨损情况，视情况修复或更换。
- 检查轴承体与轴承座的接触情况，视情况处理。
- 测量轴颈的圆度与圆柱度误差，视情况处理。
- 对齿轮、转轴、推力盘及联轴器做无损探伤检查。
- 根据原运转情况，对齿轮组件做动平衡。

b. 行星轮增速器检修内容

(a) 中修

- 开盖检查行星轮齿啮合情况，测量啮合间隙。
- 清除机件及齿轮箱内的油垢。
- 清洗油泵及油过滤器，检查油泵供油情况。
- 消除渗油现象。

(b) 大修

- 包括中修内容。
- 修复或更换齿轮。
- 检查各部轴承磨损情况，测量间隙，视情况修理或更换轴承。
- 检查各轴颈的圆度及圆柱度误差，视情况处理。
- 检查、修理或更换油封；检查或更换弹簧卡圈。
- 清洗油道、油孔。
- 对齿轮、转轴等及联轴器做无损探伤检查。

(2) 齿轮箱的检修方法与质量标准

① 箱体

a. 箱体与箱盖的剖分面应平整光滑，要求无碰撞、划痕等缺陷。接触印痕每平方厘米应不少于一点。在未压紧的状态下，用 0.03mm 塞尺检查，任何部位都不应通过。

b. 上盖及机体不得有裂纹等缺陷。可用着色法或渗透法检查。用渗透法时，要求涂煤油后 2h 内无渗漏。

c. 上盖及端盖等回装时应在接合面上涂液态密封胶，以保证密封良好。

d. 揭盖时，注意箱盖不要撞击齿轮表面。各油管接口应及时封好，复位前应确认箱内无杂物和积尘，各组装部件清洁。

② 齿轮转子

a. 各齿轮表面不得有毛刺、裂纹、断裂等缺陷。对于单斜齿，其小齿轮两端的锥面推力盘不应有毛刺、裂纹及过磨等缺陷，紧固螺钉不得有松动。

b. 齿轮啮合处工作面上的剥蚀现象不得超过 20%。

c. 齿轮副的侧隙，可采用“压铅法”或杠杆式百分表进行检查。

“压铅法”测间隙时，每一对齿（双斜齿按两对啮合算）在齿宽方向所压铅丝不得少于两处，且按工作转向一次压成。对行星齿轮增速器，其多个行星轮与太阳轮应同时压完。铅丝直径可选侧隙的 1.25～1.5 倍。

用百分表测间隙时，表触头应尽量位于节圆处。每一对齿轮在圆周方向不少于 4 个检查

点，且应均匀分布并做永久性记号。

③ 轴承

a. 各径向轴承、止推轴承以及行星轮轴上的轴瓦合金层表面要求光滑，无裂纹、气孔、夹渣、重皮、划痕、硬点等缺陷。合金层贴合应牢固。

b. 斜齿圆柱齿轮增速器滑动轴承径向间隙一般可取(0.002～0.003)d(d 为轴颈直径)，止推轴承轴向间隙一般取 0.20～0.40mm。行星轮增速器止推轴承轴向间隙一般为 0.30～0.33mm。主轴承径向间隙应符合表 7-3 规定。行星轮与轴的间隙应符合表 7-4 规定。

表 7-3 行星轮增速器止推轴承径向间隙表 mm

轴颈直径	120	135	150	175
径向间隙	0.18～0.24	0.20～0.27	0.22～0.30	0.29～0.354

表 7-4 行星轮与轴的间隙表 mm

行星轮孔直径	110	120	150	160	190
间隙	0.20～0.24	0.24～0.27	0.30～0.33	0.32～0.34	0.38～0.42

c. 轴瓦与轴承座的配合可选 H7/m6，表面粗糙度为 $Ra1.6$。接触面积不低于 85%，用压铅法检查瓦背间隙为 0.01～0.02mm。

d. 用涂色法检查轴颈与下半轴承表面接触点每平方厘米不少于 2～3 点，接触角度在正下方 60°～90°范围内，且无明显的分界线。

④ 其他部分

a. 斜齿圆柱齿轮增速器的油封间隙一般比主轴承径向间隙大 0.02～0.04mm。行星齿轮增速器的油封间隙一般比轴承径向间隙大 0.05～0.07mm。

b. 行星齿轮增速器在组装时，还应注意对准原标记，行星齿轮与轮架的油孔要对准，行星轮端面与左右内齿圈端面应对齐成一平面。各部位卡圈、卡簧应有足够的弹性，不得有明显的变形，安装应牢固可靠。

c. 行星轮架的固定螺栓和垫片需更换时，新件与旧件的重量差不得大于 1g。

d. 行星轮轴和行星轮更换时，各组的重量差不大于 2g。

e. 行星轮架零件更换过多时，应重新做动平衡，其许用不平衡转矩 $M \leqslant 1.3G$(G 为行星轮架和行星轮轴的总重量，单位为 kg；M 的单位为 g·cm)。

f. 齿轮组装完毕用手盘动时，无轻重不均或咬死现象。

g. 增速机与主机一起找正。

(3) 试车与验收

增速机的试车与验收一般与主机同时进行。

① 试车前准备工作

a. 检查润滑油牌号和油位应符合规定。高位油槽应灌满油。

b. 在油温不低于 45℃的情况下，油洗合格。油泵工作正常，过滤前后压差达到工艺指标。

c. 报警、联锁装置调试合格。

d. 盘车应无异常现象。

② 试车

a. 按整套机组操作规程进行试车。

b. 增速器启动后轴承部位的振动位移峰-峰值，对挂齿轮增速器应不超过 20μm，对行星

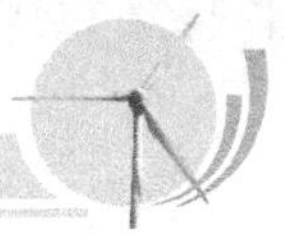

齿轮增速器应不超过 10μm。

c. 在试车过程中，轴瓦温度稳定，且不高于 65℃，无异常噪声。

d. 油、水、汽等管线应无泄漏。

③ 验收

检修质量符合本规程要求，检修、试车记录齐全准确。经试车合格，即可办理验收手续交付使用。

(4) 维护、检修安全注意事项

① 维护安全注意事项

a. 严格遵守岗位操作规程，禁止违章开停车。

b. 禁止使用不合格或变质润滑油。

c. 保持排气筒畅通。

② 检修安全注意事项

a. 检修前，应先办理“安全检修任务书”，并做好各项准备工作。

b. 检修现场应设置安全检修作业标志，禁止无关人员随意进出。检修结束后，应及时拆除围栏。

c. 现场检修人员应戴上安全帽，并且严格遵守安全规章制度，切实做到安全检修。

d. 临时照明灯电压不得超过 36V。

e. 使用天车应有专人指挥，吊起的重物不得停留在设备上方。各零部件不得相互碰撞。

f. 拆除的零部件摆放整齐有序，符合安全规定。

g. 若现场需要动火，应作动火分析。

③ 试车安全注意事项

a. 应随同机组建立相应的试车方案。

b. 经有关人员检查确认后，由专人负责指挥与机组的联动试车。

c. 试车过程中，要认真观察运转情况。若有异常，应停车检查原因，待消除后再试。

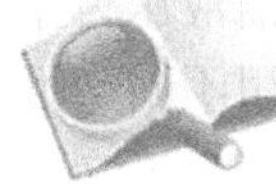

思考题

根据齿轮箱安装与调试的步骤，对其他类型的齿轮箱如减速箱进行调试与检修。

任务二　液压系统的调试与检修

液压系统是以有压力液体为介质，实现动力传输和运动控制的机械单元。液压系统具有传动平稳、功率密度大、容易实现无级调速、易于更换元器件和过载保护可靠等优点，在大型风力发电机组中得到广泛应用。

在定桨距风力发电机组中，液压系统主要用于空气动力制动、机械制动以及偏航驱动与制动；在变桨距风力发电机组中，液压系统主要用于控制机构和机械制动，也用于偏航驱动与制动。此外，还常用于齿轮箱润滑油液的冷却和过滤、发动机冷却、变流器的温度控制、开关机舱和驱动起重机等。

能力目标

① 了解液压系统的结构组成。

② 熟悉液压系统调试的步骤。

③ 掌握液压系统调试与维修的方法。

④ 掌握液压系统常见的故障及排除方法。

基础知识

1. 液压系统的结构组成

液压系统由各种液压元件组成。液压元件可分为动力元件、控制元件、执行元件和辅助元件。动力元件将机械能转化为液体压力能，如液压泵。控制元件控制系统压力、流量和方向，以及进行信号转换和放大。作为控制元件的主要是各类液压阀。执行元件将流体的压力能转换为机械能，驱动各类机构，如液压缸。辅助元件为保证系统正常工作除上述元件外的装置，如油箱、过滤器、蓄能器、管件等。

(1) 液压泵

① 液压泵分类　液压泵是能量转换装置，用来向液压系统输出压力油，推动执行元件做功。按照结构的不同，液压泵可分为齿轮泵、叶片泵、柱塞泵和螺杆泵等。按照压力的不同，可分为低压泵、中压泵、中高压泵、高压泵和超高压泵。按液压泵输出流量是否可以调节，又分为定量泵和变量泵。

② 液压泵的性能参数　额定压力、理论排量、功率和效率是液压泵的主要性能参数。

(2) 液压阀

液压阀按其功能可分为方向控制阀、压力控制阀和流量控制阀。

① 方向控制阀　方向控制阀用来控制液压系统的油流方向，接通和断开油路，从而控制执行结构的启动、停止或改变运动方向。方向控制阀有单向阀和换向阀两大类。

② 压力控制阀　在液压系统中用来控制油液压力，或利用压力作为信号来控制执行元件和电气元件动作的阀，称为压力控制阀。这类阀工作原理的共同特点是，利用油液压力作用在阀芯的力与弹簧力相平衡的原理进行工作。按压力控制阀在液压系统中的功用不同，可分为溢流阀、减压阀、顺序阀、压力继电器。

③ 流量控制阀　在液压系统中用来控制液体流量的阀类统称为流量控制阀，简称为流量阀。它是靠改变控制口的大小调节通过阀的液体流量，以改变执行元件的运动速度。流量控制阀包括节流阀、调速阀和分流集流阀等。

(3) 液压缸

液压缸系统的执行元件，是将输入的液压能转换为机械能的能量转换装置，它可以非常方便地实现直线往复运动。

(4) 辅助元件

液压系统中的辅助元件包括油管、管接头、蓄能器、过滤器、油箱、密封件、冷却器、加热器、压力表和压力表开关等。

① 蓄能器　在液压系统中，蓄能器用来储存和释放液体的压力能。当系统的压力高于蓄能器的压力时，系统中的液体充进蓄能器中，直到蓄能器内、外压力相等；反之，当蓄能器内液压压力高于系统的压力时，蓄能器内的液体流到系统中去，直到蓄能器内、外压力平衡。蓄能器可作为辅助和应急能源使用，还可以吸收压力脉动和减少液压冲击。

② 过滤器　液压油中含有杂质是造成液压系统故障的重要原因。因为杂质的存在会引

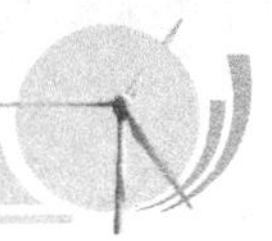

起相对运动部件的急剧磨损、划伤，破坏配合表面的精度，造成元件动作失灵，影响液压系统的工作性能，甚至使液压系统不能工作。因此，保持液压油的清洁是液压系统能正常工作的必要条件。过滤器可净化油液中的杂质，控制油液的污染。

③ 油箱　油箱是液压油的储存器。油箱可分为总体式和分离式两种结构。总体式结构利用设备机体空腔作油箱，散热性不好，维修不方便。分离式结构布置灵活，维修保养方便。通常用2.5～5mm钢板焊接而成。

④ 密封装置　密封装置用来防止系统油液的内外泄漏，以及外界灰尘和异物的侵入，保证系统建立必要压力。要求密封装置在一定的工作压力和温度范围内具有良好的密封性能；与运动件之间摩擦系数要小；寿命长，不易老化，抗腐蚀能力强。常用的密封形式有间隙密封、O形密封圈、唇形密封和组合密封装置等。

2. 液压系统调试前的准备工作

调试是调整和试验的简称，调试的方法就是在试验的过程中进行调整，然后再试验再调整，如此反复直到液压系统的动作和控制功能满足设计要求为止。参与调试的人员应分工明确，统一指挥。调试前应熟悉并掌握风力发电机组生产厂商向用户提供的液压系统使用说明书，其内容主要包括：

① 风力发电机组的型号、系列号、生产日期；

② 液压系统的主要作用、组成及主要技术参数；

③ 液压系统的工作原理及使用说明书；

④ 液压系统正常工作的条件、要求（如工作油温范围、油的清洁度要求、油箱注油高度、油的品种代号及工作黏度范围、注油要求等）；

⑤ 液压系统的调试方法、步骤、操作要求及注意事项。

（1）液压系统进入调试的条件

① 需调试的液压系统必须循环冲洗合格。

② 液压驱动的主机设备全部安装完毕，运动部件状态良好并经检查合格。

③ 控制调试液压系统的电气设备及线路全部安装完毕并检查合格。

④ 确认液压系统净化符合标准后，向油箱加入规定的液压油。加入液压油时一定要过滤，滤芯的精度要符合要求，并要通过检测确认。向油箱灌油，当油液充满液压泵后，用手转动联轴器，直到泵的出油口不见气泡时为止。有泄油口的泵，要向泵壳体中灌满油。油箱油位应在油位指示器最低油位线和最高油位线之间。

⑤ 根据管路安装图，检查管路连接是否正确、可靠，选用的油液是否符合技术文件的要求，油箱内油位是否达到规定高度，根据原理图、装配图认定各液压元件的位置。

⑥ 清除主机及液压设备周围的杂物，调试现场应有必要明显的安全设施和标志，并由专人负责管理。

（2）液压系统调试前的检查

① 根据系统原理图、装配图及配管图检查液压系统各部位，确认安装合理无误。检查并确认每个液压缸由哪个支路的电磁阀操纵。

② 液压油清洁度采样检测报告合格。

③ 电磁阀分别进行空载换向，确认电气动作是否正确、灵活、符合动作顺序要求。

④ 将泵吸油管、回油管上的截止阀开启，泵出口溢流阀及系统中安全阀手柄全部松开；松开并调整液压阀的调节螺钉，将减压阀置于最低压力位置。

⑤ 流量控制阀置于小开口位置。调整好执行结构的极限位置，并维持在无负载状态。若有必要，伺服阀、比例阀、蓄能器、压力传感器等重要元件应临时与循环回路脱离。

⑥ 按照使用说明书要求，向蓄能器内充氮。节流阀、调速阀、减压阀等应调到最大开度。

3. 液压系统的调试

(1) 液压系统需验收的资料

液压系统总装出厂试验大纲及验收试验技术文件，应由设计单位制定或由用户、制造商和设计单位协商确定。试验大纲及验收试验技术文件应包括如下内容：

① 试验的目的、要求、条件、方法、步骤及注意事项；

② 耐压试验记录表；

③ 系统功能试验及记录表；

④ 系统保压试验及记录表；

⑤ 系统静、动态性能试验及记录表；

⑥ 系统标定、标志及记录表。

(2) 液压系统调试步骤及方法

当液压系统组装、检查、准备完成后，应按试验大纲和制造商试验规范进行调试，需要试验的项目如下。

① 系统的通路试验　检查其管路、阀门、各通路是否顺畅。

② 系统空载试验　检查其各部位操作是否灵活，表盘指针显示是否有误、准确、清晰。用电压表测试电磁阀的工作电压。

③ 密封性试验　试验在连续观察的 6h 中自动补充压力油两次，每次补油时间约 2s。在保持压力状态 24h 后，检查是否有渗漏现象及能否保持住压力。

④ 压力试验　检查各分系统的压力是否达到了设计要求。打开油压表，进行开机、停机操作，观察液压是否能及时补充、回放，卡钳补油、变桨距和收回叶尖的压力是否保持在设定值。观察在液压补油、回油时是否有异常噪声。记录系统自动补充压力的时间间隔。

⑤ 必要时还需进行流量试验　检查其流量是否达到设计要求。

⑥ 进行与风力发电机组控制功能相适应的模拟试验和考核试验　要求在执行变桨和机械制动指令时动作正确；检查其工作状况应准确无误、协调一致。在正常运行和制动状态，分别观察液压系统压力保持能力和液压系统各元件动作情况。连续考核运行应不少于 24h。变桨距系统试验的目的主要是测试变桨速度、位置反馈信号与控制电压之间的关系。

⑦ 并网调试　当液压系统单机试验合格后，应在风力发电场进行风力发电机组的并网调试，检查液压系统是否达到机组的控制要求。分别操作风力发电机组的开关，制动、停机操作，观察叶尖、变桨和卡钳是否有相应的动作。

⑧ 飞车试验　飞车试验的目的是为了设定或检验叶尖空气动力制动机组液压系统中的突开阀，以确保在极限风速下液压系统的工作可靠性和安全性。一般按如下程序进行试验：

a. 将所有过转速保护的设置改为正常设定值的 2 倍，以免这些保护首先动作；

b. 将发电机并网转速调至 5000r/min；

c. 调整好突开阀后，启动风力发电机组，当风力发电机组转速达到额定转速的 125% 时，突开阀将打开并将制动刹车油缸中的压力油释放，从而导致空气动力制动动作，使风轮转速迅速降低；

d. 待试验正常时，将转速设置改为正常设定值；

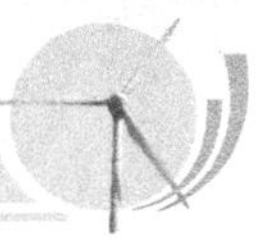

e.将试验数据记录在验收资料要求的记录表中，并给出实验报告。

4.液压系统的保养

① 液压系统油液工作温度不得过高。液压系统生产运行过程中，要注意油质的变化情况。应每3个月定期取样化验，若发现油质不符合要求，要进行净化处理或更换新油液。

② 定期检查润滑管路是否完好，润滑元件是否正常工作，润滑油质量是否达标。

③ 定期检查冷却器和加热器工作性能。

④ 定期按照设计规定和设计要求，合理调节液压系统的工作压力和工作速度。压力阀、调速阀调到所要求的数值时，应将调节螺钉紧固，防止松动。

⑤ 高压软管、密封件要定期更换。

⑥ 检查液压泵或电动机运转时是否有异常噪声，检查系统各部位有无高频振动。当系统某部位产生异常时，要及时分析原因进行处理，不要勉强运转。

⑦ 经常观察蓄能器的工作性能，如发现气压不足或油气混合时，要及时充气和修理。

⑧ 为保证电磁阀正常工作，应保持电压稳定，其波动值不应超过额定电压的5%～10%。

⑨ 电气柜、电气箱、操作台和指令控制箱等应有盖子或门，不得敞开使用。

⑩ 主要液压元件定期进行性能测定，实行定期更换维修制。

⑪ 检查所有液压阀、液压缸、管件是否有泄漏。检查液压缸运动全行程是否正常平稳。

⑫ 检查系统中各测压点的压力是否在允许范围之内，压力是否稳定。

⑬ 检查换向阀工作是否灵敏，检查各限位装置是否变动。

5.液压系统的故障诊断

(1) 液压系统故障诊断的一般原则

正确分析故障产生原因是排除故障的前提，系统故障大部分并非突然发生，发生之前总有预兆，当预兆发生到一定程度时即产生故障。引起故障的原因各种各样，并无固定的规律可循。据统计，液压系统发生故障的90%是由于使用、管理不善引起的。为了快速、准确、方便地诊断故障，必须充分认识液压系统出现故障的特征和规律，这是进行故障诊断的基础。

液压系统故障诊断一般应遵循以下原则。

① 首先判断液压系统的工作条件和外部环境是否正常，然后需要搞清楚到底是风力发电机机械部分故障还是电气控制部分故障，或是液压系统本身的故障。同时检查液压系统的各种条件是否符合正常运行的要求。

② 根据故障现象和特征确定与该故障有关的区域，逐步缩小发生故障的范围。检查区域内的元件情况，分析原因，最终找出具体的发生故障点。

③ 掌握故障种类，进行综合分析，根据故障最终的现象，逐步深入找出多种直接或间接的可能原因。为避免盲目性，必须根据液压系统的基本原理，进行综合分析、逻辑判断，逐步逼近，最终找出故障部位。

④ 故障诊断是建立在风力发电机组运行记录及某些系统参数基础之上的。利用机组监控系统建立液压系统运行记录，这是预防、发现和处理故障的科学依据。建立设备运行故障分析表，它是使用经验的高度概括总结，有助于对故障现象迅速做出判断。使用一定检测手段，可对故障做出准确的定量分析。

⑤ 验证故障产生的可能原因时，一般从最可能的故障原因或最易检验的地方入手，这

样可以减少装拆工作量，提高检修速度。

（2）常用的故障诊断方法

① 感观检查法　对于一些较为简单的故障，维修人员通过眼看、手摸、耳听、鼻嗅等手段对零部件进行检查。例如，管道破裂、漏油、松脱、变形等故障现象，可以通过视觉检查来发现，从而及时地维修或更换配件。压力油流过时会有脉动的感觉，可以通过手握住油管（特别是胶管）来感知，没有压力油时，则没有这种现象。手摸还可以感知液压元件润滑情况是否良好，用手感觉一下元件壳体温度的变化，若元件壳体过热，则说明润滑不良。耳听可以判断机械零部件损坏造成的故障点和损坏程度，如液压泵吸空、溢流阀开启、元件卡滞都会出现异常声响。有些部件由于过热、润滑不良等原因而发出异味，通过嗅觉可以判断出故障点。

② 替换诊断法　在现场缺少诊断仪器或被检查件比较精密不易拆开时，可采用此法。先将怀疑发生故障的零件拆下，换上同型号新元件或机器上工作正常的元件进行试验，看故障能否排除，即可做出判断。用替换诊断法检查故障，尽管受到结构、现场元件储备或拆卸不便等因素的限制，操作起来也可能比较麻烦，但对于如平衡阀、溢流阀、单向阀之类的体积小、易拆卸的元件，采用这种方法还是比较方便的。替换诊断法还可以避免因盲目拆卸而导致液压元件的性能降低，因为直接拆下可疑的液压阀并对其进行拆解，若该元件没有问题，装复后有可能影响其性能。

③ 仪表测量检查法　仪表测量检查法也叫参数测量法，是借助对液压系统各部分液压油的压力、流量和油温等参数的测量以及对液压系统的理解，来判断故障发生的原因及故障点。一般在检测中，由于液压系统的故障往往表现为压力不足，容易察觉；而流量的检测较为困难，一般只能通过执行元件运动的快慢做出粗略的判断。因此，在检测中，更多地采用检测系统压力的方法。

液压系统在正常工作时，系统参数都工作在设定值附近，一旦偏离了设定值，则系统就会出现故障或有可能出现故障。液压系统产生故障的实质就是系统工作参数的异常变化。因此，当液压系统出现故障时，必然是系统当中某个元件或某些元件有故障，进一步可断定回路中某一点或某几点的参数已偏离了设定值。这就是说如果某点的参数不正常，则系统已发生了故障或即将发生故障，维修人员须马上处理。这样就可以在参数测量的基础上，快速、准确地判断故障点所在位置。

参数测量法不仅可以诊断系统故障，而且可以预测可能发生的故障，并且这种预报和诊断都是定量的，大大提高了诊断的速度和准确性。这种检测为直接测量，速度快，误差小，便于在生产现场推广使用。测量时，无需停机，又不损坏液压系统，几乎可以对液压系统当中任何部位进行检测。不但可以诊断已有故障，而且还可以在线监测，预报潜在故障。

④ 逻辑推理法　风力发电机组液压系统的工作原理是按照风力发电机组控制系统的要求，利用不同的液压元件、回路配合而成。当出现故障现象时，可根据风力发电机控制系统的逻辑关系分析推理，初步判断出故障的部位或原因，对症下药，迅速予以排除。

逻辑推理法的基本思路是综合分析、条件判断。这种方法要求维修人员具有液压系统的基础知识和较强的分析能力，方可保证诊断的效率和准确性。

对于液压系统的故障，可根据液压系统的工作原理图，按照动力元件→控制元件→执行元件的顺序在系统图上进行正向推理，分析故障原因。如果一钳盘式制动器工作无力，从原理上分析认为，工作无力一般是由于油压下降或流量减少造成的。造成压力下降或流量减小的可能因素有哪些呢？一是油箱，缺油、吸油滤油器堵塞等；二是液压泵内漏，液压泵之间

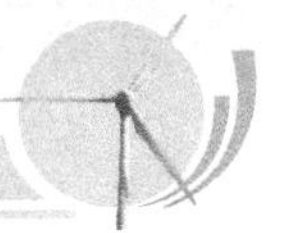

的配合间隙过大等；三是操纵阀上的主溢流阀的压力调节过低或内漏严重；四是液压缸过载阀调定压力过低或内漏严重；五是回油路不畅通等。考虑到这些因素之后，再根据已有的检查结果排除某些因素，缩小故障范围，直到找到故障点，并予以排除。

液压系统故障诊断中，根据系统的工作原理，要掌握一些规律或常识。如分析故障过程是渐变还是突变，若是渐变，一般是由于磨损导致原始尺寸与配合的改变而丧失原始功能；若是突变，往往是零部件突然损坏所致，如密封件损坏、运动件卡死、弹簧折断、污物堵塞等。还有，要分清易损件还是非易损件，是处于高频重载下的运动件还是易发生故障的液压元件，如液压泵的柱塞副、配流盘副、液压缸等。而处于轻载、低频或相对静止的元件，则不易发生故障，如换向阀、顺序阀、滑阀等就不易发生故障。掌握这些基本常识和规律，对快速判断故障部位可起到积极作用。

6. 液压系统常见故障及原因分析

① 液压阀失灵　如果怀疑有故障的阀是电控（电磁、电液、比例、伺服）阀时，应检查电源、保险和与故障有关的继电器、接触器和各接点、放大器的输入输出信号，彻底排除电控系统故障。

检查液压件的控油压力，以及比例阀和伺服阀的供油压力，排除液控故障。

② 液压系统发热　液压系统发热的原因有两个：一是设计不合理；二是系统运行过程中油液的污染。可以通过手感的方法来检查系统的发热部位。如液压泵、液压马达、溢流阀都是易发热的元件，只要用手触摸就可发现是否过热。若出现过热，应及时采取措施控制油温。在不影响系统的情况下，对液压泵、液压马达通常可以采用对外壳冷却降温的措施以控制其发热。

③ 漏油　漏油是液压系统最为常见的故障，又是最难以彻底解决的故障。这一故障的存在，轻则降低液压系统参数，污染设备环境，重则使液压系统无法正常工作。

漏油一般分为内泄漏和外泄漏。

内泄漏是指液压元件内部有少量液体从高压腔泄漏到低压腔。内泄漏越大，元件的发热量就越大，采用手摸的方法可以检查出来。消除内泄漏的方法：可通过调试液压元件，减少元件磨损量来控制；还可通过对液压元件的改进设计性维修，来减小或消除泄漏。

外泄漏的原因：一是管道接头处有松动或密封圈损坏，应通过拧紧接头或更换密封圈来解决；二是元件的结合面处有外泄漏，只要是由于紧固螺钉预紧力不够及密封环磨损引起的，这时应增大预紧力或更换密封环；三是轴颈处由于元件壳体内压力高于油封的许用压力或是油封受损而引起外泄漏，可采取把壳体内压力降低或更换油封来解决；四是动配合处发生外泄漏，如活塞杆与滑杆处由于安装不良、V形密封圈预紧力小或者油封受损而出现外泄漏，这时应及时更换油封，调节V形密封圈的预紧力；五是油箱油位计出现外泄漏，这种情况是由水渗入油中或油渗入水中造成的，应通过及时拆修来解决。

④ 振动和噪声　液压系统产生振动和噪声主要有液压泵、液压油和各类阀体引起的振动和噪声。

a. 液压泵产生的振动和噪声　若是由于电动机底座、泵架的固定螺钉松动、电动机联轴器松动等引起，应对之加以紧固、调整；若是其他传动件出现故障，则应及时更换传动件。当液压泵出现噪声过大时，应重点检查密封圈是否损坏，滤油器是否堵塞。若液压泵振动、噪声突然加大时，则可能是液压泵突然损坏，应停机检修。

b. 液压油引起的振动和噪声　应加强对油液的过滤，定期检查油液的质量，避免因油液污染造成的振动、噪声和发热，同时定期检查油箱油位的高度，以免因油位低而吸入空气。

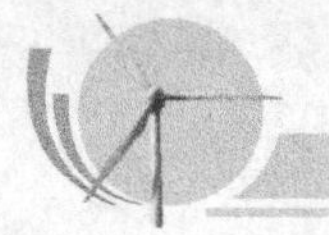

c. 各类阀体引起的振动和噪声　一是检查各类阀的密封性是否有损伤，避免因漏气而出现振动、噪声；二是检查各阀的电磁铁是否失灵，若失灵则应及时更换或修理；三是检查各类阀的紧固螺钉是否松动，以免产生震颤声。

除此之外，还应防范由管道引起的振动和噪声，应控制系统中的油温，同时防范因吸油管道漏气、高压管道的管夹松动和元件安装位置不合理所引起的振动和噪声。

操作指导

1. 任务布置

风力发电机液压系统的安装与调试。

2. 操作指导

液压系统的安装包括管道的安装、液压件安装和系统清洗。

(1) 安装前的准备

① 安装技术资料的准备与熟悉

a. 系统原理图，包括元件的型号、名称、规格、数量和制造厂家的明细表。

b. 系统的电气和机械控制元件操作时间程序表。

c. 系统设备安装图或按协议规定的其他图样。

d. 备件清单

安装人员需对各技术文件的具体内容和技术要求逐项熟悉与了解。深入研究液压系统原理图、电气原理图、管道布置图、液压元件、辅件、管道清单和有关元件样本等，这些资料都应准备齐全，以便掌握。

② 物资准备　按照液压系统图和液压件清单，核对液压件数量，并检查其型号规格是否正确，质量是否达到标准，有缺陷的应及时更换。严格检查压力表的质量，查明压力表交验日期，对检验时间过长的压力表要重新进行校验，确保准确。再按图样要求做物质准备，备齐管道、管接头及各种液压元件。

③ 质量检验

a. 液压元件的质量检验　其检验要求如下：

- 各类液压元件型号必须与元件清单一致；
- 每个液压元件上的调节螺钉、调节手轮、锁紧螺母等都要完整无损；
- 要注意液压元件内部密封件的老化程度，必要时进行拆洗、更换和性能测试；
- 液压元件所附带的密封件表面质量应符合要求，安装密封件的沟槽尺寸加工精度要符合有关标准；
- 有油路块的系统要检查油路块上各孔的通断是否正确，并对流道进行清洗；
- 检查电磁阀中电磁铁芯及外观质量，若有异常不准使用；
- 各液压元件上的附件必须齐全。

b. 液压附件质量检查

- 油箱要达到规定的质量要求。
- 滤油器型号规格与设计要求必须一致。
- 各种密封件外观质量要达到要求。
- 蓄能器质量要符合要求，所带附件要齐全。

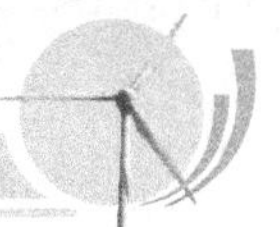

●空气滤清器用于过滤空气中的粉尘，通过阻力不能太大，保证箱内压力为大气压。

c.管子和接头质量检查　管接头压力等级应符合设计要求，使用的材质必须有明确的原始依据材料，对于材质不明的管子不允许使用。高压管路必须使用按其工作压力选定的无缝钢管，其管路连接宜采用法兰连接。

(2) 液压系统的安装要求

① 液压件的安装要求

a.液压泵的安装

●在安装液压泵、支架和电动机时，两轴之间的同轴度、平行度允许误差应符合规定。液压泵输入轴与电动机驱动轴的同轴度偏差应不大于0.1mm，两轴中心线的倾斜角不应大于1°。

●直角支架安装时，泵支架的支口中心高允许比电动机的轴稍高，可在电动机底座与安装面之间垫入金属垫片。一旦调整好后，电动机不允许再拆下。

●调整完毕后，在泵支架与底板之间钻、铰定位销孔，再装入联轴器的弹性耦合件，然后用手转动联轴器，电动机与泵应转动灵活。

●安装各种泵和阀时，应注意各油口的位置，不能反接或接错。

b.油路块的安装

●油路块所有各油流通道，尤其是孔与孔贯穿交叉处，都必须去除毛刺。

●油路块加工完毕后，必须用防锈清洗液反复加压清洗。

●往油路上安装液压阀时，要核对它们的型号、规格。

●核对所有密封件的规格、型号、材质及出厂日期。

●装配前再一次检查油路块上所有的孔道是否和设计图一致、正确。

●检查所用的连接螺栓的材质及强度是否达到设计要求。在安装时，必须用测力扳手拧紧。

●方向控制阀一般应保持轴线水平安装。

●阀块装配完毕后，在装到阀架或液压系统之前，应将阀块单独进行耐压试验和功能试验。

c.其他元件的安装

●蓄能器应保持其轴线竖直安装。

●应保证液压缸的安装面与活塞杆（或柱塞）滑动面的平行度或垂直度要求。

●各指示表的安装应便于观察和维修。

② 液压管道的安装

a.管道的安装要求

●管路敷设、安装应按有关工艺规范进行，应防止元件、液压装置受到污染。

●布管设计和配管时都应先根据液压原理图，对所需连接的组件、液压元件、管接头、法兰做通盘的考虑。

●管道的敷设排列和走向应整齐一致，层次分明。尽量采用水平和垂直布管，水平管道的平行度应≤2/1000，垂直管道的垂直度应≤2/400，用水平仪检测。

●各平行与交叉的油管之间应有10mm以上的空隙，相邻管路的管件轮廓边缘的距离应小于10mm。

●液压泵吸油管的高度一般不大于500mm。吸油管道的接合处应涂以密封胶，保证密封良好。溢流阀的回油管道不要靠近泵的吸油管口，以免吸入温度较高的油液。

• 回油管应伸到油箱液面以下，以防油液飞溅而混入气泡。

• 接头、螺塞、元件紧固件的拧紧力应符合有关规范或厂家的规定。

• 软管的安装要避免软管和接头造成附加的受力、扭曲变形、急剧弯曲、摩擦等不良情况。

b. 管路的试装配与预清洗

管路的试装配

• 液压系统的全部管路在正式安装前要进行配管试装。管道配管焊接之后，所有管道应按所处位置预安装一次。将各液压元件、阀块、阀架、泵站连接起来。各接口应自然贴合、对中，不能强扭连接。

• 管路的固定。管夹或管路支撑应符合选用产品的标准规定。管子弯曲处两直边应用管夹固定。可以在全部配管完成后将管夹与机架焊牢或用螺栓固定，也可以按需要交叉进行。

管路的预清洗

• 液压系统管道在配管、焊接、预安装后再次拆开，用温度 40～60℃的 10%～20%（质量分数）的稀硫酸或稀盐酸溶液酸洗 30～40min，取出后再用 30～40℃的苏打水中和或进行酸洗磷化处理。经酸洗磷化后的管道，向管道内通入热空气进行快速干燥。

• 管道在酸洗、磷化、干燥后再次安装之前，需对每一根管道内壁先进行一次预清洗。预清洗完毕之后应尽早复装成系统，进行系统的整体循环净化处理，直至达到系统设计要求的清洁度等级。

(3) 液压系统清洗

液压系统安装完毕之后，系统应在调试前进行循环冲洗。循环冲洗应符合下列基本要求。

① 伺服阀和比例阀应拆掉，换上冲洗板。

② 冲洗液的温度：水溶液不超过 50℃；液压油不超过 60℃。

③ 冲洗液应与系统工作油液和接触到的液压装置的材质相适应。

④ 冲洗液的流速宜低，流动应成紊流状态。

⑤ 冲洗清洁度应符合相关标准。

⑥ 滤油精度应高于系统设计要求。

(4) 电气配线

液压设备上电气配线应符合下列要求：

① 配线种类应符合电气设计要求；

② 接线盒、线槽、线管应符合选用产品的标准规定；

③ 线路敷设应符合线路配线的设计要求。

(5) 控制装置的安装要求

① 所有控制装置的安装都应防止下列不利因素：失灵和预兆事故；高温；腐蚀性气体；油污染电控装置；振动和高粉尘；易燃易爆。

② 各种控制装置应便于调节和维护。

③ 人工控制装置应置于操作者的正常工作位置附近并便于操作，不得妨碍设备操作者的正常工作。

④ 回路相互关系　系统某一部分的工况不得对其他部分造成不利影响。

⑤ 伺服控制系统　伺服阀与相关的执行元件的安装位置应尽可能靠近，以减少阀与执行元件间所包含液体的容积。

⑥ 液压泵站控制要求　重要的液压泵站的自动控制应具有下列功能：过滤器污染报警；

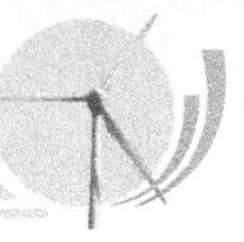

油液最高油温报警；热交换装置根据油温信号自动工作；主压力油的失压报警；液压泵的工作信号指示。

思考题

根据液压系统的安装和调试的要求，掌握各种不同型号风力发电机的液压系统的安装与调试。

任务三 偏航系统的调试与检修

水平轴风力发电机组的风轮轴垂直绕回转轴旋转而偏离气流方向叫偏航，偏航系统是水平轴风力发电机组必不可少的组成部件之一。风力发电机组的偏航系统一般分为主动偏航系统和被动偏航系统。被动偏航指的是依靠风力，通过相关机构完成机组风轮对风动作的偏航方式，常见的有尾舵、舵轮和下风向自动对风三种。主动偏航指的是采用电力或液压拖动来完成对风动作的偏航方式，大型风力发电机组通常都采用主动偏航形式。本模块主要介绍主动偏航系统。

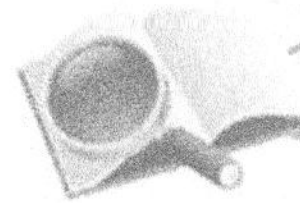

能力目标

① 了解偏航系统的功能。
② 熟悉偏航系统的组成和工作原理。
③ 掌握偏航系统的试验方法。
④ 掌握偏航系统的维护方法。
⑤ 掌握偏航系统常见故障的排除方法。

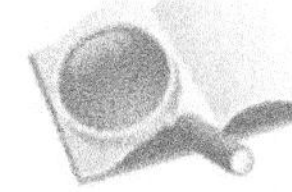

基础知识

1. 偏航系统的功能

由于风向经常改变，如果风轮扫掠面与风向不垂直，不但功率输出减少，而且承受的载荷更加恶劣。偏航系统的主要作用就是与风力发电机组的控制系统相互配合，跟踪风向的变化，使风力发电机组的风轮始终处于迎风状态，充分利用风能，提高风力发电机组的发电效率。

偏航动作可能导致风力发电机组的机舱和塔架之间的连接电缆扭绞，应采用与方向有关的计数装置或类似程序对电缆的扭绞程度进行测量。对于主动偏航系统，在达到规定的扭绞角度前应触发解缆动作，因此偏航系统应具有扭缆保护功能。此外，也有一些偏航系统可以提供必要的锁紧力矩，以保障风力发电机组的安全运行。

2. 偏航系统的组成和工作原理

偏航系统是一个自动控制系统，其工作原理如图 7-1 所示。在风轮前部或机舱一侧装有风向仪感应风向信号，检测元件检测风力发电机组的航向（风轮主轴的方向），当两者出现偏离时，控制器开始计时。当时间达到一定值时，即认为风向已改变，控制器发出向左或向右调向的指令，经功率放大器传递给执行机构执行，直到偏差消除。

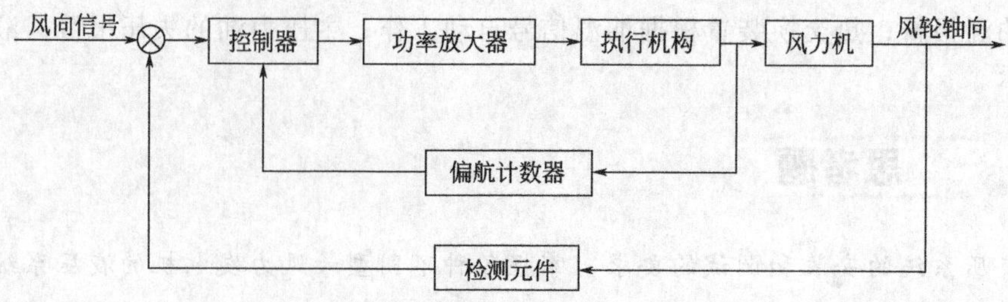

图 7-1　偏航系统工作原理

偏航系统一般由偏航轴承、偏航驱动装置、偏航制动器、偏航计数器、扭缆保护装置、偏航液压回路等几个部分组成。偏航系统的一般组成结构如图 7-2 所示。

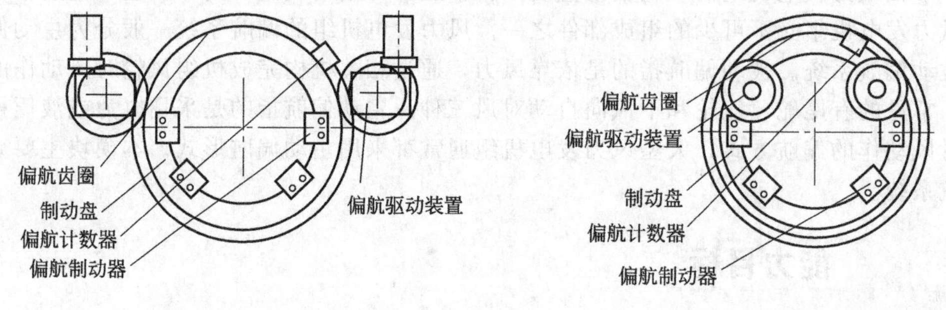

图 7-2　偏航系统结构简图

风力发电机组的偏航系统一般有外齿形式和内齿形式两种。偏航驱动装置可以采用电动机驱动或液压马达驱动。制动器可以是常闭式或常开式。常开式制动器一般是指有液压力或电磁力拖动时处于锁紧状态的制动器；常闭式制动器一般是指有液压力或电磁力拖动时处于松开状态的制动器。采用常开式制动器时，偏航系统必须具有偏航定位锁紧装置或防逆传动装置。

(1) 偏航轴承

偏航轴承的轴承内、外圈分别装入机组的机舱和塔体内，用螺栓固定。轮齿可采用内齿或外齿形式。外齿形式是轮齿位于偏航轴承的外圈上，加工相对来说比较简单。内齿形式是轮齿位于偏航轴承的内圈上，啮合受力效果较好，结构紧凑。具体采用内齿形式或外齿形式，应根据机组的具体结构和总体布置进行选择。偏航齿圈的结构简图如图 7-3 所示。

偏航齿圈的轮齿强度计算方法参照 DIN3990 和 GB 3480—1997《渐开线圆柱齿轮承载能力计算方法》及 GB 6413—1986《渐开线圆柱齿轮胶合承载能力计算方法》进行计算。在齿轮的设计上，轮齿齿根和齿表面的强度分析应使用以下系数。

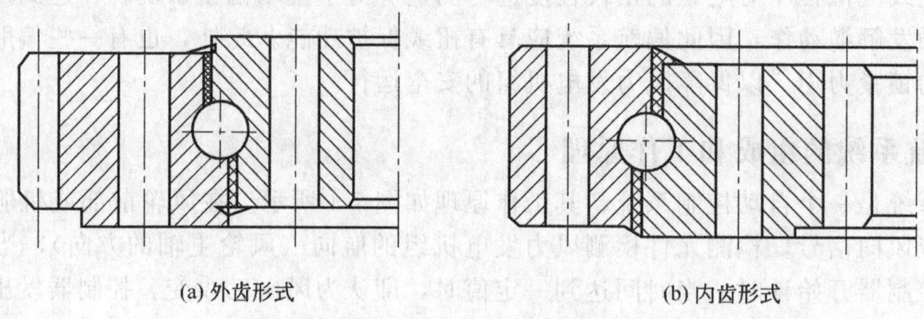

图 7-3　偏航齿圈结构简图

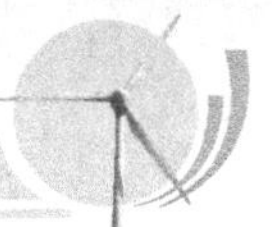

① 静强度分析　对齿表面接触强度，安全系数 $SH>1.0$；对轮齿齿根断裂强度，安全系数 $SF>1.2$。

② 疲劳强度分析　对齿表面接触强度，安全系数 $SH>0.6$；对轮齿齿根断裂强度，安全系数 $SF>1.0$。一般情况下，对于偏航齿轮，其疲劳强度计算用的使用系数 $KA=1.3$。

偏航轴承部分的计算方法参照 DIN281 或 JB/T 2300—1999《回转支承》来进行计算。偏航轴承的润滑应使用制造商推荐的润滑剂和润滑油。轴承必须进行密封。轴承的强度分析应考虑两个主要方面：一是在静态计算时，轴承的极端载荷应大于静态载荷的 1.1 倍；二是轴承的寿命应按风力发电机组的实际运行载荷计算。此外，制造偏航齿圈的材料还应在 −3℃条件下进行 V 形切口冲击能量试验，要求三次试验平均值不小于 27J。

(2) 驱动装置

驱动装置一般由驱动电动机或驱动马达、减速器、传动齿轮、轮齿间隙调整机构等组成。驱动装置的减速器一般可采用行星减速器或蜗轮蜗杆与行星减速器串联。传动齿轮一般采用渐开线圆柱齿轮。传动齿轮的齿面和齿根应采取淬火处理，一般硬度值应达到 HRC 55～62。传动齿轮的强度分析和计算方法与偏航齿圈的分析和计算方法基本相同。轴静态计算应采用最大载荷，安全系数应大于材料屈服强度的 1 倍。轴的动态计算应采用等效载荷并同时考虑使用系数 $KA=1.3$ 的影响，安全系数应大于材料屈服强度 1 倍。偏航驱动装置要求启动平稳，转速均匀，无振动现象。驱动装置的结构简图如图 7 4 所示。

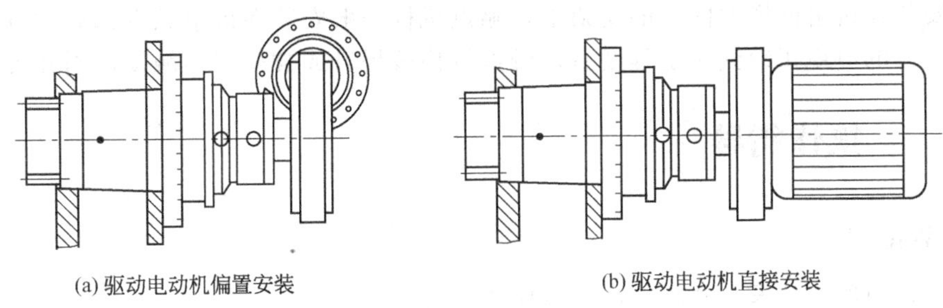

(a) 驱动电动机偏置安装　　(b) 驱动电动机直接安装

图 7-4　偏航驱动装置

(3) 偏航制动器

偏航制动器一般采用液压拖动的钳盘式制动器，其结构简图如图 7-5 所示。

偏航制动器是偏航系统中的重要部件，制动器应在额定负载下制动力矩稳定，其值应不小于设计值。在机组偏航过程中，制动器提供的阻尼力矩应保持平稳，与设计值的偏差应小于 5%，制动过程不得有异常噪声。制动器在额定负载下闭合时，制动衬垫和制动盘的贴合面积应不小于设计面积的 50%。制动衬垫周边与制动钳体的配合间隙任一处应不大于 0.5mm。制动器应设有自动补偿机构，以便在制动衬块磨损时进行自动补偿，保证制动力矩和偏航阻尼力矩的稳定。在偏航系统中，制动器可以采用常闭式和常开式两种结构型式，一般采用常闭式制动器。

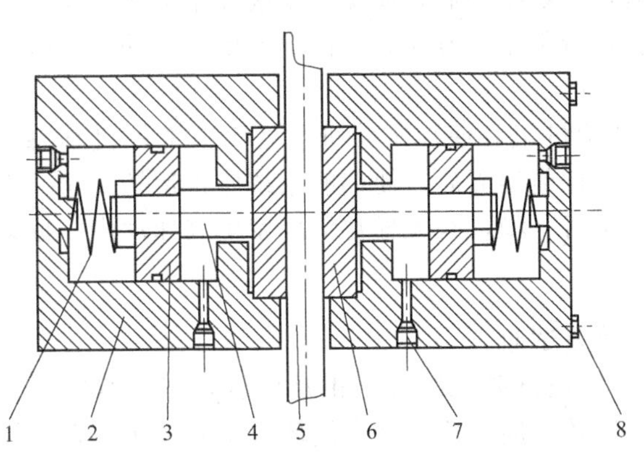

图 7-5　偏航制动器结构简图

1—弹簧；2—制动钳体；3—活塞；4—活塞杆；5—制动盘；6—制动衬块；7—接头；8—螺栓

制动盘通常位于塔架或塔架与机舱的适配器上，一般为环状。制动盘的材质应具有足够的强度和韧性，如果采用焊接连接，材质还应具有比较好的可焊性。此外，在机组寿命期内制动盘不应出现疲劳损坏。制动盘的连接、固定必须可靠牢固，表面粗糙度应达到 $Ra3.2$。

制动钳由制动钳体和制动衬块组成。制动钳体一般采用高强度螺栓连接，用经过计算的足够的力矩固定于机舱的机架上。制动衬块应由专用的摩擦材料制成，一般推荐用铜基或铁基粉末冶金材料制成。铜基粉末冶金材料多用于湿式制动器，而铁基粉末冶金材料多用于干式制动器。一般每台风机的偏航制动器都备有 2 个可以更换的制动衬块。

(4) 偏航计数器

偏航计数器是记录偏航系统旋转圈数的装置，当偏航系统旋转的圈数达到设计所规定的初级解缆和终极解缆圈数时，计数器则给控制系统发信号使机组自动进行解缆。计数器一般是一个带控制开关的蜗轮蜗杆装置或是与其相类似的程序。

(5) 扭缆保护装置

扭缆保护装置是偏航系统必须具有的装置，是出于失效保护的目的而安装在偏航系统中的。它的作用是在偏航系统的偏航动作失效后，电缆的扭绞达到威胁机组安全运行的程度而触发该装置，使机组进行紧急停机。一般情况下，这个装置是独立于控制系统的，一旦这个装置被触发，机组必须进行紧急停机。扭缆保护装置一般由控制开关和触点机构组成，控制开关一般安装在机组的塔架内壁的支架上，触点机构一般安装在机组悬垂部分的电缆上。当机组悬垂部分的电缆扭绞到一定程度后，触点机构被提升或被松开而触发控制开关。

1. 任务布置

偏航试验的试验种类、方法及检修与保养。

2. 操作指导

(1) 偏航系统偏航试验

① 偏航系统顺时针偏航试验　启动被试验机组后使被试验机组处于正常停机状态，然后手动操作，使偏航系统向顺时针方向偏航，偏航半周后，使偏航系统停止运转。这一操作至少重复三次。观察顺时针偏航过程中偏航是否平稳，有无异常情况发生（如冲击、振动和惯性等），记录顺时针偏航结果。

② 偏航系统逆时针偏航试验　启动被试验机组后使被试验机组处于正常停机状态，然后手动操作，使偏航系统向逆时针方向偏航，偏航半周后，使偏航系统停止运转。这一操作至少重复三次。观察逆时针偏航过程中偏航是否平稳，有无异常情况发生（如冲击、振动和惯性等），记录逆时针偏航结果。

(2) 偏航系统偏航转速试验与偏航定位偏差试验

① 偏航转速试验　启动被试验机组后，使被试验机组处于正常停机状态，然后手动操作，使偏航系统顺时针运转一周，再逆时针运转一周复位。这个循环应反复三次，在每一循环中，记录偏航系统顺时针运转一周所用的时间 T_{si} 和逆时针运转一周所用的时间 T_{ni}。偏航系统的平均偏航转速 n_p 按下式计算：

$$n_{si}=1/T_{si} \tag{7-1}$$

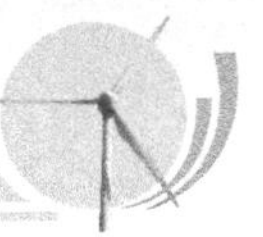

式中　n_{si}——顺时针运转时偏航系统某一周的偏航转速，r/min；

T_{si}——顺时针运转时偏航系统偏航某一周所用时间，min；

i——偏航系统运转次数，$i=1$、2、3。

$$n_s=\frac{1}{3}\sum_{i=1}^{3}n_{si} \tag{7-2}$$

式中　n_s——顺时针运转时偏航系统的平均偏航转速，r/min。

$$n_{ni}=1/T_{ni} \tag{7-3}$$

式中　n_{ni}——逆时针运转时偏航系统某一周的偏航转速，r/min；

T_{ni}——逆时针运转时偏航系统偏航某一周所用时间，min；

i——偏航系统运转次数。

$$n_n=\frac{1}{3}\sum_{i=1}^{3}n_{ni} \tag{7-4}$$

式中　n_n——逆时针运转时偏航系统的平均偏航转速，r/min。

$$n_p=(n_s+n_n)/2 \tag{7-5}$$

式中　n_p——偏航系统的平均偏航转速，r/min。

n_p 应满足下式：

$$\frac{|n_p-n_e|}{n_e}\times 100\%\leqslant 5\% \tag{7-6}$$

式中　n_e——偏航系统的设计额定偏航转速，r/min。

对于并网型风力发电机组的运行状态来说，风轮轴和叶片轴在机组的正常运行时不可避免地产生陀螺力矩，这个力矩过大将对风力发电机组的寿命和安全造成影响。为减小这个力矩对风力发电机组的影响，偏航系统的偏航转速应根据风力发电机组功率的大小，通过偏航系统力学分析来确定。根据实际生产和目前国内已安装的机型的实际状况，偏航系统的偏航转速的推荐值见表 7-5。

表 7-5　偏航转速推荐值

风力发电机组功率/kW	100～200	250～350	500～700	800～1000	1200～1500
偏航转速/(r/min)	≤0.3	≤0.18	≤0.1	≤0.092	≤0.085

② 偏航系统偏航定位偏差试验　将与被试验机组风向标完全相同的风向标安装于被试验机组控制系统的相应接口上，用该风向标替代被试验机组的风向标。将该风向标安装于角度测量辅助装置上，在被试验机组偏航系统和机舱的适当部件上安装角度测量装置，使风向标的起始位置处于零点，并确认风向标和角度测量装置的安装是否正确。确认后，启动被试验机组，使被试验机组处于自动状态。手动操作，在风向标上任意取一个不同的角度 θ_{fi}，使被试验机组自动偏航一个角度 θ_{pi}，反复操作三次。在角度测量装置上读出或人工计算出相对于 θ_{fi} 的偏航角度 θ_{pi}，并将 θ_{fi} 和 θ_{pi} 的数值记录在规定的偏航系统试验原始数据记录表中。计算出 θ_{fi} 与 θ_{pi} 的差值，偏航系统偏航定位偏差 $\Delta\theta$ 取 3 个差值中的最大值。$\Delta\theta$ 按下式计算：

$$\Delta\theta=\max\{|\theta_{fi}-\theta_{pi}|\} \tag{7-7}$$

式中　$\Delta\theta$——偏航定位偏差，$\Delta\theta\leqslant 5°$；

θ_{fi}——风向标的角度；

θ_{pi}——每次偏航运转的角度。

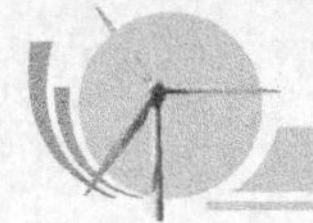

(3) 偏航系统偏航阻尼力矩试验

启动被试验机组后，使被试验机组处于正常停机状态。用压力表检查液压站上偏航阻尼调定机构的调定值是否与机组的设计文件中规定的使用值相一致，然后在偏航制动器上安装压力表。待安装完毕后，确认压力表安装是否正确。确认后手动操作，使偏航系统偏航任意角度并停止。反复运转三次，记录偏航过程中偏航制动器上安装的压力表的数值 p_{zi}，取其算术平均值记为 p_z，p_z 按下式计算：

$$p_z=\frac{1}{3}\sum_{i=1}^{3}p_{zi} \tag{7-8}$$

式中 p_z——偏航制动器上压力表的平均压力值，kPa；

p_{zi}——偏航制动器上压力表在每次偏航过程中测得的压力值，kPa。

偏航系统偏航时的实际总阻尼力矩按下式计算：

$$M_z=np_zAR\mu \tag{7-9}$$

式中 M_z——实际总阻尼力矩，kN·m；

n——制动钳的个数；

A——每个制动钳的有效作用面积，m^2；

R——制动钳到制动盘回转中心的等效半径，m；

μ——滑动摩擦系数。

M_z 应满足下式：

$$\frac{|M_z-M_{ez}|}{M_{ez}}\times 100\%\leqslant 5\% \tag{7-10}$$

式中 M_{ez}——偏航系统的额定阻尼力矩，kN·m。

(4) 偏航系统偏航制动力矩试验

启动被试验机组后，使被试验机组处于正常停机状态。检查液压站上调定的偏航刹车压力值是否与机组设计文件中规定的使用值相一致，然后在偏航制动器上安装压力表。待压力表安装后，确认压力表安装是否正确。确认后手动操作，使偏航系统偏航任意角度，然后使偏航系统制动锁紧。反复三次，检查液压回路各个连接点是否有泄漏现象，并记录偏航制动时偏航制动器上的压力表的压力值 p_{zhi}，取 3 个 p_{zhi} 的最小值记为 p_{zh}。p_{zh} 按下式计算：

$$p_{zh}=\min\{p_{zhi}\} \tag{7-11}$$

式中 p_{zh}——偏航制动器上压力表三次测量压力值中的最小值，kPa；

p_{zhi}——偏航制动器上压力表在每次偏航制动时测得的压力值，kPa。

偏航系统制动时的实际总制动力矩 M_{zh}，按下式计算：

$$M_{zh}=np_{zh}AR\mu \tag{7-12}$$

式中 M_{zh}——实际总制动力矩，kN·m；

n——制动钳的个数；

A——每个制动钳的有效作用面积，m^2；

R——制动钳到制动盘回转中心的等效半径，m；

μ——滑动摩擦系数。

M_{zh} 应满足下式：

$$M_{zh}>M_{ezh} \tag{7-13}$$

式中 M_{ezh}——偏航系统的额定刹车力矩，kN·m。

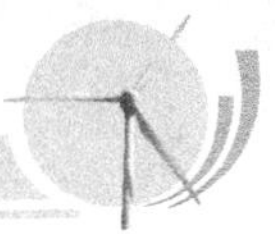

(5) 偏航系统解缆试验

① 偏航系统初期解缆试验　在满足被试验机组初期解缆的工况下，启动被试验机组后，使被试验机组处于正常停机状态，手动操作使偏航系统偏航到满足初期解缆的触发条件，确认后，观察被试验机组是否自动进行解缆并最终复位，记录结果。

② 偏航系统终极解缆试验　启动被试验机组后，使被试验机组处于正常停机状态，并屏蔽偏航系统初期解缆触发条件，手动操作使偏航系统偏航到满足终极解缆的触发条件，观察被试验机组是否自动进行终极解缆并最终复位，记录结果。

(6) 偏航系统扭缆保护试验

启动被试验机组后，使被试验机组处于正常停机状态，并屏蔽初期解缆和终极解缆的触发条件，手动操作使偏航系统偏航到满足扭缆保护的触发条件，观察被试验机组是否紧急停机，并记录结果。

(7) 偏航系统的维护与检修

① 偏航制动器

a. 必须定期进行检查，偏航制动器在制动过程中不得有异常噪声。

b. 应注意制动器壳体和制动摩擦片的磨损情况，如有必要，进行更换。

c. 检查是否有漏油现象。

d. 制动器连接螺栓的紧固力矩是否正确。

e. 制动器的额定压力是否正常，最大工作压力是否为机组的设定值。

f. 偏航时偏航制动器的阻尼压力是否正常。

g. 每月检查制动盘和摩擦片的清洁度，以防止制动失效，定期清洁制动盘和摩擦片。

h. 当摩擦片的摩擦材料厚度达到下限值时，应及时更换摩擦片。更换前要检查并确保制动器在非压力状态下。具体步骤如下：旋松一个挡板，并将其卸掉。检查并确保活塞处于松闸位置上（核实并确保摩擦片也在其松闸位置上），移出摩擦片，并用新的摩擦片进行更换。将挡板复位并拧上螺钉，不要忘记安装垫圈，螺钉的紧固力矩应符合规定值。当由于制动器安装位置的限制，致使摩擦片从侧面抽不出时，则需将制动器从其托架上取下（**注意**：制动器与液压站断开）。

i. 当需要更换密封件时，将制动器从其托架上取下（**注意**：制动器与液压站断开），卸下一侧挡板，取下摩擦片，将活塞从其壳体中拔出，更换每一个活塞的密封件。重新安装活塞，检查并确保它们在壳体里的正确位置，装上摩擦片，重新装上挡板，不要忘记安装垫圈，螺钉的紧固力矩应符合规定值。将制动器重新安装在托架上（**注意**：两半台的泄漏油孔必须对正），并净化制动器和排气。

② 偏航轴承

a. 必须定期进行检查，应注意轴承齿圈的啮合齿轮副是否需要喷润滑油，如果需要，喷规定型号的润滑油。

b. 检查轮齿齿面的磨损情况。

c. 检查啮合齿轮副的侧隙是否正常。

d. 检查轴承是否需要加注润滑脂，如需要则加注规定型号的润滑脂。

e. 检查是否有非正常的噪声。

f. 检查连接螺栓的紧固力矩是否正确。

g. 密封带和密封系统至少每 12 个月检查一次。正常操作中，密封带必须保持没有灰尘。当清洗部件时，应避免清洁剂接触到密封带或进入滚道系统。若发现密封带有任何损坏，必

须通知制造企业。避免任何溶剂接触到密封带或进入滚道内，不要在密封带上涂漆。

h. 在长时间运行后，轨道系统会出现磨损现象。要求每年检查一次，对磨损进行测量。为了便于检查，在安装之后要找出 4 个合适的测量点，并在支撑和连接支座上标注出来。在这 4 个点上进行测量并记录数据，此数据作为基准测量数据。检验、测量在与基准测量条件相同的情况下重复进行。如果测量到的值和基准值有偏差，表示有磨损发生。当磨损达到极限值时，通知制造企业处理。

③ 偏航驱动装置

a. 必须定期检查减速器齿轮箱的油位，如低于正常油位，应补充规定型号的润滑油到正常油位。

b. 检查是否有漏油现象。

c. 检查是否有非正常的机械和电气噪声。

d. 检查偏航驱动紧固螺栓的紧固力矩是否正确。

(8) 偏航系统的常见故障

① 齿圈齿面磨损

导致原因：a. 齿轮副的长期啮合运转；b. 相互啮合的齿轮副齿侧间隙中渗入杂质；c. 润滑油或润滑脂严重缺失，使齿轮副处于干摩擦状态。

② 液压管路渗漏

导致原因：a. 管路接头松动或损坏；b. 密封件损坏。

③ 偏航压力不稳

导致原因：a. 液压管路出现渗漏；b. 液压系统的保压蓄能装置出现故障；c. 液压系统元器件损坏。

④ 异常噪声

导致原因：a. 润滑油或润滑脂严重缺失；b. 偏航阻尼力矩过大；c. 齿轮副轮齿损坏；d. 偏航驱动装置中油位过低。

⑤ 偏航定位不准确

导致原因：a. 风向仪信号不准确；b. 偏航系统的阻尼力矩过大或过小；c. 偏航制动力矩达不到机组的设计值；d. 偏航系统的偏航齿圈与偏航驱动装置齿轮之间的齿侧间隙过大。

⑥ 偏航计数器故障

导致原因：a. 连接螺栓松动；b. 异物侵入；c. 连接电缆损坏；d. 磨损。

思考题

1. 现有一台 10kW 离网型风力发电机组，已安装完毕，需对其进行偏航系统的调试工作，试安排调试步骤并设计数据记录表格记录试验数据。

2. 一水平轴风力发电机组稳定运行了大约一个月后，发现无论风向如何变化，风轮始终处于同一位置，不能够主动迎风，请对其进行检修。

模块八

蓄能装置的维修与保养

风能是随机性能源，具有间歇性，并且是不能直接储存起来的，使得必须在风力发电系统中增加调速限速装置和蓄能装置，因此，蓄能技术在风力发电中显得尤其重要。一方面风速的变化会使原动机输出的机械功率发生变化，从而使发电机输出功率产生波动而使电能质量下降，应用蓄能装置是改善发电机输出电压和频率质量的有效途径。另一方面在风力强时，除了通过风力发电机组向用电负荷提供所需的电能以外，还将多余的风能转换为其他形式的能量在蓄能装置中储存起来，在风力弱或无风时，再将蓄能装置中储存的能量释放出来并转换为电能，向用电负荷供电。可见，蓄能装置是风力发电系统中实现稳定和持续供电必不可少的工具。

任务一 了解蓄能装置的种类及选用原则

风电储能技术通过蓄能装置的转换、储存，不仅可以向电网提供高品质的能源，而且也可以增加风电的运行效益，从而提高风电在能源市场中的竞争力，促进我国风电产业的发展，因此高效、安全、可行性高的蓄能装置对于风力发电厂显得尤为重要。目前正在研究的电能储存技术有蓄电池储能技术、超级电容器储能技术、压缩空气储能技术、超导储能技术、抽水储能技术和飞轮储能技术。

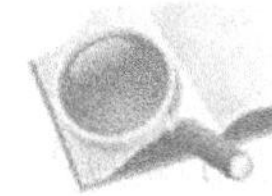

能力目标

① 了解可用于风力发电系统的蓄能装置种类。

② 掌握各种蓄能装置的工作原理及优缺点。

③ 能够视具体情况为不同的风力发电系统选用合适的蓄能装置。

1. 蓄电池储能技术

蓄电池储能系统（Battery Energy Storage System，BESS）主要是利用电池正负极的氧化还原反应进行充放电，一般由蓄电池、直-交逆变器、控制装置和辅助设备（安全、环境保护设备）等组成，目前在小型分布式发电系统中应用最为广泛。根据所使用的化学物质不同，蓄电池可以分为铅酸电池、镍镉电池、镍氢电池、锂离子电池、钠硫电池、液流电池等。传统的蓄电池储能存在着初次投资高、寿命短、对环境有污染等问题。值得注意的锂离子电池是近年来兴起的新型高能量二次电池。此外，锂离子电池的充放电转化率高达90%以上，这比抽水蓄能电站的转化率高，也比氢燃料电池的发电率高。目前，分布式发电采用蓄电池储能时较多的还是采用传统的铅酸电池。

(1) 蓄电池的主要性能参数

蓄电池的性能参数主要有蓄电池的电压、容量、能量、功率、效率、使用寿命等。

① 蓄电池的电压　蓄电池的电压包括理论充放电电压、电池的工作电压、电池的充电电压、电池的终止电压。蓄电池的理论充电电压与理论放电电压相同，等于电池的开路电压。工作电压为电池的实际放电电压，它与蓄电池的放电方法、使用温度、充放电次数等有关系。蓄电池的充电电压大于开路电压，充电电流越大，工作电压越高，电池的发热量越大，充电过程中电池的温度越高。蓄电池的终止电压是指电池在放电过程中，电压下降到不宜再继续放电的最低工作电压。

② 蓄电池的容量　蓄电池的额定容量C，单位安时（A·h），它是放电电流（A）和放电时间（h）的乘积。由于对于同一个电池，用不同的放电参数所得到的A·h是不同的。为了便于对电池容量进行描述、测量和比较，必须事先设定统一的条件。实践中，电池容量被定义为：用设定的电流把电池放电至设定的电压所得到的能量，也可以描述为：用设定的电流把电池放电至设定的电压所经历的时间和这个电流的乘积。

为了设定统一的条件，首先根据电池构造特征和用途的差异，设定了若干个放电率。最常见的有20h、10h、2h放电率，分别写作C_{20}、C_{10}、C_2，其中C代表电池容量，后面跟随的数字表示该类电池以某种强度的电流放电到设定电压的时间（h）。于是，用容量除以时间即可以得出额定放电电流。也就是说，容量相同而放电率不同的蓄电池，它们的额定放电电流却相差甚远。比如，一辆电动自行车的电池容量10A·h、放电率为2h，写作10A·h（C_2），它的额定放电电流为10A·h/2h=5A；而一个汽车启动时用的电池容量为54A·h、放电率为20h，写作54A·h(C_{20})，它的额定放电电流仅为54A·h/20h=2.7A。换一个角度来说，即这两种电池分别用5A和2.7A的电流放电，则分别能持续到2h和20h才能下降到设定的电压。

③ 蓄电池的能量　蓄电池的能量是指在一定的放电条件下，可以从单位质量（体积）电池中获得的能量，即蓄电池所释放的电能。

④ 蓄电池的功率　蓄电池的功率是指在一定的放电条件下，单位时间内电池输出的电能，单位为W或kW。

蓄电池的比功率是指单位质量（体积）电池所能输出的功率，单位为W/kg或W/L。

⑤ 蓄电池的效率　在计算蓄电池供电期间的系统效率时，蓄电池的效率有重要影响，

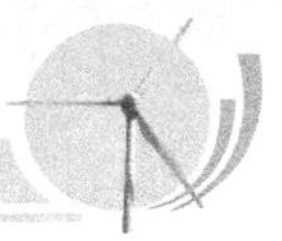

其值为蓄电池放出的电能（功率×时间，即电压×电流×时间）与相应所需输入的电能之比。可以理解为蓄电池的容量效率（A·h）和电压效率之积。

蓄电池的输出效率有三个物理量：能量效率、安时效率和电压效率。

在保持电流恒定的条件下，在相等的充电和放电时间内，蓄电池放出电量和充入电量的百分比，称为蓄电池的能量效率。铅酸蓄电池效率的典型值：安时效率约为87%～93%；能量效率约为71%～79%；电压效率85%左右。在设计蓄电池储能系统时，应着重考虑能量效率。

⑥ 蓄电池的使用寿命　普通蓄电池的使用寿命为2～3年，优质阀控式铅酸蓄电池使用寿命为4～6年。影响蓄电池寿命的因素主要有以下几个方面。

a. 环境温度　过高的环境温度是影响蓄电池寿命的主要因素。一般蓄电池生产厂家要求的环境温度是15～20℃，随着温度的升高，蓄电池的放电能力也有所提高，但环境温度一旦超过25℃，只要温度每升高10℃，蓄电池的使用寿命约会减少一半。同样，温度过低，低于零度，则有效容量也将下降。

b. 过度放电　蓄电池被过度放电是影响蓄电池使用寿命的另一重要因素。这种情况主要发生在交流停电后，蓄电池为负载供电期间。当蓄电池被过度放电时，导致蓄电池阴极的硫酸盐化。在阴极板上形成的硫酸盐越多，电池的内阻越大，电池的充放电性能就越差，其使用寿命就越短。

c. 过度充电　极板腐蚀是影响蓄电池使用寿命的重要原因。在过充电状态下，正极由于析氧反应，水被消耗，H^+增加，从而导致正极附近酸度增高，极板腐蚀加速。如果电池使用不当，长期处于过度充电状态，那么电池的极板就会变薄，容量降低，缩短使用寿命。

d. 浮充电　目前，蓄电池大多数都处于长期的浮充电状态，只充电，不放电，这种工作状态极不合理。大量运行统计资料显示，这样会造成蓄电池的阳极极板钝化，使蓄电池的内阻急剧增大，使蓄电池的实际容量（A·h）远远低于其标准容量，从而导致蓄电池所能提供的实际后备供电时间大大缩短，减少其使用寿命。

(2) 蓄电池的种类

① 铅酸电池　铅酸电池是用铅和二氧化铅作为负极和正极的活性物质（即参加化学反应的物质），以浓度为27%～37%的硫酸水溶液作为电解液的电池。铅酸电池应用在储能方面的历史较早，技术较为成熟，并逐渐以密封型免维护产品为主，目前储能容量已达20MW。铅酸电池的能量密度适中，价格便宜，构造成本低，可靠性好，技术成熟，已广泛应用于电力系统。基于密封阀控型的铅酸电池具有较高的运行可靠性，在环境影响上的劣势已不甚明显，但运行数年之后的报废电池的无害化处理和不能深度放电的问题，使其应用受到一定限制。

② 镍氢电池　与铅酸电池相比，作为碱性电池的镍氢电池具有容量大、结构坚固、充放电循环次数多的特点，但价格较高。镍氢电池是密封免维护电池，不含铅、铬、汞等有毒物质，正常使用过程中不会产生任何有害物质。混合电动车大都采用镍氢蓄电池作为电源。镍氢电池的自放电速度明显大于镍镉电池，需要定期对它进行全充电。须**注意**的是，镍氢电池只有在小电流放电时才具有80～90kW·h/kg的高比能量输出，在大电流放电高功率输出时，其能量密度会降至40kW·h/kg或更低。

③ 锂离子电池　锂离子电池比能量、比功率高，自放电小，环境友好，但由于工艺和环境温度差异等因素的影响，系统指标往往达不到单体水平，使用寿命仅是单体电池的几分

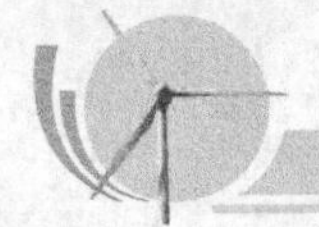

之一，甚至十几分之一。大容量集成的技术难度和生产维护成本，使这种电池在短期内很难在电力系统中规模化应用。磷酸亚铁锂电池是最有前途的锂电池。磷酸亚铁锂材料的单位价格不高，其成本在几种电池材料中是最低的，而且对环境无污染。磷酸亚铁锂比其他材料的体积要大，成本低，适合大型储能系统。

④ 钠硫电池　钠硫电池和液流电池被视为新兴、高效、具广阔发展前景的大容量电力储能电池。目前钠硫电池和液流电池均已实现商业化运作，兆瓦级钠硫电池和100kW级液流电池储能系统已步入试验示范阶段。

钠硫储能电池是在温度300℃左右充放电的高温型储能电池，负极活性物质为金属钠，正极活性物质为液态硫。

⑤ 全钒液流电池　液流电池分多种体系，其中全钒电池是技术发展主流。全钒液流储能电池（Vanadium Redox Flow Battery，VRB）是将具有不同价态的钒离子溶液分别作为正极和负极的活性物质，分别储存在各自的电解液储罐中。在对电池进行充、放电实验时，电解液通过泵的作用，由外部储液罐循环分别流经电池的正极室和负极室，并在电极表面发生氧化和还原反应，实现对电池的充放电。

液流电池的储能容量取决于电解液容量和密度，配置上相当灵活，只需增大电解液容积和浓度即可增大储能容量，并且可以进行深度充放电。

表8-1列出了几种主要蓄电池的基本特性。

表8-1　主要蓄电池的基本特性

电池种类	单体电压/V	比容量/(W·h/kg)	比功率/(W/kg)	常温循环寿命/次	充放电效率/%	自放电/(%/月)
铅酸	2.0	35～50	150～350	500～1500	0～80	2～5
镍镉	1.25	45～80	150～500	500～1000	0～70	5～20
镍氢	1.25	80～90	500～1000	400～500	0～70	5～20
锂离子	3.6	110～160	1000～1200	1000～10000	0～95	0～1
钠硫	2.08	150～240	90～230	2500	0～90	0
全钒液流	1.4	80～130	50～140	13000	0～80	0

2. 超级电容器储能技术

超级电容器是20世纪60年代率先在美国出现，并在80年代逐渐走向市场的一种新兴的储能器件。它是根据电化学双电层理论研制而成，可提供强大的脉冲功率，充电时处于理想极化状态的电极表面，电荷将吸引周围电解质溶液中的异性离子，使其附于电极表面，形成双电荷层，构成双电层电容。由于使用特殊材料制作电极和电解质，这种电容器的存储容量是普通电容器的20～1000倍，同时又保持了传统电容器释放能量速度快的特点。

根据储能原理的不同，可以把超级电容器分为两类：双电层电容器（DLC）和电化学电容器（EC）。超级电容器与传统的蓄电池相比具有能量密度高、充放电循环寿命长、能量储存寿命长等特点。与飞轮储能和超导储能相比，它在工作过程中没有运动部件，维护工作极少，相应的可靠性非常高。这样的特点使得它应用于小型的分布式发电装置中有一定优势。在边远的缺电地区，太阳能和风能是最方便的能源，作为这两种电能的储能系统，蓄电池有使用寿命短、有污染的弱点，超级电容器则成为较理

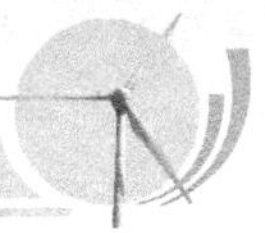

想的储能装置。

3. 压缩空气储能技术

压缩空气蓄能是利用电力系统负荷低谷时的剩余电量，由电动机带动空气压缩机，将空气压入作为储气室的密闭大容量地下洞穴，即将不可储存的电能转化成可储存的压缩空气的气压势能并储存于储气室中。当系统发电量不足时，将压缩空气经换热器与油或天然气混合燃烧，导入燃气轮机做功发电，满足系统调峰需要。

4. 超导储能技术

超导储能系统（Superconductive Magnetic Energy Storage，SMES）利用由超导线制成的线圈，将电网供电励磁所产生的磁场能量储存起来，在需要时再将储存的能量送回电网或作它用。超导储能系统通常包括置于真空绝热冷却容器中的超导线圈、深冷和真空泵系统以及控制用电力电子装置。电流在超导线圈构成的闭合电感中不断循环，不会消失。

超导储能与其他储能技术相比具有显著的优点：

① 由于可以长期无损耗储存能量，能量返回效率很高；

② 能量的释放速度快，通常只需几毫秒；

③ 采用SMES可使电网电压、频率、有功和无功功率容易调节。

高温超导和电力电子技术的发展促进了超导储能装置在电力系统中的应用。在20世纪90年代，超导储能技术已被应用于风力发电系统。中国科学院电工研究所已研制出1MJ/0.5MW的高温超导储能装置。清华大学、华中科技大学、华北电力大学等都在开展超导储能装置的研究。超导储能今后主要的研究的方向是变流器和控制策略，降低损耗和提高稳定性，开发高温超导线材（HTS），失超保护技术等。

5. 抽水储能技术

抽水储能是利用电力系统负荷低谷时的剩余电量，由抽水储能机组做水泵工况运行，将下水库的水抽至上水库，即将不可储存的电能转化成可储存的水的势能并储存于上水库中。当电网出现峰荷时，由抽水储能机组做水轮机工况运行，将上水库的水用于发电，满足系统调峰需要。抽水储能电站一般分为纯抽水储能电站和混合式抽水储能电站两类。

(1) 纯抽水储能电站

纯抽水储能电站的上池没有水源或天然水，流量很小，需将水由下池抽到上池储存，用于电力系统负荷处于高峰时发电。水在上池、下池循环使用，抽水和发电的水量基本相等。流量和历时按电力系统调峰填谷的需要来确定。纯抽水蓄能电站仅用于调峰、调频，一般没有综合利用的要求，故不能作为独立电源存在，必须与电力系统中承担基本负荷的火电厂、核电厂等协调运行。

(2) 混合式抽水储能电站

混合式抽水储能电站的上池有一定的天然水流量，在这类电站内既安装有普通水轮发电机组，利用江河径流调节发电，又装有抽水储能机组进行储能发电，承担调峰、调频、调相任务。

6. 飞轮储能技术

飞轮储能（FESS）是一种机械储能方式，其基本原理是将电能转换成飞轮运动的动能，

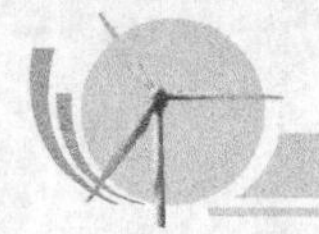

并长期蓄存起来，需要时再将飞轮运动的动能转换成电能，供电力用户使用。飞轮储能系统主要包括三个部分：①蓄存能量用的转子系统；②支撑转子的轴承系统；③转换能量和功率的电动/发电机系统。另外还有一些支持系统，如真空、外壳和控制系统。飞轮转子选用比强度（拉伸强度/密度）较高的碳素纤维材料制造，运行于密闭的真空系统中。系统中的高温超导磁悬浮轴承是利用永磁铁的磁通被超导体阻挡所产生的排斥力使飞轮处于悬浮状态的原理制造的。

操作指导

1. 任务布置

不同类型的风力发电机组蓄能装置的选用。

2. 操作指导

(1) 蓄能装置的选用原则

在各种储能技术中，抽水蓄能和压缩空气储能比较适用于电网调峰；蓄电池储能比较适用于中、小规模储能和用户需求侧管理；超导电磁储能和飞轮储能比较适用于电网调频和电能质量保障；超级电容器储能比较适用于电动汽车储能和混合储能。

在风力发电中，储能方式的选择需考虑额定功率、桥接时间、技术成熟度、系统成本、环境条件等多种因素。风电场的储能首先要实现电能质量管理功能，超级电容器、高速飞轮、超导、钠硫电池和液流电池储能系统能使风电场的输出功率平滑，在外部电网故障时能够提供电压支撑，维护电网稳定；其次，铅酸电池、新型钠硫电池和液流电池储能系统具有调峰功能，比较适合风电的大规模储存。

采用超级电容器和蓄电池、超导和蓄电池、超级电容器和飞轮组合等混合式储能系统，能够兼顾电能质量管理和能量管理，提高储能系统的经济性，是比较可行的储能方案。

值得一提的是，成本过高是限制储能技术在风力发电中大量推广应用的共同问题，提高能量转换效率和降低成本是今后储能技术研究的重要方向。随着风力发电的不断发展和普及、各种储能技术的发展进步，储能技术将在风力发电系统中得到更加广泛的应用。图 8-1 是根据美国电力储能协会提供的资料给出的各种储能技术的功率和能量分布比较图。

(2) 应用于风力发电系统的各类蓄能装置的优缺点分析

① 蓄电池储能技术

优点：储存效率高，日本研制的 100kW 新型钠硫电池系统的充放电效率可达 90%以上；占地面积小，建设工期短；可建在负荷中心；负荷响应快；无振动、噪声，符合环保要求。

缺点：蓄电池的容量很难有突破，只适合离网型小型风电机组使用；废弃电池难以处理，容易对环境造成污染，例如其中的镉离子有毒。

② 超级电容器储能技术

优点：高功率密度，超级电容器的内阻很小，并且在电极/溶液界面和电极材料本体内均能够实现电荷的快速储存和释放，因而它的输出功率密度高达数千瓦/每千克，是任何一个化学电源所无法比拟的，是一般蓄电池的数十倍；充放电循环寿命很长，其循环寿命可达数万次以上，远比蓄电池的充放电循环寿命长；充电时间短，超级电容器最短可在几十秒内

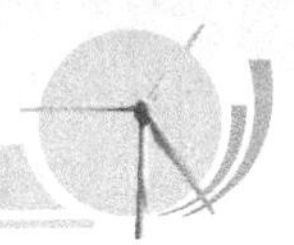

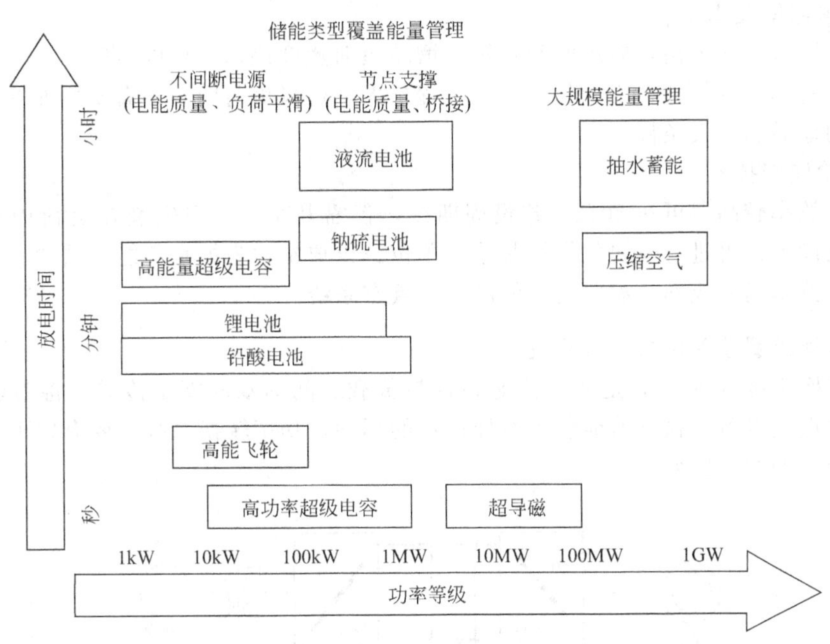

图 8-1 各种储能技术功率和能量分布比较图

充电完毕，最长充电不过十几分钟，远快于蓄电池的充电时间；储存寿命长，超级电容器充电后，虽然也有微小的漏电流存在，但这种发生在电容器内部的离子或质子迁移运动是在电场的作用下产生的，并没有出现化学或电化学反应，没有产生新的物质，且所用的电极材料在相应的电解液中也是稳定的，因此超级电容器的储存寿命几乎可以认为是无限的；高可靠性，超级电容器工作过程中没有运动部件，维护工作少，电容器的可靠性非常高，可以说是免维护的。

缺点：体积比较大，与体积相当的电池相比，它的储电量要小。

③ 压缩空气储能技术

优点：运行方式灵活，启动时间短，污染物排放量、运行成本均只有同容量燃气轮机的1/3；可在短时间内以模块化方式建成；投资相对较少，单位蓄能发电容量的投资费用为抽水蓄能电站的一半。

缺点：需要深挖地下空洞，投资较大；压缩空气蓄能中使用的燃气轮机燃用天然气，虽然比常规燃气轮机能节省约 2/3 的天然气，但仍消耗化石燃料，对环境仍存在污染。

④ 超导储能技术

优点：超导储能装置占地面积少，建造地点不受地形限制，所有风电场均可使用；不经过其他形式的能量转换，可长期无损耗地储存能量，蓄能效率可达 92%～95%；储能密度高，可达 $40MJ/m^3$，易实现大型化；反应速度快，一台超导蓄能装置的储能或放能是通过同一电力转换装置进行的，储能系统在几毫秒内就能对电网中的电能需求的变化做出反应，正好应对风电场的出力随机性和频繁变化的特点；调节功能强，可抑制低频振荡，使系统频率稳定，在提高稳定性的同时尚能提高传输系统的功率；超导储能清洁高效，无废弃物，对环保有利；操作和维护方便，超导蓄能装置的储能和放能可利用电站的电力调度装置自动控制，其操作和维护相当简单。

缺点：初期投资大，但单位蓄能量的造价低；冷却技术较复杂；强磁场对环境可能有影响。

⑤ 抽水储能技术

优点：运行方式灵活，启动时间较短，增减负荷速度快，运行成本低。

缺点：初期投资较大，工期长，建设工程量大，远离负荷中心，需要额外的输变电设备以及一定的地质和水文条件。

⑥ 飞轮储能技术

优点：效率较高，可达80%；建设周期短，仅需几个月；可安装在负荷中心附近，不增加输变电设备；可进行模块化设计制造；单位建设成本约为抽水蓄能电站的一半。

缺点：技术尚未成熟；需要复杂的制冷、真空系统。

(3) 蓄能装置接入风力发电系统

功率转换系统（PCS），是实现蓄能装置与负载之间的双向能量传递，将蓄能装置接入电力系统的重要设备。根据蓄能装置所处位置的不同，功率转换系统主要有以下的结构型式和拓扑结构，如图 8-2 所示。

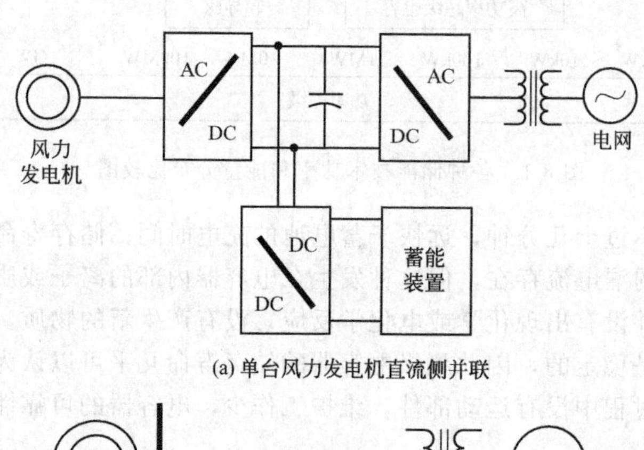

(a) 单台风力发电机直流侧并联

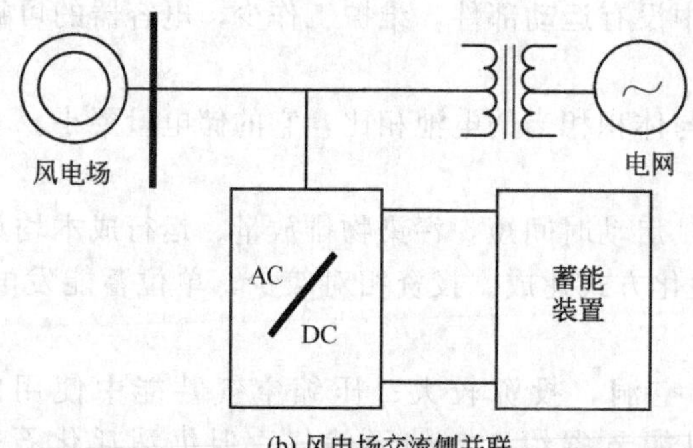

(b) 风电场交流侧并联

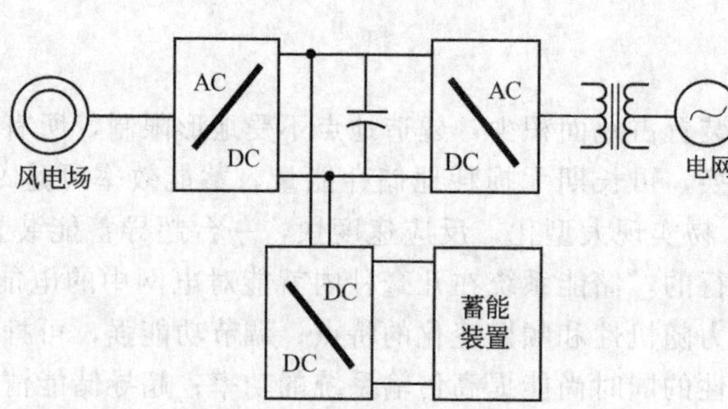

(c) 风电场HVDC输电直流侧并联

图 8-2　功率转换系统连接拓扑结构示意图

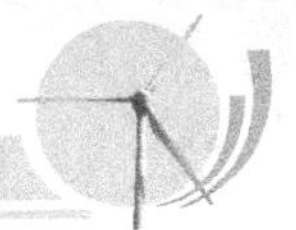

① 单台风机直流侧并联 PCS　单台风机直流侧并联 PCS 的优点是可以利用风电机组现有的功率单元。

对于直驱型的永磁同步发电机，交流电通过全功率变流后接入电网，蓄能装置通过 PCS 并联于直流母线侧，可以与发电机共用 DC/AC 逆变单元，实现与电网的连接。对于双馈风力发电机，PCS 也可以并联在转子直流母线侧，这时需要加大网侧变流器（DC/AC）的功率，以便于蓄能装置的功率回馈到电网。

② 风电场交流侧并联 PCS　PCS 的安装位置一般在风电场出口处的低压侧。每台风机所处位置的风速不同，而风电场自身具有一定的功率平滑功能。采用风电场交流侧并联 PCS 结构，PCS 的总功率有所降低，需要双向 AC/DC 变流器。储能单元集中放置，便于维护和扩容。

③ 风电场 HVDC 输电直流侧并联 PCS　风电场通过电压源高压直流（VSC-HVDC）输电并网。由于 VSC-HVDC 系统具有立即导通和立即关断的控制阀，通过对控制阀的开和关，实现对交流侧电压幅值和相角的控制，从而达到独立控制有功功率和无功功率的目的，且换流站不需要无功补偿，不存在换相失败等问题。这些特点使得 VSC-HVDC 技术在连接风电场并网方面具有一定的优越性，特别适用于需要长距离传输的海上风电场的并网。PCS 并联在 VSC-HVDC 系统的直流母线上，通过控制储能单元的充放电功率，使其补偿风能的波动，从而使风电通过直流输电汼入到电网的功率稳定。

④ 混合储能系统 PCS 拓扑结构　采用超级电容器和蓄电池混合储能系统的 PCS 主要有两种结构：一种是两者都通过 DC/DC 并联于直流母线侧；另一种是通过蓄电池单元的适当串并联，蓄电池直接并联在直流母线上，节省了一组 DC/DC 变流器，如图 8-3 所示。

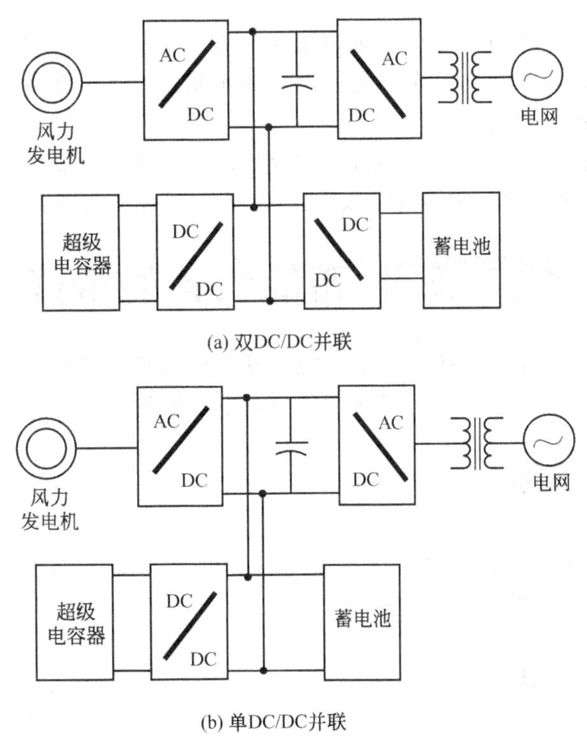

图 8-3　混合储能 PCS 结构示意图

（4）蓄电池容量的确定

蓄电池容量的配置是否合理，直接影响风力发电的各项技术经济指标。容量选得小了，

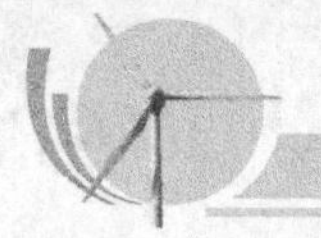

多风时发出的富余电量得不到充分储存。容量选得太大，一则增加投资；二则蓄电池可能会长期处于充电不满状态，将会影响蓄电池的效率和使用寿命。

必须保证在风力发电机工作时充电电流不超过蓄电池允许电流。简单来讲，就是额定功率下，整流后电流不大于蓄电池额定容量数值的10%。例如现有一台5kW的风力发电机，选20块12V蓄电池串联使用，浮充直流电压为280V，则直流电流为18A。此时蓄电池容量不小于180A·h，一般选200A·h。

容量选择还要考虑的一点就是发电机的负载工作情况。如果发电和用电时间同步，可以选择容量小些的蓄电池；如果发电时间间隔较大而用电时间均匀，则蓄电池要按要求选择；如果发电时间均匀而放电时间较短，还要考虑到放电电流不超过放电允许值。对所选的蓄电池，最大放电电流为60A·h，即可供14kW负载正常工作。

在离网环境中风力发电机的应用需要配合蓄电池，蓄电池组的总容量按以下经验公式计算：

总容量=(每日用电时间×用电器总功率×1.67)÷蓄电池组电压

在实际应用中，蓄电池组的电压需和风力发电机的额定输出直流电压一致。下面举例说明：用电设备总功率800W，每天用电6h，风力发电机功率1000W，额定电压48V，则配套蓄电池的理论总容量=(6×800×1.67)÷48=167A·h。在实际配置中应该比计算值稍大一点，因为蓄电池是不应该完全放电的，因此选择200A·h、48V的蓄电池一块，或100A·h、24V的蓄电池两块串联使用。但不应配置更大的蓄电池，以免蓄电池因长时间浮充或充不满影响寿命。

思考题

1.假设你现在是一家风力发电机公司的销售人员，有一位客户想向你购买一台10kW的风力发电机作为家用，委托你全权负责为其配置其他相关组件，你该如何为这位客户配备合适的蓄能装置，才能使客户满意？

2.某市滨江临海，风能资源十分丰富，市政府决定在沿海一带建立风力发电场，一期计划投入50台风力发电机（单机容量1500kW），现请你为该风电场配备蓄能装置。

任务二　蓄能装置的维修

蓄电池是离网型风力发电系统普遍采用的一种蓄能装置，风电技能型专业人才必须掌握蓄电池的常见故障检修方法，才能使离网型风力发电系统稳定运行。

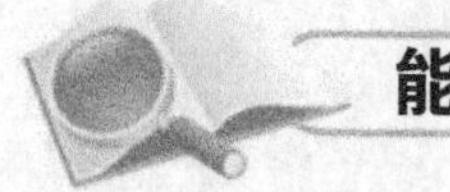

能力目标

① 掌握铅酸蓄电池常见故障的检修方法。

② 掌握碱性蓄电池常见故障的检修方法。

基础知识

1.铅酸蓄电池常见故障的检修

(1) 所需仪器设备

所需仪器设备包括铅酸蓄电池恒流充放电设备，也可以选用专用的、简单、轻便的放电

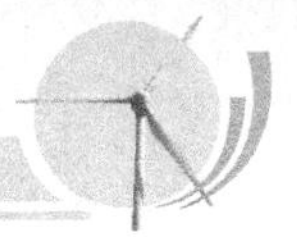

仪以及充电器、数字万用表、蓄电池专业内阻测试仪、小台钻或手摇钻、电锯或者手工锯、钳子、剔刀、手锤、注射器、铅锡合金、焊接设备以及电烙铁和焊锡。

(2) 维修流程

铅酸蓄电池发生故障后，可按照图 8-4 所示的流程对蓄电池进行初步检验。

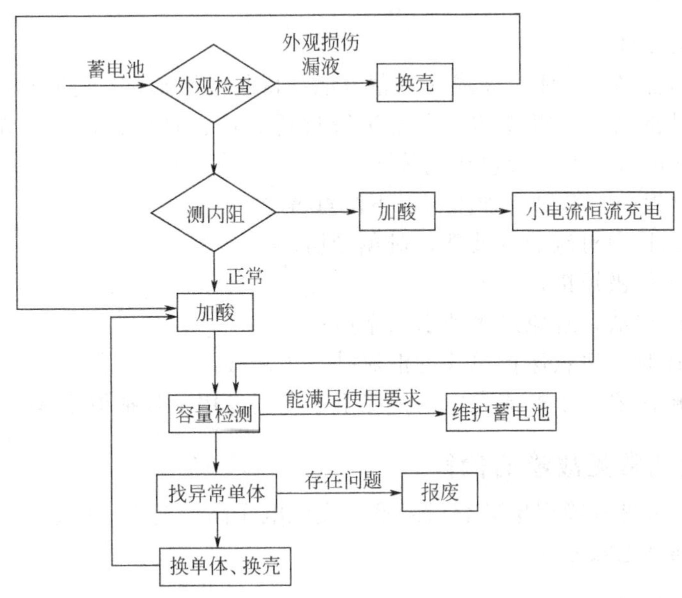

图 8-4 故障铅酸蓄电池维修流程

首先，检查蓄电池外观，对外观存在不可逆损伤的蓄电池，如存在变形、鼓胀、破裂、接线片严重腐蚀、漏酸等情况的蓄电池集中存放，统一处理仅是接线片腐蚀或者接线端子漏液的蓄电池，更换接线端子，重新进行极柱密封即可。对于上盖漏液或损伤的蓄电池，仅更换上盖即可，否则蓄电池需整体换壳。

其次，检测蓄电池电压和内阻。使用专用蓄电池内阻仪逐一检查单只蓄电池的内阻，蓄电池内阻高于 15mΩ（接线端子为引出线的蓄电池，内阻值可以定为 50mΩ），进行补酸、小电流恒流充电处理，主要去除硫酸盐化现象。

最后，对蓄电池进行容量检查。如条件允许，可在蓄电池每一个单体中加入 10mL 蒸馏水或者密度为 1.05g/mL 的稀硫酸。注意不可过多，否则会引起蓄电池漏液。对蓄电池进行充电，最好选用恒流源，以 0.1A 电流恒流充电，充至蓄电池端电压稳定在 16V 以上即可。充电结束后，使用专用的铅酸蓄电池放电仪逐一检查单只蓄电池的容量，容量低于使用要求的蓄电池再进行一次充放电，仍然不合格的蓄电池集中存放，统一处理，使用时间较长的直接报废，使用较短的进行更换单体、换壳的操作。

(3) 更换单体及换壳

铅酸蓄电池换壳流程如图 8-5 所示。

需要换壳的蓄电池，首先用电锯、手工锯或剔刀剔除蓄电池上盖。在此过程中，尽量避免对蓄电池壳体的划伤。然后进行单体的检测，用数字万用表检测单体蓄电池的开路电压。开路电压明显低于其他单体的，若过桥未遭到破坏，用钳子或剔刀断开其与其他单体连接的过桥，然后用钳子夹住其一侧的汇流排，用力从壳体中拔出单体，查找不合格原因，记录分

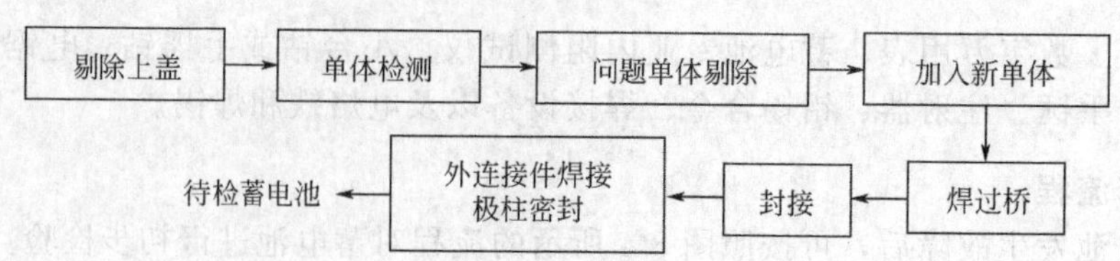

图 8-5　铅酸蓄电池换壳流程图

析后，作为废电池处理。

将上一步检测合格的单体拼装成一只蓄电池。拼装的原则是：尽量选用使用状况相差不大的单体组成一只蓄电池。组装的蓄电池进行过桥焊接、封接、外接线端子焊接、极柱密封，然后对蓄电池进行注酸、容量检测等。

在以上操作过程中，需要特别注意以下注意事项：

① 注意操作过程中对硫酸的处理，避免受伤；

② 避免单体正负极短接；

③ 保持单体的清洁，避免过多地引入杂质；

④ 在插拔单体时，注意保护单体的汇流排及边极板；

⑤ 多余的电解液要在小电流充电的情况下，使用专用工具抽取干净，否则会造成漏液。

2. 碱性蓄电池常见故障的检修

碱性蓄电池的常见故障现象有容量降低、充电电压高、充不进电、放电电压低、自放电大、短路、断路和电池漏液等。

(1) 电池容量降低

碱性蓄电池容量降低时，可按照图 8-6 所示的流程进行修复。

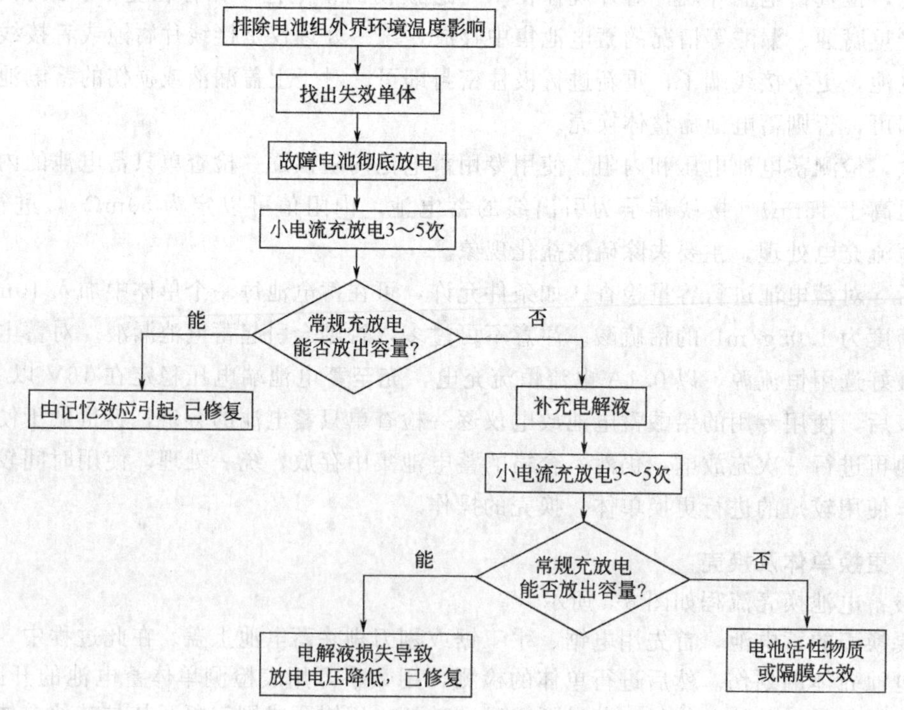

图 8-6　容量降低的修复流程图

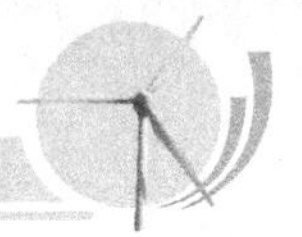

确保电池组所处环境温度适中，并保证良好的通风。按正常使用测试电池组容量，若容量恢复正常，说明容量降低是由外界环境温度偏高造成，此时应改善电池使用条件。若电池容量仍偏低，则再次测试电池组容量，并监测各单体电池电压，找出容量偏低的故障单体电池，并按照下面的方法修复该故障单体电池。

修复需在常温下进行。首先将故障电池彻底放电，具体操作可以先以 0.1*C* 将电池放电到单体电压为 0.7V，再用 0.1Ω 电阻将电池短路至 0.01V 或短路 16h，满足任一条件即可停止短路。然后将电池以 0.1*C* 电流充电至额定容量的 200%，再以 0.1C 放电至 1.0V。重复这个小电流充放电循环 3～5 次后，以常规方式对电池充电并测试电池容量，若容量显著提高并满足使用要求，说明容量降低是由记忆效应引起并已修复。

对未能恢复容量的电池需补充电解液。补充电解液后再次重复前面的小电流充放电循环并测试常规容量。若容量显著提高并满足使用要求，说明容量降低是由电解液损失引起并已修复。若经补充电解液后电池容量仍不能恢复，说明电池内部活性物质或隔膜已经失效，电池已发生不可逆失效，没有维修价值。

（2）电池充电电压高

碱性蓄电池充电电压高时，可按照图 8-7 所示的流程进行修复。

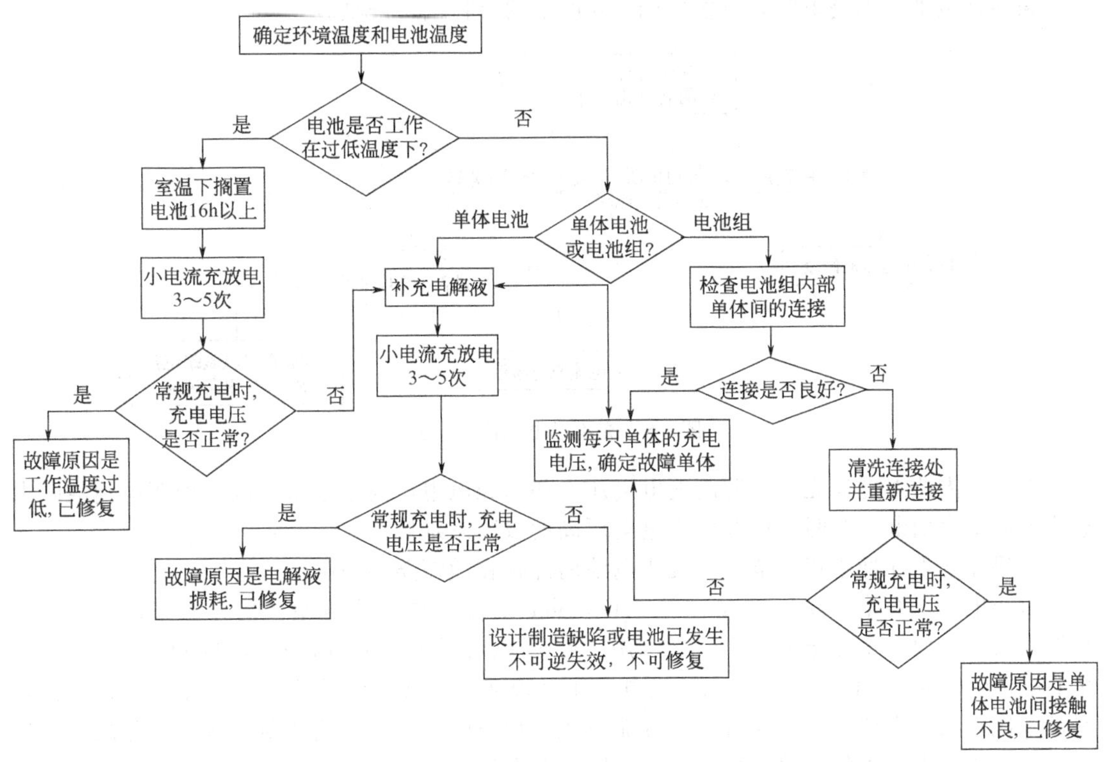

图 8-7　充电电压高的修复流程图

确定电池使用的环境温度，若电池使用于 0～30℃温度范围内，说明电池故障由内部原因（内阻升高、容量降低等）引起，此时可直接转到下一步。若电池使用的温度低于 −10℃，先将电池在室温下搁置 16h 以上，这样做是为了使电池温度充分回升，尤其对大型电池，搁置时间必须足够长才能保证电池温度回升并且电池内部温度均匀。将故障电池彻底放电，然后将电池以 0.1*C* 电流充电至额定容量的 200%，再以 0.1*C* 放电至 1.0V。重复这个小电流充放电循环 3～5 次后，以常规方式对电池充电并监测电池电压，若电池电压恢复正常，说明故障由低温引起并已修复。在以后的使用过程中，避免在低温下使用。

若电池充电电压仍然偏高，或电池未工作于低温环境中，说明电池内阻较大或容量已降低。如果是电池组，需检查电池组中各单体电池连接部位连接是否牢固。电池经过一段时间使用后，单体间连接处的螺钉有可能会松动，电池泄气时带出的碱液有可能腐蚀连接件，这些都会增加电池组内部接触电阻，使电池组充电电压升高。如果有已被腐蚀的连接件需要换，更换时需防止短路的发生。依次用稀硼酸溶液、去离子水和酒精溶液清洗掉连接部位的残留碱液。待各连接件、连接部位完全干透后再重新连接并紧固。连接后以常规充电电流对电池组充电并监测电池组和每只电池的充电电压，若电压恢复正常，说明电池组充电电压高是由于单体间接触电阻增大引起的并已修复。

若充电电压仍然偏高，则找到发生故障的单体电池，并补充电解液。再次重复前面的小电流充放电循环并监测电池的充电电压。若电池充电电压恢复正常，说明故障是由电池内阻增加造成的并已修复。如果电池充电电压仍然偏高，说明电池存在设计制造缺陷或已发生不可逆失效，无维修价值。

(3) 电池充不进电

碱性蓄电池充不进电时，可按照图 8-8 所示的流程进行修复。

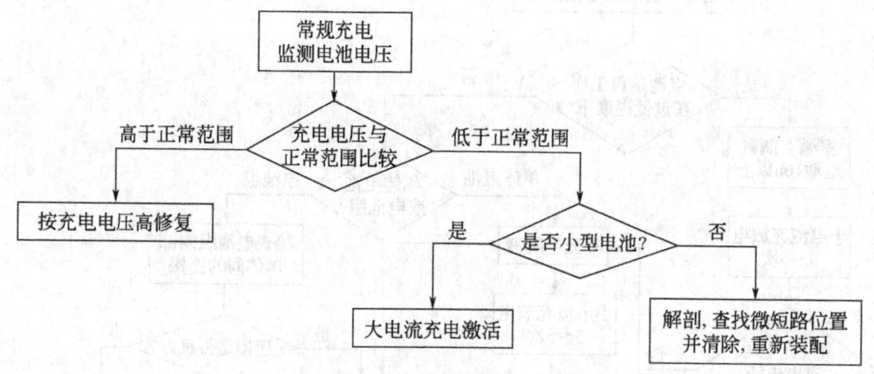

图 8-8　充不进电的修复流程

以常规方法对电池充电并监测充电电压，如果充电电压高于正常范围，说明电池故障由电池内阻增大引起。此时，可按照充电电压高的故障来维修。

如果充电电压低于正常范围，说明电池内部存在微短路的情况。

对小电池（容量不高于 20A·h）来说，可以采用大电流充电激活的方法来修复。具体操作是将电池放电至终止电压，然后，用 $10C$ 的电流对电池充电，充电时间小于 3s，再将充电电流恢复到 $1C$ 以下，监测电池充电电压是否恢复正常。此过程可以重复进行，但不要超过 3 次。当大电流流经电池时，有可能造成微短路的枝晶、毛刺烧断，从而排除故障。如经过大电流充电冲击的电池仍存在故障，则说明电池已不可修复。

对大型电池（容量高于 20A·h）来说，因容量较大，不宜采用大电流充电发修复，而是采用解剖法打开电池，修复微短路故障。具体做法是先将电池完全放电，即先以 $0.1C$ 将电池放电到单体电压为 0.7V，再以 0.1Ω 电阻将电池短路至 0.01V 或短路 16h，满足任一条件即可停止短路。采用恰当的工具将电池壳体打开，倒出游离的电解液，小心地将正负极片与隔膜逐一分开，同时观察是否有枝晶和毛刺刺穿隔膜。更换已经受损的隔膜。如果极片活性物质脱落严重，还需要重新焊接新的极片。清理所有引起微短路的位置后，将极组重新

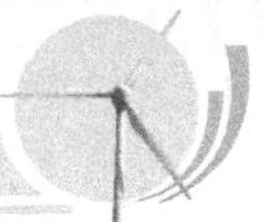

装壳，加注电解液、封口、化成。

(4) 电池放电电压低

碱性蓄电池放电电压低的故障修复与充不进电的修复基本相同。

(5) 自放电大

碱性蓄电池自放电大时，可按照图 8-9 所示的流程进行修复。

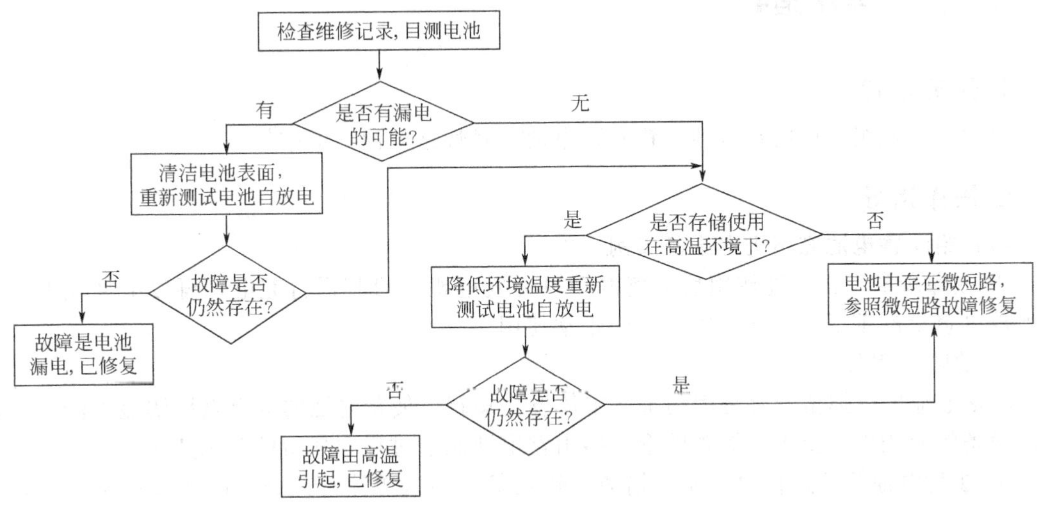

图 8-9　自放电大的修复流程

首先检查电池使用维护记录，并目测电池单体表面是否存在电解液。目测检查的方法是用棉签蘸取酚酞溶液，擦拭电池表面，若酚酞变红，说明电池表面存在碱液。当电池表面存在碱液较多时，可以断定自放电至少一部分是由电池漏电引起的，此时，全面清洁电池表面，重新测试电池的自放电。若正常，说明故障是由漏电引起的，否则，继续修复。

确定电池储存使用的温度是否过高，一般来说碱性电池存储温度不宜高于 30℃。如果电池确实储存于高温环境下，那么将环境温度降低至室温再次检测自放电。如果自放电回归正常数值，说明故障由高温引起并已修复，否则，说明电池内部存在各种原因引起的微短路，参照前面介绍的微短路故障修复方法进行修复。

(6) 电池短路

若碱性蓄电池短路，需解剖电池，观察极耳或极柱是否有直接将电池正负极板搭接的情况；观察是否有极板上脱落的活性物质颗粒将正负极板直接搭接的情况。将搭接位置分开，操作时注意不要扯断极耳或损伤极板。

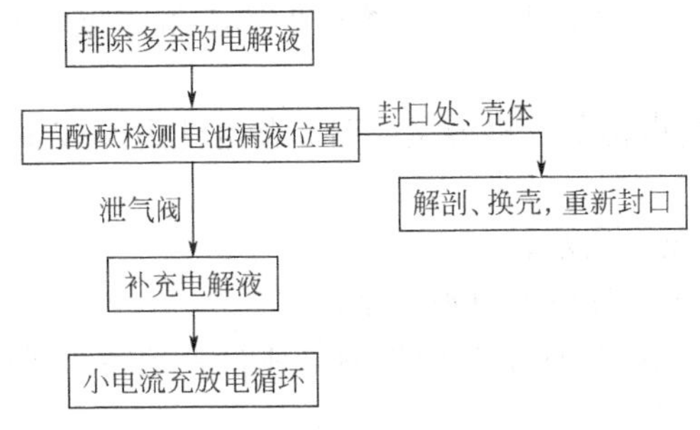

图 8-10　电池漏液的修复流程图

(7) 电池断路

如果碱性蓄电池发生短路，则首先检查连接件腐蚀、掉落情况；如果没有，就逐只检测单体电池电压，找出故障单体，检查故障单体是否有电解液；如故障单体已加注电解液，那么需解剖电池，将极耳重新连接。

(8) 电池漏液

发生漏液的碱性蓄电池可按照图 8-10 所

示流程修复。

排除多余的电解液。用酚酞溶液检测电池漏液的位置，如果是电池壳体漏液或封口处漏液，说明壳体存在缺陷或封口不严。此时需解剖电池，更换壳体并重新封口、化成。

如果漏液发生在泄气阀处，则说明电池曾经过度过充或过放。这时需向电池内补充一定量的电解液，并重复小电流充放电循环 3～5 次。

操作指导

1. 任务布置

风力发电机组常用的蓄电池（铅酸蓄电池、碱性蓄电池）的维修。

2. 操作指导

(1) 铅酸蓄电池充不进电维修实例

① 故障现象　蓄电池使用后，离网型风力发电机组对其进行充电，再放电使用时，蓄电池放电容量严重不足，导致用户无法正常使用。

② 故障原因分析

a. 蓄电池发生掉格现象是因为某一单体发生短路，使蓄电池的放电电压明显下降，不能满足设备的使用电压要求。短路的形成多由蓄电池制造过程中残留的隐患所致。

- 在蓄电池装配过程中杂质（铅渣、铅块等）掉入单体，硌破隔膜而没有被发现，使用过程中在杂质处慢慢形成短路点；
- 在蓄电池装配过程中由于极板变形、硌破隔膜而没有被发现，使用过程中慢慢形成短路点；
- AGM 隔膜没有完全包覆极板，正负极板相距较近，使用过程中慢慢形成短路点；
- 极板浮粉过多，使用过程中连接正负极，形成短路等。

b. 蓄电池发生不可逆硫酸盐化现象，放电容量明显降低，影响了蓄电池的使用。引起蓄电池不可逆硫酸盐化的原因主要以下几点：

- 过放电；
- 蓄电池存放时间长，自放电大却没有及时补充电；
- 蓄电池长时间处于欠充电状态；
- 放电后充电不及时或长期放置；
- 电解液浓度过高。

上述情况发生时，硫酸铅微粒在电解液中溶解，呈饱和状态，这些硫酸铅在温度低时再重新结晶，并在结晶质硫酸铅上析出。这样在一度析出的粒子上一次又一次地因温度变动而生长、发展，使结晶粒增大。这种硫酸铅的导电性不良，电阻大，溶解度和溶解速度很小，充电时恢复困难，从而造成容量降低和寿命缩短。

c. 蓄电池失水较多，造成电解液干涸，影响蓄电池的放电容量。引起蓄电池失水较多的原因主要有以下几点：

- 充电控制器电压设置过高，导致蓄电池过充、失水；
- 充电时间过长，蓄电池长时间处于过充状态，导致蓄电池失水；
- 蓄电池安全阀开阀压力过低，导致蓄电池充电后期水解产生的气体过多地溢出蓄电池，不能很好地进行气体复合，增大水损；
- 蓄电池安全阀的闭阀压力过高，安全阀开启后不能及时关闭，充电水解产生的气体

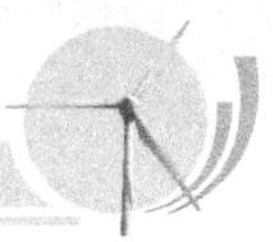

过多地排出蓄电池，增大水解。

d. 充电模式与蓄电池不匹配，充电参数设置不合理，致使蓄电池充电不足，放电容量达不到要求。

e. 蓄电池容量不合格，寿命终结。

f. 蓄电池充电过程中充电回路连接不好，如连接件之间接触不良，线路损伤断线，连接件与电池接线端子接触不良等。

③ 故障原因确定

a. 检测蓄电池的开路电压是否低于 11V，判断是否存在短路单体。

b. 检测蓄电池的内阻是否大于 20mΩ（接线端子为外连接线形式的蓄电池，内阻值适当提高，为 50mΩ）。若内阻过大，说明蓄电池发生不可逆硫酸盐化或者电解液干涸。打开蓄电池上盖板，取下安全阀，检测蓄电池是否发生电解液干涸，不是则可以认为蓄电池发生不可逆硫酸盐化。

c. 检测蓄电池的容量是否符合要求。若容量不合格，对蓄电池进行恒流充电，再进行容量检测，如合格可认为属于充电控制器或充电线路问题。不合格，可重复 3 次充放电试验，仍不合格，则认为蓄电池寿命终结。

d. 检测充电线路是否存在问题。

e. 了解充电控制器的充电参数，看是否与蓄电池相匹配。

④ 处理措施

a. 短路蓄电池。更换短路单体后，小心剔除蓄电池的上盖，**注意**不要伤害蓄电池单体以及下部壳体，找出短路单体（单体电压远远低于其他单体），更换短路单体，更换新的上盖，重新进行焊接、封接。重新修复好的蓄电池加注密度为 1.30g/mL 以上的硫酸电解液。

b. 硫酸盐化严重的蓄电池，采用下面的措施进行处理。

- 蓄电池中加注密度为 1.05g/mL 的硫酸电解液（或者直接选用去离子水），用比正常充电电流小一半或更低的电流进行充电，然后放电，再充电。如此反复数次，达到应有的容量后，重新调整电解液浓度及液面高度。
- 吸附原因造成的不可逆硫酸盐化，则可以用高电流密度充电（$100mA/cm^3$）。在这样的电流密度下，负极可以达到很负的电势值，这时远离零电荷点，改变了电极表面带电的极性，表面活性物质会发生脱附，特别是对阴离子型的表面活性物质，这种有害的表面活性物质从电极表面上脱附后，就可以使充电顺利进行。
- 高频脉冲。采用脉冲波使硫酸铅结晶体重新转化为晶体细小、电化学活性高的可逆硫酸铅，使其能正常参与充放电的化学反应。
- 组合式谐振脉冲。合理控制修复脉冲的前沿，利用充电脉冲中的高次谐波与大的硫酸铅结晶谐振的方法，在修复过程中消除电池硫化。
- 采用大电流充电，使大的硫酸铅结晶产生负阻击穿溶解的方法。

c. 电解液干涸的蓄电池采用下面的措施进行处理。进行恢复试验，在蓄电池中加注密度为 1.05g/mL 的硫酸电解液，或者直接选用去离子水，用小电流进行充放电，反复数次，直至蓄电池达到应有的容量。达到应有的容量后，重新调整电解液浓度及液面高度。

d. 使用时间较短的蓄电池，比如半年以内的，应该存在落后单体。找出落后单体，替换掉即可。使用时间较长的，直接报废。

寻找落后单体时，首先确定蓄电池单体过桥的位置，然后用电钻在过桥处打孔，**注意**不可太用力，露出过桥（铅）即可，不可打断过桥。使蓄电池放电，在放电末期，测量各单体放电电压，电压偏低的为落后单体。

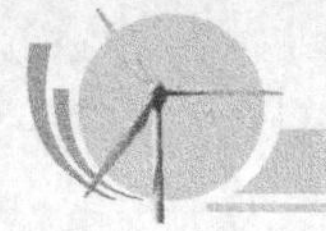

e. 充电参数问题，应维修充电控制器，修改充电参数。

f. 充电线路问题，应修复充电线路。

(2) 碱性蓄电池充电电压高

① 故障现象　某型号镍氢电池组，由 12 只 50A·h 单体方形镍氢电池串联而成，额定容量 50A·h，额定电压 14.4V。电池组使用 1 年后，发电充电时间明显变短，因充电 4.5h 左右电池组充电电压大于 17.4V 而停止充电，由此引起放电时间达不到所需要求。

② 故障分析　从故障现象的描述中可以获得如下信息：电池组已经使用约 1 年时间，在充电末期电池电压会超过 17.4V，即单只电池平均电压超过 1.45V，因此初步判断故障为电池充电电压高。

在室温下，将故障电池组以 0.2*C* 充电，并记录电池组电压，与新出厂电池组充电曲线对比。该故障电池组充电曲线如图 8-11 所示，新出厂电池组充电曲线如图 8-12 所示。从充电曲线可以看出，故障电池组在充电约 4.5h 时电压已经达到 17.4V，充电停止。由此可以确定电池故障为充电电压高。

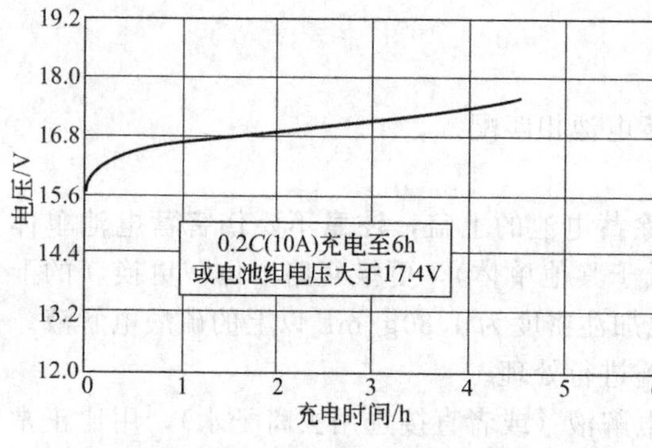

图 8-11　故障电池组充电曲线

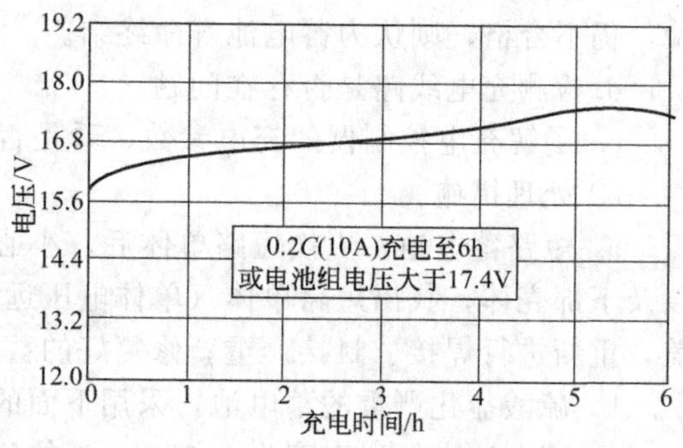

图 8-12　新出厂电池组充电曲线

③ 故障修复　按照碱性蓄电池充电电压高的修复流程，首先确定电池组工作于室温下，并未在低温环境中使用。检查电池组内各连接件的连接情况，没有发现异常，因此可以确定充电电压高是由单体电池性能恶化所致。再次对电池充电，并监测各单体电池电压，找出故障单体电池。经实际测试发现，电池组内各单体电池均发生充电电压比新出厂电池有所升高的现象。这种情况属于正常现象，因为电池组已经使用了 1 年以上的时间。但是位于电池组中间位置的一只单体电池充电电压显著高于其他单体电池，如图 8-13 所示。从曲线中可以

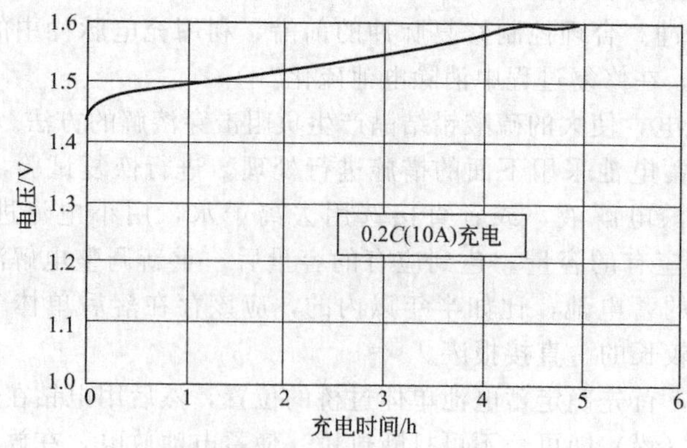

图 8-13　故障单体电池的充电曲线

看出，该单体电池充电电压明显高于正常值。

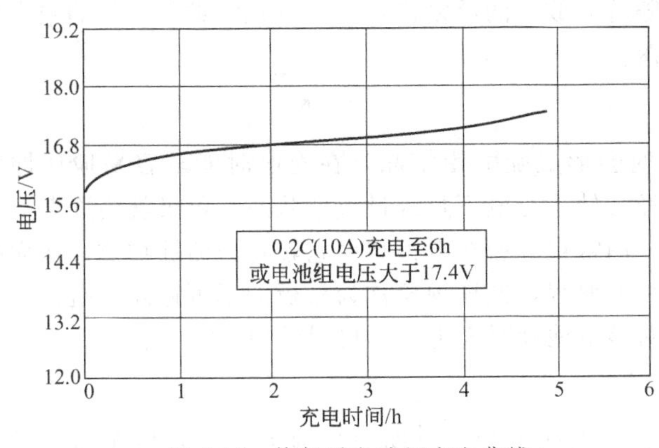

图 8-14　修复后电池组充电曲线

按照前面介绍的修复流程，可以先对该单体电池进行修复，再将该单体装入电池组中。但该单体电池性能已有所下降，即使修复后也不可能达到原有性能水平，并且，该单体电池位于电池组的中间位置，这个位置是电池散热效果最差的位置，在此位置的单体电池性能往往会先于其他单体电池恶化。如果将该故障单体电池修复后，仍然放在该位置继续使用，可以预想，该单体电池会很快再次出现性能恶化，而波及整个电池组。因此决定在该位置替换为新出厂的单体电池。

替换故障单体电池后，再次对电池性能进行测试，充电曲线如图 8-14 所示，电池组得到修复。

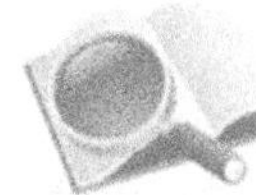

思考题

1. 某铅酸蓄电池在使用过程中用容量测试仪检测其容量，显示蓄电池容量下降较快，请对该铅酸蓄电池进行维修。

2. 某镉镍电池在使用过程中突然没有电压输出，请对其进行维修。

任务三　蓄能装置的保养

蓄电池使用性能的优劣，与其本身的质量和使用方法是分不开的。若蓄电池使用与保养得当，能显著提高电池的容量和寿命。因此，风电技能型专业人才必须掌握蓄电池的常规维护保养方法。

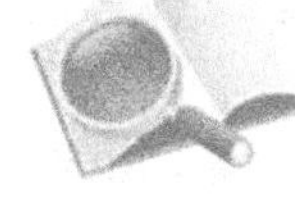

能力目标

① 掌握铅酸蓄电池的常规保养方法。

② 掌握碱性蓄电池的常规保养方法。

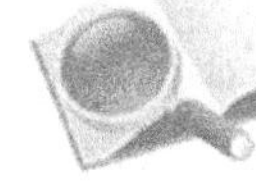

基础知识

1. 影响铅酸蓄电池使用寿命的因素

(1) 正极板栅腐蚀变形

正极板栅在充电过程中会被氧化成硫酸铅和二氧化铅，腐蚀严重时，会使板栅丧失制成活性物质的作用而使电池失效；或者由于二氧化铅腐蚀层的形成，铅合金产生应力，致使板栅线性长大变形，超过 4%时，板栅本体遭到破坏，活性物质与板栅接触不良而脱落，或在汇流排处短路。

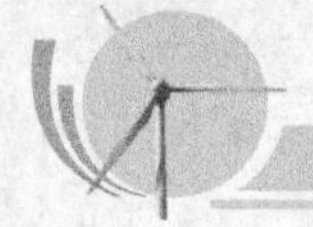

(2) 正极活性物质软化脱落

除板栅长大引起活性物质脱落外，随着充放电的反复进行，二氧化铅颗粒之间的结合处也会松弛、软化，最终颗粒从板栅上脱落。

(3) 不可逆硫酸盐化

在正常条件下，铅酸蓄电池在放电时会形成硫酸铅结晶，在充电时能较容易地还原为铅。如果电池的使用和维护不当，例如经常处于充电不足或过放电状态，负极就会逐渐形成一种粗大坚硬的硫酸铅，它几乎不溶解，用常规方法充电很难使它转化为活性物质，从而减小了电池容量，甚至成为蓄电池寿命终止的原因，这种现象称为极板的不可逆硫酸盐化。为了防止负极发生不可逆硫酸盐化，必须对蓄电池及时充电，不可过放电。

(4) 容易过早损失

在蓄电池使用初期，容易突然下降，使电池失效。早期容量损失异常容易在如下条件发生。

① 不适宜的循环条件，如连续高速率放电、深放电、充电开始时低的电流密度。

② 缺乏特殊添加剂，如 Sb、Sn、H_3PO_4。

③ 低速率放电时高活性物质利用率、电解液高度过高、极板过薄等。

④ 活性物质视密度过低、装配压力过低等。

(5) 热失控

蓄电池充电时，若充电电压过高，充电电流过大，产生的热能将使蓄电池电解液升温，内阻下降，内阻下降又引起充电电流增大。电池温升与充电电流过大相互加强，最终不可控制，造成电池变形、开裂而失效。这是由于氧在化合过程中使电池内产生更多的热量，排出的气体量小，减少了热量的消散。为杜绝热失控的发生，要采取相应的措施。

① 充电设备应有温度补偿功能和限流。

② 严格控制安全阀质量，以使电池内部气体正常排出。

③ 蓄电池要设置在通风良好的位置，并控制电池温度。

(6) 干涸失效模式

从蓄电池中排出氢气、氧气、水蒸气、酸雾，都是蓄电池失水的方式和干涸的原因。干涸造成蓄电池失效这一因素是阀控铅酸蓄电池所特有的。失水的原因有 4 个方面：气体再化合的效率低，从电池壳体中渗出水，板栅腐蚀消耗水，自放电损失水。

① 气体再化合效率　气体再化合效率与选择浮充电压关系很大。电压选择过低，虽然氧气析出少，复合效率高，但个别蓄电池会由于长期充电不足造成负极盐化而失效，使蓄电池寿命缩短。浮充电压选择过高，气体析出量增加，气体再化合效率低，虽避免了负极失效，但安全阀频繁开启，失水多，正极板栅也有腐蚀，影响蓄电池寿命。

② 从壳体材料渗透水分　电池壳体的渗透率，除取决于壳体材料种类、性质外，还与其壁厚、壳体内外间水蒸气压差有关。

③ 板栅腐蚀　板栅腐蚀也会造成水分的消耗，反应式如下：

$$Pb + 2H_2O \longrightarrow PbO_2 + 4H^+ + 4e$$

④ 自放电　正极自放电析出的氧气可以在负极再化合而不至于失水，但负极析出的氢不能在正极复合，会在蓄电池内累积，从安全阀排出而失水，尤其是蓄电池在较高温度存储时，自放电加速。

表 8-2 列举了部分失效原因及对应的解决方法。

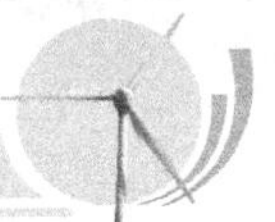

表 8-2　铅酸蓄电池的失效原因及应对措施

主要失效原因		对　策	评　论
正极活性物质	活性物质衰变，成为“早期容量损失”（部分是不可逆的）	用固化方法改善活性物质的结构； 限制利用率； 合适的充电方式； 选用合适的板栅合金，避免“无锑效应”的发生	在充电循环使用时，这是二氧化铅电极常见的问题； 用低锑或无锑合金更明显； 用锡作为补救方法
正极板栅和导电部件	腐蚀	板栅加厚； 采用合适的合金和板栅制造工艺	是限制备用蓄电池寿命的因素； 合金组分（例如锑）释放出来，使氢的析出增加
电解液失水	氢的析出	使用超低锑或无锑合金； 采用合适的浮充电压	温度升高使这两个反应加速，并缩短蓄电池的使用寿命
	板栅腐蚀	使用耐腐合金	
	蒸发	运行条件（温度、湿度）合适； 使用金属壳或金属涂覆的壳体	只有当蓄电池处于“沙漠气候”中才是危险的
负极活性物质	再结晶	膨胀添加剂	高温下加剧
	氧侵入使其氧化	壳体完全密封； 阀的设计和阀的用料合理	氧的入侵。其行为如同使负极连续放电
负极板栅和导电件	汇流排和极板板耳腐蚀	使用合适的合金（一般选用铅锡合金），顶部铅覆盖在电解液下（凝胶电解液电池）	失去“阴极腐蚀保护”引起的

2. 影响碱性蓄电池使用寿命的因素

① 电极活性物质失效。

② 电解液损失。

③ 电池内部短路。

④ 隔膜降解。

⑤ 不恰当的使用方式，如充放电方式、使用温度、电池组组合策略等。

⑥ 不正确的存储和运输方式，如存储时的荷电态、存储温度、湿度、运输时的震动等。

⑦ 电池组内部各单体因各种原因性能差异变大。

不同的因素引起电池失效的性质不同。碱性电池的失效可分为两大类：可逆失效和不可逆失效。当电池经过一段时间的使用不能满足特定的性能要求时，经过适当的活化后能恢复接近最初的状态并达到使用的要求，则认为电池发生了可逆失效，记忆效应是典型的可逆失效。经过几个受控的全充放电循环，电池可以恢复全部容量。开口电池电解液损失也可认为是可逆失效。开口电池一般为富液设计，负极并不比正极容量高出很多。在正常使用中也会发生电解水，从而使电池内部电解液消耗，当消耗到一定程度时，电池性能发生衰减，这种失效一般通过补充电解液即可完全恢复，因而认为是可逆失效。

当电池不能通过活化或其他方式恢复性能接近最初状态，则认为电池发生了不可逆失效。发生不可逆失效的电池并不是不可用，只是其性能有所下降或可靠性降低，以至于不能完全满足特定的性能要求。

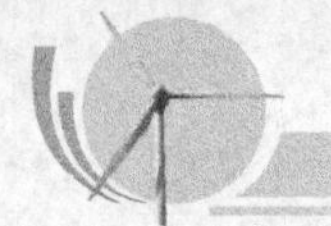

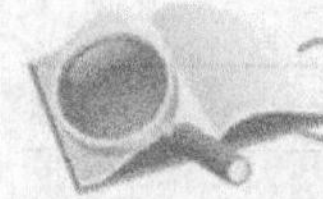

操作指导

1. 任务布置

铅酸蓄电池及碱性蓄电池的保养。

2. 操作指导

(1) 铅酸蓄电池的常规保养

① 铅酸蓄电池的保养周期

a. 值班人员在交接班时进行一次外部检查，并将结果记入运行记录中。

b. 蓄电池工每周进行一次外部检查，并做好记录。

c. 变电所所长或直流设备班班长对220kV级及以上变电所的蓄电池室每两周至少检查一次，并根据运行维护记录和现场检查，对值班员和负责工人提出要求。

d. 辅助蓄电池每15天应进行一次充电。

e. 经常不带负荷的备用蓄电池，若在使用中不能经常进行全充全放时，每月应进行一次10h放电率的充电和放电（放电时只允许放出容量的50%，并在放电后立即进行充电）。

f. 每年应进行一次化验分析，调整密度或补充液面用的硫酸和纯水必须合格，标准见表8-3和表8-4。

表 8-3 铅酸蓄电池用的纯水内杂质最大允许含量

杂质名称	最大允许含量/%	杂质名称	最大允许含量/%
铁	0.0004	硝酸根离子(NO_3^-)	0.001
铵离子(NH_4^+)	0.0008	有机物	0.003
氯离子(Cl^-)	0.0005		

表 8-4 铅酸蓄电池用浓硫酸技术条件

序号	指标名称	一级品	二级品	备 注
1	硫酸含量/%>	92	92	使用中的稀硫酸含27%～37%
2	不挥发物/%<	0.03	0.05	
3	锰/%<	0.00005	0.0001	
4	铁/%<	0.005	0.012	使用中的稀硫酸允许<0.15%
5	砷/%<	0.00005	0.0001	
6	氯/%<	0.0005	0.001	使用中的稀硫酸允许<0.1%
7	氮的氧化物N_2O_3/%<	0.0005	0.0001	使用中的酸含铜允许<0.001%
8	还原高锰酸钾的物质<	4.5mL	3.0mL	参看HGB 1003—59第13条规定
9	色度测定<	1.0mL	2.0mL	参看HGB 1003—59第15条规定
10	硫化氢组重金属除去铅、铁	滤液在20min后部变色无沉淀		参看HGB 1003—59第16条规定

注：本表为原化工部部颁标准HGB 1003—59《蓄电池硫酸的规格》。

g. 每季度必须将防酸隔爆帽用纯水冲洗一次，疏通其孔眼，洗净的防酸隔爆帽晾干后紧固之。

h. 除蓄电池专责工人或值班员在每次充电后应进行一次擦洗工作外，每两周要在蓄电

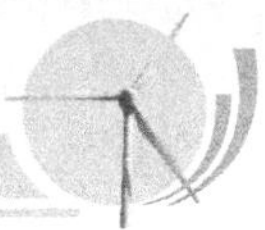

池室内全面彻底进行一次清扫。

② 检查项目

检查项目要结合蓄电池巡视记录，对蓄电池进行外部和内部检查。

a. 外部检查项目：

- 检查各连接点的接触是否严密，应保证接触良好，无松动，无氧化，非耐酸的金属零件表面上（不通电流的部位）应经常涂一薄层的凡士林油；
- 检查防酸隔爆的孔眼是否被酸液沫堵塞，如有堵塞，必须使其畅通；
- 检查沉淀物的高度，应低于下部红线；
- 为了防止发生电池外部短路，金属工具及其他导电物品切勿放置在电池盖上；
- 检查防酸爆帽和注液孔盖是否严密，如有松动应紧固；
- 检查各部位橡胶垫圈是否腐蚀硬化，对失去弹性作用的橡胶垫圈应及时给予更换；
- 检查电解液面不低于上部红线；
- 检查蓄电池室的门窗是否严密，墙壁表面是否有脱落现象；
- 检查采暖管路是否被腐蚀，是否有渗漏现象（有暖管的蓄电池室）；
- 检查基础台架及容器是否漏酸或污染，电池室内应经常保持清洁。

b. 内部检查项目：

- 应检查蓄电池自从上次检查以来记录簿中的全部记载缺陷是否已处理；
- 测量每只蓄电池的电压、密度和温度；
- 检查领示电池的电压、密度是否正常（各电池应在蓄电池组中轮流担当领示电池）；
- 检查极板弯曲、硫化和活性物质脱落程度；
- 电池使用过程中，在任何情况下都不准使极板露出电解液面，如出现此种情况，应查明原因，立即解决；
- 检查大电流放电（指开关操动机构的合闸电流）后，接头有无熔化现象；
- 核算放出容量和充入容量，有无过充电、过放电或充电不足等现象；
- 确定蓄电池是否需要修理。

③ 铅酸蓄电池保养注意事项

a. 电解液应纯净，应经常对电解液进行检验，含有杂质不能超过一定限度，如不符合标准，应立即更换。

b. 为使蓄电池经常处于充电饱和状态，可采用浮充电运行方式，既能补偿自放电的损失，又能防止极板硫化。浮充电时的电流不得过大或过小。为了防止极板硫化，应按时进行均衡充电和定期进行核对性放电，使活性物质得到充分和均匀的活动。

c. 电池在使用过程中应尽量避免大电流充放电、过充电、过放电，以免极板脱粉或弯曲变形，容量减少。

d. 按充电-放电方式运行的蓄电池组，当充电和放电时，应分别计算出充入容量和放出容量，避免放电后硫酸盐集结过多而不能消除。放电后应立即进行充电，最长的间隔时间不要超过 24h，应及时进行均衡充电。

e. 放电后的蓄电池，在充电过程中电解液温度不得超过规定值，充入容量应足够。

f. 蓄电池室和电解液的温度应保持正常，不可过低或过高。过低将使电池内电阻增加，容量和寿命降低；过高将使自放电现象增强。蓄电池室应保持通风良好。

g. 蓄电池室内应严禁烟火。焊接和修理工作，应在充电完成 2h 或停止浮充电 2h 以后方能进行。在进行中要连续通风，并使焊接点与其他部分用石棉板隔离开。

h. 已经使用过的电池，若存放不用且存放时间不超过半年者，可采用湿保存法存放。

即用正常充电的方法使蓄电池充电满足后，将注液盖旋紧（逸气孔要畅通），清除电池盖上的酸液及污物之后进行存放。根据电池的情况，每隔一定的时间，应检验每只电池有无异常现象。每月用正常充电第二阶段的电流进行一次补充充电，每隔3个月应做一次10h放电率的全放全充工作。

i. 已经使用过的电池，若存放不用且存放时间超过半年者，可采用干保存法存放。即将电池用10h放电率放电至终止电压，再将极板群从容器内取出，将正负极板群及隔离物分开，分别放入流动的自来水中冲洗至无酸性（用试纸检验），再用“蓄电池用水”冲洗一下，放在通风阴凉处（可用风扇吹风）使其干燥，容器及其他零部件亦应刷洗干净并使其干燥，然后将电池组装好并使其密封存放。电池在重新使用时，所加入的电解液密度应与干保存前放电终期的电解液密度相同。

j. 新电池或经处理后干保存的蓄电池，应存放在温度为5～35℃通风干燥的室内。在保存期间，电池上的注液盖应旋紧，逸气孔应封闭，以防水分、灰尘及其他杂质进入电池，并防止阳光照射电池。在存放电池的场所，不宜同时存放对电池有害之物品。电池的存放期不宜过长，一般不要超过一年。

k. 在寒冷地区使用电池时，勿使电池完全放电，以免电解液因密度过低而凝固，使电池的容器与极板冻坏。为了防止冻坏电池，可酌情提高电解液的密度。

l. 对蓄电池进行清扫时，可用干净的布蘸有10%的碳酸钠（Na_2CO_3）溶液或其他碱性溶液擦拭容器表面、支撑绝缘子和基础台架等处的酸液和灰尘，再用清水擦去容器表面、绝缘子和基础台架上碱的痕迹，然后擦干。在清理过程中，勿使上述溶液进入电池内。用湿布擦去墙壁和门窗上的灰尘，用湿拖布擦去地面上灰尘和污水。

(2) 碱性蓄电池常规保养

碱性蓄电池具有电压平稳、能量高、脉冲大电流放电、寿命长等优点。能否达到或保持这些优点，使用与维护保养极为重要。碱性蓄电池的保养要与检修周期同步进行，也要加强周期性的检查工作，这样才能有效地控制蓄电池可靠工作。碱性蓄电池有自己的内在规律性和特点，必须通过检查监视它的运行状态，重点掌握容量、电解液面高度、绝缘等情况。为了保持蓄电池的容量，延长使用寿命，保证它应有的特性，在使用过程应注意下列事项。

① 电解液面高度。浮充电过程中，水不断被电解，同时还有水分蒸发，以及发生非正常损耗情况等，都会影响电解液面的高度变化。电解液的液面应高于极板10～20mm，调整液面高度及密度时，采用纯水或者配制好的电解液使其符合标准，达到液面的标准高度。操作时，注意不要把水或电解液洒在电池槽外及托架表面，以免生成漏电桥。液面应保持有适量的液状石蜡，以防止电解液与空气中的二氧化碳之间发生化学反应。

② 蓄电池外部和槽箱应经常保持清洁和干燥，溢在蓄电池槽上的电解液，以及蓄电池外表面各部形成的碳酸盐白色粉末，必须及时擦拭干净，必要时用水冲洗，再用风吹干，加强绝缘。因为碳酸盐是一种导电不良物质，不但增大电阻，电池表面的污垢降低绝缘，产生爬电桥，造成直流系统接地或短路（进行蓄电池组对地绝缘测量时，绝缘电阻应保证在工作电压下计算漏电电流不大于10mA），而且还会造成极柱接触发热，槽体变形，损坏蓄电池。

③ 发现铁质蓄电池槽外部有生锈痕迹时，应用布蘸石油擦拭之，切不可用金属工具或砂纸打磨。将镀镍部分擦净之后，必须涂以凡士林油，以防生锈。由于铁质蓄电池槽易于漏液，易腐蚀设备或造成蓄电池损坏，应引为注意。

④ 在使用过程中，应对注液口盖及其密封状态进行检查。碱性蓄电池的电解液有吸收空气中二氧化碳并生成碳酸盐的弊病，所以它的注液口盖都有单向逆止阀，既要保证外界空

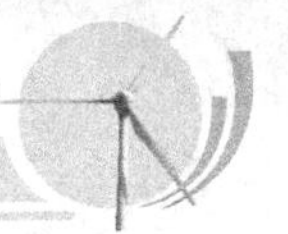

气不得进入单体内部同电解液接触，又要保证内部生成的气体到达一个不高的压力时，能够顺利逸出。因此应经常进行检查，凡是发现密封结构的胶圈过松或固死、浮球式密封结构的损坏及压簧不良、阀口有固态碱生成或者气塞上橡胶套管的弹性老化失效致使蓄电池内部气体不易排出、蓄电池槽膨胀变形等，都应及时更换或清理。

⑤ 蓄电池内的电解液容易吸收空气中的二氧化碳，产生碳酸盐。碳酸盐的含量超过50g/L时，蓄电池的特性和容量就会显著降低。因此，每年应取样化验，分析碳酸盐的含量是否超过允许值，按化验分析的结果确定电解液是否需要更换。

⑥ 为了防止空气进入蓄电池内，注入电解液或补充液面高度时，只准打开一只气塞注入一只，且不可将蓄电池组的气塞全部打开，更不可打开气塞运行。

⑦ 对蓄电池单体的电气连接状态检查连接柱、连接线、蓄电池组引出线各接触点必须牢固，长度适宜，接触面无锈蚀，有效导电面积损失不大于10%，引出线绝缘不得缺损或老化，连接线及极柱应清洁，防护应完好，防止因接触不良发热，蓄电池槽体受热变形，或烧毁蓄电池。

⑧ 蓄电池在使用或带电保存中，不允许金属器具同时接触正、负两极，防止短路烧伤，特别在紧固螺母时要特别注意，必要时应用绝缘物质隔开正、负两极。

⑨ 蓄电池室的温差不宜变化过大，在（20±5）℃的范围内变化最为适宜。室内应干燥，并有良好的通风。在任何情况下，都不允许有明火靠近充电的蓄电池。碱性蓄电池室内，严禁有酸性蓄电池或其他酸性物质。

⑩ 设有专人负责蓄电池的充放电等一些日常使用维护工作。蓄电池在充电时，应保证充电电流值的准确，并有足够的充电时间，否则，会造成充电不足、容量减少或造成极度的过充电而损坏蓄电池。维护碱性蓄电池所用的容器、仪表、仪器及工具等，要有明显标志，且不可与酸性混用。测量蓄电池的电压表、电流表、密度计、温度计等仪表和仪器每年应校验一次。

⑪ 采用氢氧化锂与氢氧化钾或者氢氧化钠的混合电解液，能使蓄电池的容量和寿命达到额定值。蓄电池在（20±5）℃的环境温度中使用时，应采用相对密度为1.20±0.02、每升溶液中含40g氢氧化锂与氢氧化钾的混合电解液。在使用过程中，氢氧化钾与氢氧化锂混合电解液的最高温度不许超过35℃。在充电过程中，电解液的温度不超过30℃。蓄电池若在35℃以上的环境温度下使用时，应采用相对密度为1.18±0.02、每升溶液中含20g氢氧化锂与氢氧化钠的混合电解液。蓄电池在使用中，氢氧化钠与氢氧化锂混合电解液的最高温度不许超过40℃；在充电过程中，电解液的温度不超过35℃。如电解液的温度过高，蓄电池的容量和寿命将会减少。

思考题

1. 现有一离网型风力发电系统所使用的蓄能装置为20只12V系列电池单体串联系统，请为该蓄能装置进行日常保养。

2. 请为某型号12V 100A·h镍氢电池组进行一次短周期的日常保养。

模块九

风机产品现行标准及质量检测

风力发电认证在国际上大约有30多年的历史了。由于各个国家的环境不同，应用的标准规范也不同，其认证的要求以及深度方面均有所不同。IEC WT 01作为国际通用的风力发电机组整机认证标准，在全球风电行业基本上被采纳，风力发电零部件的检测认证标准由于各国的风能资源、电网规模、风电发展方向的不同，均增加了不同的要求。我国风电行业在国家能源局等相关政府部门的组织下，风电的标准、检测、认证已有序开展起来，逐步引导我国风电市场健康有序地发展。

任务 产品质量检测项目及报告

风电是一种间歇性电源，具有短期波动性，风电大规模接入电网会对电网产生影响，这就要求接入电网的风电机组必须符合标准，尤其是电气特性必须符合相关技术标准的要求。开展风电机组检测，可以为解决风电机组故障提供技术支持，风电机组检测可以得到关于风电机组的第一手数据，可以从中看出风电机组的电气设备和机械结构的特性，便于分析故障原因。开展风电机组检测，可以为风电机组优化控制策略提供帮助，保证风电机组在不同场地条件和不同风况条件下都保持良好的运行状态，提供最大可能的发电量。此外，开展风电机组检测还有助于新型风电机组的研制。风电机组检测也是风电机组型式认证的一个必不可少的环节，是每一种新型风电机组问世的必经之路。

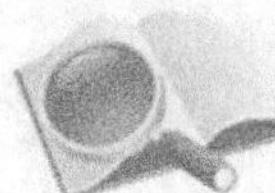

能力目标

① 熟悉风电机组的主要检测项目。

② 掌握风电机组各检测项目的一般检测方法。

③ 掌握离网型风力发电机组风洞试验方法。

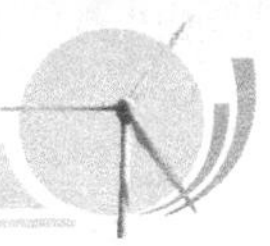

基础知识

目前，风电机组检测项目主要包括功率特性测试、电能质量测试、噪声测试、载荷测试等。

1. 功率特性测试

风电机组的功率特性是风电机组最重要的系统特性之一，与风电机组的发电量有直接关系。通过开展功率特性测试，可以对风电机组进行分类，对不同的风电机组进行比较，可以比较实际发电量与预计发电量的差别；通过长期的功率特性监测，可以了解风电机组的功率特性随时间变化的情况，验证风电机组制造商提出的风电机组可利用率，发现参数设置的问题，进而对风电机组的运行情况进行优化。

风电机组的功率特性测试需要同时测量风速和风电机组的发电功率，得到表示风速与功率对应关系的功率曲线、功率系数以及风电机组在不同的年平均风速下的年发电量估算值。

风电机组功率特性测试开始之前，需要对测试场地进行评估，以判断测试场地是否符合IEC标准要求。如果不符合标准要求，就要在测试开始之前，先进行场地标定。在场地评估的同时，选定可用的风向扇区，剔除影响风速测量的风向扇区。测试时需要在被测风电机组附近树立气象桅杆，在其上安装风速计、风向标、温度传感器、气压传感器、降雨量传感器等，用于测量风速和大气状况。测试数据采集完成后，按照标准要求剔除无效数据，然后将数据校正到标准大气情况下，得到标准大气情况下的功率曲线。最后根据测得的功率曲线估算不同的年平均风速下的年发电量。测试场地情况和风资源情况会影响测试周期，通常一次完整的功率特性测试需要3～6个月。

2. 电能质量测试

IEC61400-21标准给出了风电机组电能质量测试的原理和详细步骤。电能质量测试包括风电机组额定参数、最大允许功率验证、最大测量功率、无功功率测量、电压波动和闪变以及谐波。风电机组的输出功率受风速影响很大，而风速变化是随机的，风电机组的并网可能引起电网的电压波动。带有电力电子变流器的变速风电机组还会向电网注入含有谐波的电流，引起电网电压的谐波畸变。

并网风电机组的电压波动和闪变测试结果应与测试机组所在的电网特性无关。但是在实际测量中，电网通常会有其他波动负荷，它会在风电机组接入点引起电压波动，这样测出的风电机组的电压波动将与电网特性有关。为了解决这个问题，IEC61400-21标准提出虚拟电网的方法，根据这种方法测得的结果只与风电机组自身相关。闪变测量的最终结果闪变系数是风速和电网阻抗角的函数。

变速风电机组的变流器采用大功率电力电子器件进行整流逆变，这些电力电子器件在工作过程中会在输入输出回路产生谐波电流。谐波问题目前已成为变速风电机组电能质量的主要问题。谐波测量的最终结果是谐波电流。

3. 噪声测试

大规模安装风电机组会带来一系列环境问题，噪声问题是其中比较突出的一个方面。风电机组的噪声多是长期持续性的，会对风电场周围居民带来很大困扰。评估风电机组的噪声辐射特性对环境有重大意义。风电机组噪声的主要来源为机械结构（如齿轮箱），噪声的频谱图可以用来分析机械结构的运行情况，查找机械结构的故障来源，调整风电机组控制策

略，优化设计，避免结构问题。

噪声测试需要同步测量噪声的声压级和功率，然后根据功率曲线将功率折算为风速，得到不同风速对应的声压级，通过声压级计算得到声功率级。选择整数风速附近的2个1min连续测量结果作频谱分析，然后按照IEC标准逐步计算得到音值。

噪声测试最终结果主要包括不同风速下的视在声功率级（描述噪声的辐射能量和风电机组的机械结构特性）、1/3倍频程频谱图、音值（评估持续性的噪声对人的影响）。

4. 载荷测试

当今风电机组的额定功率越来越大，尺寸也越来越大。为了保证风电机组的长期安全稳定运行，有必要对风电机组在不同风速下各种运行状态的机械载荷进行分析。不仅如此，风电机组的载荷测试对于风电机组的设计也有重要意义。

IEC/TS 61400-13：2001标准对风电机组的载荷测试程序规定了详细步骤。根据该标准的要求，风电机组的载荷测试需要测量：

① 风轮　叶片在叶根处2个相互垂直方向的弯矩；

② 主轴　扭矩和2个相互垂直方向的弯矩；

③ 塔筒　塔顶的扭矩和塔基2个相互垂直方向的弯矩。

需要在以下风电机组运行状态下测量。

① 稳态　正常发电过程；出现故障的发电过程；停机，空转。

② 瞬态　启动；正常停机；紧急停机；电网故障；保护系统的过速激活。

选择合适的位置布置应变片，根据测得的应变计算应力，剔除不可用数据后，通过雨流计数法计算载荷谱，最后结果为等效载荷谱。

操作指导

1. 任务布置

利用风洞进行风力发电机组试验，具有试验项目多、试验周期短、试验结果可靠的特点。目前已大量应用于离网型风力发电机组检测。

2. 操作指导

(1) 试验条件

① 试验风洞　风洞试验段最小风速不大于2m/s，最大风速不小于15m/s；1min内试验段脉动风速的最大值与最小值之差小于0.2m/s；试验段中心横截面80%的面积内的最大速度与最小速度差不大于0.2m/s；试验段中心横截面80%的面积内局部气流偏角不大于0.5°；试验段内气流温度变化率不超过15℃/h；试验段中心区域湍流度不大于0.5%。

② 试验机组　试验机组风轮扫掠面积不应大于试验段横截面积的25%。试验机组应包括风轮总成、发电机、回转体总成、尾舵总成、输出电缆、控制器等。机组支架可与正常使用机组支架有所不同，但不应影响机组正常工作。试验机组应随附有关的技术数据、图样和安装使用说明书。

若试验机组是从用于销售的机组中抽取的，还应随附产品合格证、产品检验抽样单、用户使用说明书等。

③ 试验仪器　试验中所使用的仪器、仪表均应在计量部门检验合格的有效期内，允许有一个二次校验源（仪器制造厂或标准试验室）进行校验。仪器、仪表应符合下列要求。

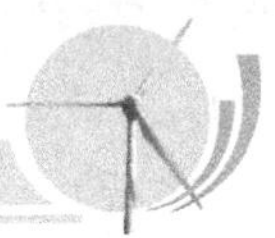

a. 风速传感器

测量范围：2～20m/s；

测量误差：0.1m/s；

安装位置：在风洞试验段流场均匀区内或其他能反映风轮处风速的位置。

b. 温度传感器（大气温度计）

测量范围：−20～60℃；

测量误差：0.5℃；

安装位置：在风洞试验段内或其他能反映试验段内大气温度的位置。

c. 压力传感器（大气压力计）

测量范围：80～108kPa；

相对误差：1%；

安装位置：在风洞试验段内或其他能反映试验段内大气压力的位置。

d. 转速传感器

测量范围：不小于试验机组风轮额定转速的 2 倍；

相对误差：1%。

e. 电流、电压、电功率传感器

测量范围：不小于试验机组额定值的 2 倍；

精度等级：不低于 0.5 级。

f. 力（力矩）传感器

测量范围：不大于试验机组风轮额定载荷的 10 倍；

相对误差：0.5%。

g. 角度传感器

测量范围：−120°～120°；

测量误差：0.5°。

h. 负载　负载宜使用电阻型负载器，应可连续调节大小，负载额定功率不小于试验机组额定功率的 4 倍。

i. 指示仪表　各类传感器配用的指示仪表的测量范围、精度等级、误差范围等应与相应传感器相同。

④ 机组安装　试验机组安装应满足机组随附技术文件要求，并用试验负载器代替机组负载。

安装后机组风轮中心应与试验段横截面几何中心重合，两者间的距离应满足式(9-1) 的要求，如图 9-1 所示。

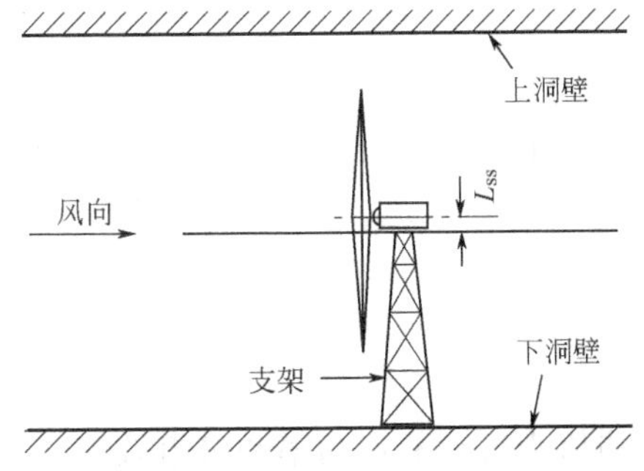

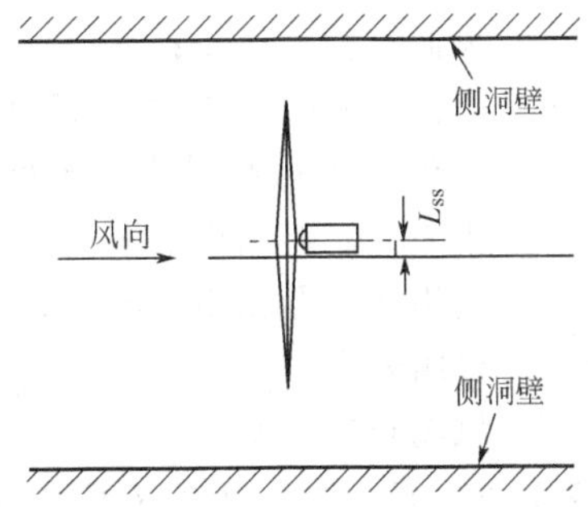

图 9-1　机组在风洞中安装位置

$$L_{ss} \leqslant 0.05\sqrt{S_t} \tag{9-1}$$

式中　L_{ss}——机组风轮中心与试验段横截面几何中心之间的距离；

S_t——风洞试验段横截面积。

(2) 试验方法

① 风轮启动风速试验　在试验机组空载、风轮处于自由和迎风状态下启动风洞，逐步提高风速，记录风轮转动一周时的风速。重复上述步骤三次，取其算术平均值为机组风轮启动风速。

② 风轮启动力矩试验　在试验机组无尾舵、风轮处于自由和迎风状态下启动风洞，并稳定风速在风轮启动风速下，测量风轮轴（轮毂或联轴器）上的扭矩或切向力。测量切向力时，启动力矩按式(9-2) 计算：

$$M_0 = F_L L \tag{9-2}$$

式中　M_0——风轮启动扭矩；

F_L——风轮切向力；

L——切向力作用线与风轮轴线垂直距离。

重复上述步骤 3 次，取其算术平均值为机组风轮启动力矩。

③ 调向性能试验　在试验机组风轮轴线偏离风洞轴线 15°状态下启动风洞，逐步提高风速，记录机组开始调向时的风速。重复上述步骤 3 次，取其算术平均值为机组迎风风速。

④ 额定状态试验　在试验机组风轮处于自由、迎风状态下启动风洞，并稳定风速至机组的额定风速下，调节试验负载使机组控制器输出端输出功率最大。当风轮运行稳定后测量风轮转速、控制器输出端输出电压和电流，按式(9-3)～式(9-6) 计算试验机组输出功率和效率。

$$\rho = \frac{P_t}{287.053T_t} \tag{9-3}$$

$$V = \sqrt{2q/\rho} \tag{9-4}$$

$$P = \frac{\rho_0 UI}{\rho} \tag{9-5}$$

$$\eta = \frac{2P}{\rho_0 V^3 S_W} \tag{9-6}$$

式中　ρ——风洞试验段空气密度；

P_t——风洞试验段静压；

T_t——风洞试验段静温；

V——风洞试验段风速；

q——风洞试验段速压；

P——海拔 1000m 标准大气条件下的输出功率；

ρ_0——海拔 1000m 标准大气密度，取 $\rho_0 = 1.111\text{kg/m}^3$；

U——机组控制器输出端电压；

I——机组控制器输出端电流；

η——机组效率；

S_W——风轮扫掠面积。

重复上述步骤 3 次，分别取 P 和 η 的算术平均值为机组额定功率和机组效率。

⑤ 功率输出特性试验　在试验机组风轮处于自由、迎风状态下启动风洞，并稳定风速至各试验风速，调节试验负载使试验机组控制器输出功率最大。当风轮运行稳定后测量控制

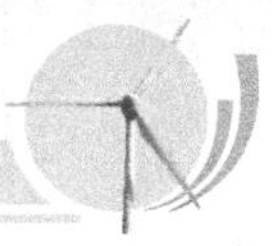

器输出端输出电压和电流，按式(9-5) 计算机组输出功率。

试验风速不大于 1.5 倍机组额定风速时，相邻两试验风速间隔宜为 1m/s；风速大于 1.5 倍机组额定风速时，相邻试验风速间隔宜为 2m/s；最小试验风速应为启动风速，最大试验风速应为以下各项约束的最小值：

- 风洞保证安全运行的最大风速；
- 机组保证安全运行的最大风速。

重复上述步骤 3 次，分别取各试验风速下机组输出功率的算术平均值，给出机组输出功率随风速变化的曲线，如图 9-2 所示。

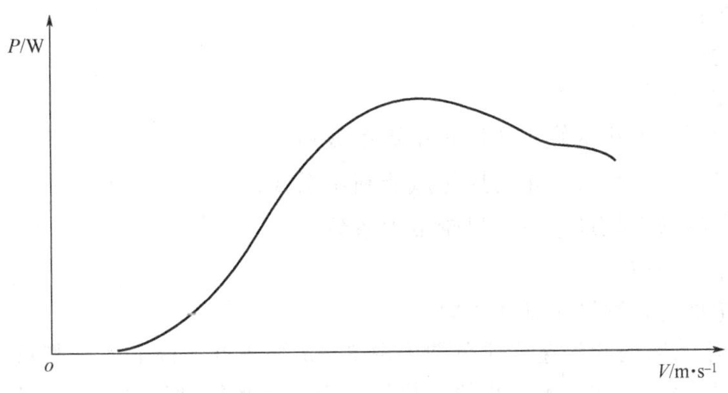

图 9-2　机组功率输出特性曲线

⑥ 偏航试验　固定试验机组风轮轴线与风洞轴线的夹角至规定的风轮偏角或仰角，启动风洞并稳定风速至各试验风速，调节试验负载使试验机组控制器输出功率最大。当风轮运行稳定后测量控制器输出端输出电压和电流，按式(9-5) 计算机组输出功率。

改变风轮偏角或仰角，重复上述试验，给出机组在不同风轮偏角或仰角下输出功率随风速变化的曲线。

⑦ 调速特性试验　在试验机组进行功率特性输出试验和偏航试验时，同时测量风轮转速，并绘出风轮转速随风速变化的曲线。

对采用风轮偏侧式调速机构的机组进行功率特性输出试验时，还应同时测量风轮偏角或仰角，并绘出风轮偏角或仰角随风速变化的曲线。

⑧ 空载电压特性试验　在试验机组空载、风轮处于自由和迎风状态下，启动风洞并稳定风速至各试验风速，当风轮运行稳定后测量控制器端输出电压。

重复上述步骤 3 次，分别取各试验风速下机组输出电压的算术平均值，给出机组输出电压随风速变化的曲线。

⑨ 风轮空气动力特性试验

a. 风能利用系数、推力系数试验　风能利用系数宜采用测量风轮扭矩及转速的方法（定转速法）获得，也可采用变转速法或其他方法测量。不同试验方法获得的结果不一致时，以定转速法试验结果为准。

推力系数采用测量风轮推力的方法获得。

在试验机组无尾舵、风轮迎风状态下，启动风洞并稳定风速至机组额定风速，调节试验负载得到不同的风轮转速，在每一转速下风轮稳定运行 60s 后，同步测量风轮扭矩、推力、转速，每个测点采集间距宜 10～15s，各通道采样频率宜大于 600Hz。将测量的载荷转换到风轮轴系，按式(9-3)、式(9-4) 及式(9-7)～式(9-10) 计算试验机组的 λ、C_{M_0}、C_{P_0}

和 C_{T_0}。

$$\lambda=\frac{\pi nR}{30V} \tag{9-7}$$

$$C_{M_0}=\frac{2M_0}{\rho S_W RV^2} \tag{9-8}$$

$$C_{P_0}=C_{M_0}\lambda \tag{9-9}$$

$$C_{T_0}=\frac{2F_T}{\rho S_W V^2} \tag{9-10}$$

式中 λ——叶尖速度比；

n——风轮转速；

R——风轮半径；

C_{M_0}——未经洞壁干扰量修正的风轮扭矩系数；

C_{P_0}——未经洞壁干扰量修正的风轮风能利用系数；

C_{T_0}——未经洞壁干扰量修正的风轮推力系数；

M_0——风轮启动扭矩；

F_T——风轮推力，顺风轮轴线指向后。

在高风能利用系数的叶尖速度比范围内取 3～5 个测点，按上述步骤重复 3 次，取各次测量的最大风能利用系数的算术平均值为机组风轮最大风能利用系数（未修正）。

改变机组风轮偏角或仰角，可测量风轮在不同偏角或仰角时的风能利用系数和推力系数。

对转速相对稳定的风轮，可在不同风速下进行测量，以获得不同的叶尖速度比。测量前应调节试验负载使机组输出功率最大。

由于风轮在风洞试验段形成堵塞作用，在风洞试验段中进行风能利用系数测试时应对洞壁干扰量进行修正；在闭口试验段进行试验时，宜采用壁压信息修正法进行修正。当机组风轮扫掠面积不超过风洞试验段横截面积的 8%时，可按式(9-11)～式(9-14) 进行修正。

$$\varepsilon=\frac{S_W}{4S_t} \tag{9-11}$$

$$C_M=\frac{C_{M_0}}{(1+\varepsilon)^3} \tag{9-12}$$

$$C_P=\frac{C_{P_0}}{(1+\varepsilon)^3} \tag{9-13}$$

$$C_T=\frac{C_{T_0}}{(1+\varepsilon)^2} \tag{9-14}$$

式中 ε——风轮阻塞效应修正因子；

S_t——风洞试验段横截面积；

C_M——风轮扭矩系数；

C_P——风轮风能利用系数；

C_T——风轮推力系数。

完成上述计算、修正后绘制 $f(C_P,\lambda)$ 曲线，如图 9-3 所示。

b. 风轮机械输出特性计算　用所获得的 $f(C_P,\lambda)$ 曲线，分别取风速 3m/s、4m/s、5m/s、…，按式(9-15)、式(9-16) 算出风轮转速和机械输出功率：

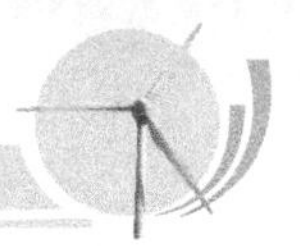

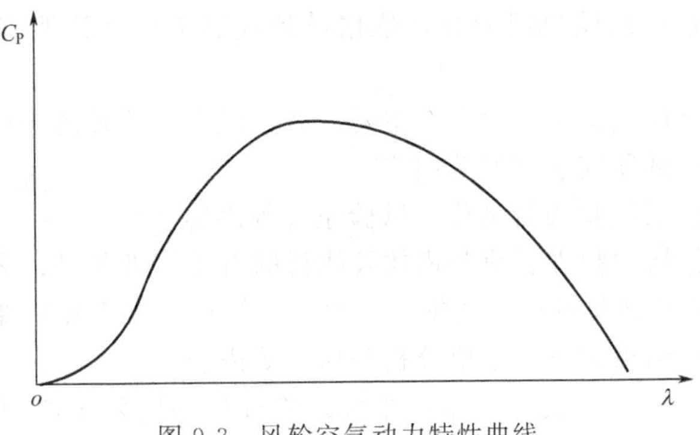

图 9-3　风轮空气动力特性曲线

$$n=\frac{30V\lambda}{\pi R} \tag{9-15}$$

$$P_N=\rho_0 S_W R V^3 C_P/2 \tag{9-16}$$

式中　P_N——海拔 1000m 标准大气条件下的风轮机械输出功率。

绘制不同风速下机械输出功率随风轮转速变化的曲线簇，连接各曲线顶点即是风轮机械输出特性曲线，如图 9-4 所示。

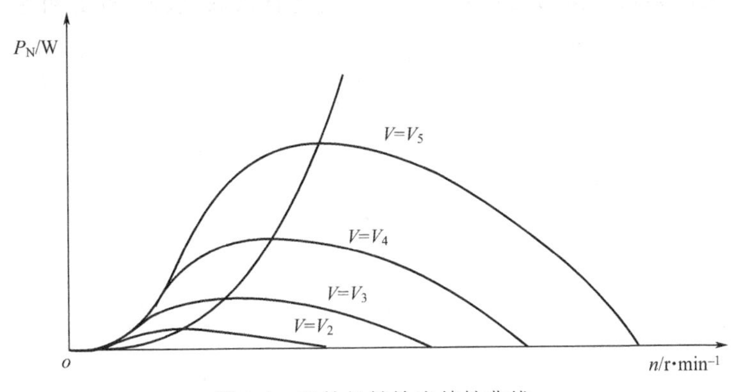

图 9-4　风轮机械输出特性曲线

⑩ 试验中断　试验过程中，当发生以下情况之一时应中断试验：

a. 试验机组出现故障，不能保证安全运行时；

b. 试验设备出现故障，不能保证安全运行或试验结果可靠性不能保证时；

c. 试验环境异常，不能保证试验机组或设备安全和正常运行时。

试验中断后应尽快恢复试验状态，以继续进行试验或重新试验。

(3) 试验报告格式和内容

① 格式

a. 封面　封面应包括试验报告名称、编写报告单位和日期等。编写报告单位应署全称，与日期一起位于封面正下方。

b. 封二　封二应包括以下内容：报告名称、报告编号、试验日期、试验负责人、主要参试人员、报告编写日期、报告编写人（职务或职称）、校对人（职务或职称）、审核人（职务或职称）、批准人（职务或职称）等。

② 报告内容

a. 前言　应包括任务来源、试验目的、试验时间等内容。

b. 试验机组　应包括试验机组简介，依据设计或制造厂商说明书列出主要技术参数和特点等内容。

c. 试验设备　应包括试验风洞简介，主要仪器、仪表、装置的名称、型号、规格、精度等级、检验日期，各传感器安装情况等内容。

d. 试验项目　应包括试验项目名称、试验条件等内容。

e. 试验方法　应包括试验方法简要描述及执行的有关标准代号、名称等内容。

f. 试验结果　应包括必要的原始数据，经整理、修正、计算和处理得到的试验结果，必要的特性曲线，对试验结果进行的必要分析和讨论等内容。

g. 结论　结论要科学、真实、可靠，并对试验过程中所发生的问题进行分析，提出改进意见和建议。

③ 其他　报告中应附有试验照片。

试验发生中断，必须在报告中明确中断原因、继续试验的时间和情况。重要故障应有较详细的情况说明和处理办法。

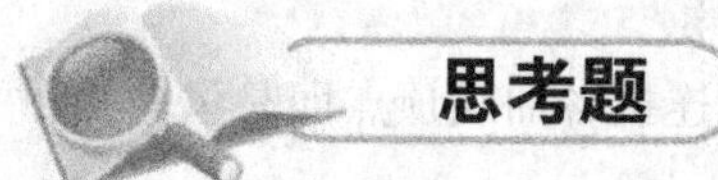

思考题

现有一台 10kW 离网型风力发电机组，请对其进行风洞试验测量其相关参数，并完成试验报告。

附录

1. GB/T 19568—2004　风力发电机组装配和安装规范

2. JB/T 10395—2004　离网型风力发电机组　安装规范

3. JB/T 51067—1999　风力发电机组　产品质量分等

4. JB/T 51067—1999　风力发电机组用发电机　产品质量分等

5. NY/T 1137—2006　小型风力发电系统安装规范

参 考 文 献

[1] 宫靖远. 风电场工程技术手册. 北京：机械工业出版社，2004.

[2] 姚兴佳，宋俊. 风力发电机组原理与应用. 北京：机械工业出版社，2010.

[3] 任清晨. 风力发电机组（安装·运行·维护）. 北京：机械工业出版社，2010.

[4] 任清晨. 风力发电机组（生产与加工工艺）. 北京：机械工业出版社，2010.

[5] 杨清学. 电子装配工艺. 北京：电子工业出版社，2007.

[6] 苏绍禹. 风力发电机运行与维护. 北京：机械工业出版社，2002.

[7] 中华人民共和国机械行业标准. 风力发电机组偏航系统. 第2部分：试验方法 JB/T 10425.2—2004. 北京：机械工业出版社，2004.

[8] 李东. 最新电气设备安装调试、运行维护、故障检修与常用数据及标准规范实务全书. 北京：中国知识出版社，2010.

[9] 都志杰，马丽娜. 风力发电. 北京：化学工业出版社，2009.

[10] 贾宏新，张宇，王育飞等. 储能技术在风力发电系统中的应用. 可再生能源. 2009，27（6）：10.

[11] 袁伯英，顾宏. 蓄能新技术简介. 华东电力. 2004，4：64.

[12] 毛元坤. 风力发电中能量存储装置及其控制研究 [学位论文]. 武汉：武汉理工大学，2007.

[13] 胡文帅，王克俭，张健. 蓄电池维护与故障检修. 北京：人民邮电出版社，2010.

[14] 何显富，卢霞，杨跃进等. 风力机设计、制造与运行. 北京：化学工业出版社，2009.

[15] 中华人民共和国机械行业标准. 风力发电机组设计要求 JB/T 10300—2001. 北京：机械科学研究院，2001.12.

[16] 薛扬，秦世耀，李庆. 重视开发风电机组检测技术. 中国科技投资. 2008，4：38.

[17] GB/T 19068.3—2003 离网型风力发电机组 第3部分：风洞试验方法.

[18] 全国风力机械标准化技术委员会，中国农机工业协会风力机械分会. 风力机械标准汇编. 北京：中国标准出版社，2006.